U0724090

城市规划与园林景观

石会娟　尹相鞲　姜　涛　主编

吉林科学技术出版社

图书在版编目（CIP）数据

城市规划与园林景观 ／ 石会娟，尹相韡，姜涛主编
. -- 长春：吉林科学技术出版社，2020.4
ISBN 978-7-5578-6899-4

Ⅰ．①城… Ⅱ．①石… ②尹… ③姜… Ⅲ．①城市景
观－景观设计 Ⅳ．① TU984.1

中国版本图书馆 CIP 数据核字（2020）第 050046 号

城市规划与园林景观

CHENGSHI GUIHUA YU YUANLIN JINGGUAN

主　　编	石会娟　尹相韡　姜　涛	
出 版 人	宛　霞	
责任编辑	朱　萌	
封面设计	李　宝	
制　　版	张　凤	
幅面尺寸	185mm×260mm	
开　　本	16	
字　　数	330 千字	
印　　张	15	
版　　次	2020 年 4 月第 1 版	
印　　次	2020 年 4 月第 1 次印刷	
出　　版	吉林科学技术出版社	
发　　行	吉林科学技术出版社	
地　　址	长春净月高新区福祉大路 5788 号	
邮　　编	130118	
发行部电话／传真	0431—81629529　　81629530　　81629531	
	81629532　　81629533　　81629534	
储运部电话	0431—86059116	
编辑部电话	0431—81629520	
印　　刷	北京宝莲鸿图科技有限公司	
书　　号	ISBN 978-7-5578-6899-4	
定　　价	60.00 元	

前　言

　　园林规划是指综合确定、安排园林建设项目的性质、规模、发展方向、主要内容、基础设施、空间综合布局、建设分期和投资估算的活动。园林规划包括风景名胜区规划、城市绿地系统规划和公园规划，面积较大和复杂区域的规划，按照工作阶段一般可以分为规划大纲、总体规划和详细规划。

　　园林规划的重点为：分析建设条件，研究存在问题，确定园林主要职能和建设规模，控制开发的方式和强度，确定用地和用地之间、用地与项目之间、项目与经济的可行性之间合理的时间和空间关系。

　　本书主要从城市规划的角度对园林景观的规划进行了详细的阐述，分别从八章内容进行叙述，希望工作人员在关注社会经济和城市总体发展的同时，更对物质空间的规划和设计投入更多的重心，以推动我国城市园林工程的项目的开展。

目　录

第一章 绪 论

第一节 城市园林概述

在一定的地域运用工程技术和艺术手段，通过改造地形（或进一步筑山、叠石、理水）、种植树木花草、营造建筑和布置园路等途径创作而成美的自然环境和游憩境域，就称为园林。在中国传统建筑中独树一帜，有重大成就的是古典园林建筑。

传统中国文化中的一种艺术形式，受到传统"礼乐"文化影响很深。通过地形、山水、建筑群、花木等作为载体衬托出人类主体的精神文化。

园林具有很多的外延概念：园林社区、园林街道、园林城市（生态城市）、国家园林县城等。现代的生活方式和生活环境对于园林有着迫切的功能性和艺术性的要求。对于我们现代的生活和未来的人民发展方向有着越来越重要的作用。

一、发展文化

（一）文化

中华文化的悠久历史和丰富资源，使我国文化产业孕育着产生巨大财富的机遇，文化产业吸引投资的领域不断扩大。各地各有关部门坚持以政府为主导、以公共财政为支撑、以基层为重点，大力发展文化事业。通过政府主导，引导多元投入，各地公共文化服务投入方式日趋多样化，多元投入机制正在形成。园林古建筑行业携"文化产业"和"城市绿化"两个概念，近来受到更多商家的追捧。

园林古建筑行业作为受固定资产影响较大的行业，在城镇化进程的大背景下保持了较快的增长势头。以大唐芙蓉园为代表的城市园林古建筑运营模式、以宋城文化为代表的影视文化园林古建筑运营模式纷纷取得超额收益，并得到业界认可。与此同时，随着环境问题日益凸显，促使全社会日益重视生态环境。

2001—2010年，全国城市绿化固定资产投资保持了快速增长态势，投资额从163.2亿元增加至1235.90亿元，平均增长速度达到22%左右，充分显示城市园林绿化行业是一个朝阳行业。到2010年，中国城市建成区绿化覆盖面积达149.45万公顷，建成区绿化覆盖率38.22%，绿地率34.17%，城市人均拥有公园绿地面积10.66平方米。

园林古建筑不但能很好地继承了传统文化，也对城市绿化和环境保护起到了积极的促进作用。在"十二五"期间，国家振兴文化产业加强调环境保护的大趋势下，园林古建筑也将得到更加长足的发展。

（二）景点

园林包括庭园、宅园、小游园、花园、公园、植物园、动物园等，随着园林学科的发展，还包括森林公园、广场、街道、风景名胜区、自然保护区或国家公园的游览区以及休养胜地。

园林在中国古籍里根据不同的性质也称作园、囿、苑、园亭、庭园、园池、山池、池馆、别业、山庄等，美英各国则称之为 Garden、Park、1andscape Garden。它们的性质、规模虽不完全一样，但都具有一个共同的特点：即在一定的地段范围内，利用并改造天然山水地貌或者人为地开辟山水地貌、结合植物的栽植和建筑的布置，从而构成一个供人们观赏、游憩、居住的环境。

创造这样一个环境的全过程（包括设计和施工在内）一般称之为"造园"，研究如何去创造这样一个环境的科学就是"造园学"。随着社会经济文化的发展，传统的"造园学"被赋予了更多生态学的内涵，形成新的景观设计学体系。

园林建设与人们的审美观念、社会的科学技术水平相始终，它更多地凝聚了当时当地人们对正在或未来生存空间的一种向往，在当代，园林选址已不拘泥于名山大川、深宅大府，而广泛建置于街头、交通枢纽、住宅区、工业区以及大型建筑的屋顶，使用的材料也从传统的建

筑用材与植物扩展到了水体、灯光、音响等综合性的技术手段。常用的园林绿化植物有以下几种：

1. 选择生长健壮、便于管理的乡土树种

这个要具体根据不同地区的气候和土壤条件来选择适合当地生长的乡土树种。

2. 选择树冠大、枝叶茂密、落叶阔叶乔木

在夏天，居住区有大面积的遮阴，冬季又不遮阳光，还能吸附灰尘和减少噪声，使空气新鲜。比如法桐、意杨、凤杨、红枫等。

3. 选择有季相变化的常绿树和开花灌木

如冬青、松树、罗汉松、玫瑰、杜鹃、牡丹、女贞、小檗、黄杨、沙地柏、铺地柏、连翘、迎春、月季等。

4 选择耐荫植物和攀缘植物

在阴暗部分，选择耐荫植物，如垂丝海棠、梅花、罗汉松等；攀缘植物有常春藤、络石等。

二、行业分析

（一）行业经营资质

我国对从事园林工程施工和的园林景观设计业务的企业实行市场准入制度。行业主管部门根据企业的规模、经营业绩、技术、人员构成、设备条件等综合因素核定企业的资质等级并颁发相应的资质证书，并对业务资质实行按年受审、动态考核。不同资质等级企业的项目承接范围不同，例如城市园林绿化二级企业可以承接合同金额在 1200.00 万元以下的园林工程项目，而 1200.00 万元以上的园林工程项目，只有具备城市园林绿化壹级资质的企业才能参与项目投标工作。

同时，根据园林工程项目的具体情况，项目的发包方往往还要求承包商拥有相应级别的市政公用工程施工企业资质、城市及道路照明工程专业承包企业资质、园林古建筑工程专业承包企业资质、机电设备安装工程专业承包企业资质、环保工程专业承包企业资质、风景园林设计专项资质及绿化造林施工等一项或多项其他与园林绿化相关的资质。因此，行业经营资质是进入本行业的主要障碍之一。

（二）资金实力

园林行业属于资金密集型行业，园林绿化企业的资金实力直接影响其可承接项目的数量和规模，特别是一些政府投资的大型园林工程项目。园林工程项目投标、工程施工、质保期等业务环节都需要占用大量资金。但是，大多数园林企业为轻资产公司，固定资产规模较小，银行融资难度较大，融资渠道有限，因此，资金实力是进入本行业的主要障碍之一。

（三）人力资源

园林行业的知识综合性特点较强，对从业人员综合素质的要求较高，不但要有工程技术能力，还要有一定的艺术修养水平。此外，项目管理人员还需要具备管理协调能力。园林行业内的高端工程管理人员和专业设计人员比较稀缺，特别是复合型人才较为匮乏。专业人才的缺乏已经成为进入园林行业的主要障碍之一。

三、名称

在历史上，游憩境域因内容和形式的不同用过不同的名称。中国殷周时期和西亚的亚述，以畜养禽兽，供狩猎和游赏的境域称为囿和猎苑。中国秦汉时期供帝王游憩的境域称为苑或宫苑；属官署或私人的称为园、园池、宅园、别业等。"园林"一词，见于西晋以后诗文中，如西晋张翰《杂诗》有"暮春和气应，白日照园林"句；北魏杨玄之《洛阳伽蓝记》评述司农张伦的住宅时说："园林山池之美，诸王莫及。"唐宋以后，"园林"一词的应用更加广泛，常用以泛指以上各种游憩境域。

（一）类别

根据不同的角度，园林可分为以下类别：

1. 以历史来区分有古典园林与现代园林。

2. 以地域来区分有中国园林与西方园林。

3. 以规模来区分有森林园林。

4. 以功能来区分有综合园林、动物园、植物园、儿童公园和城市绿地等。

在古典园林中，中国园林有皇家园林、私家园林、寺观园林、风景园林；西方古典园林有规则式园林与自然风致园。

（二）不同的国家在不同的时代还可以细分不同的类型

1. 中国

古典园林、风景名胜公园、综合性公园、纪念性公园、植物园、动物园、儿童公园、城区与居住小区公园等。

2. 美国

国家公园、综合性公园、运动公园、水滨公园、植物园、动物园、城市近临公园、儿童公园、市区公园等。

3. 德国

森林公园、国民公园、综合性公园、郊外绿地、植物园、动物园、运动与游戏场、广场与装饰道路、果木与蔬菜园等。

4. 日本

区域公园、风景公园、植物园、动物园、综合性公园、运动公园、市区公园、儿童公园等。

四、园林特点

（一）中国园林特点

1. 取材于自然，高于自然

园林以自然的山、水、地貌为基础，但不是简单的利用，而是有意识、有目的地加以改造加工，再现一个高度概括、提炼、典型化的园林。

2. 追求与自然的完美结合

力求达到人与自然的高度和谐，即"天人合一"的理想境界。

3. 高雅的文化意境

中式造园除了凭借山水、花草、建筑所构成的景致传达意境的信息外，还将中国特有的书法艺术形式，如匾额、楹联、碑刻艺术等融入造园之中，深化园林的意境，此为中国园林所特有的，非其他园林体系所能比拟的。

（二）欧洲园林特点

1. 建筑统率园林

在欧洲古典园林中，在园林中轴线位置总会矗立一座庞大的建筑物（城堡、宫殿），园林的整体布局必须服从建筑的构图原则，并以此建筑物为基准，确立园林的主轴线。经主轴再划分出相对应的副轴线，置以宽阔的林荫道、花坛、水池、喷泉、雕塑等。

2. 园林整体布局呈现严格的几何图形

园路处理成笔直的通道，在道路交叉处处理成小广场形式，点状分布具有几何造型的水池、喷泉等；园林树木则精心修剪成锥形、球形、圆柱形等，草坪、花圃必须以严格的几何图案栽植、修剪。

3. 大面积草坪处理

园林中种植大面积草坪具有室外地毯的美誉。

4. 追求整体布局的对称性

建筑、水池、草坪、花坛等的布局无一不讲究整体性，并以几何的比例关系组合达到数的和谐。

5. 追求形式与写实

欧洲人的审美意识与中国人的审美意识有着截然的不同，他们认为艺术的真谛和价值在于将自然真实地表现出来，事物的美"完全建立在各部之间神圣的比例关系上"。

五、功　能

按照现代人的理解，园林不只是作为游憩之用，而且具有保护和改善环境的功能。植物可以吸收二氧化碳，放出氧气，净化空气；能够在一定程度上吸收有害气体和吸附尘埃，减轻污染；可以调节空气的温度、湿度，改善小气候，还有减弱噪声和防风、防火等防护作用。尤为重要的是园林在心理上和精神上的有益作用。游憩在景色优美和安静的园林中，有助于消除长时间工作带来的紧张和疲乏，使脑力、体力得到恢复。园林中的文化、游乐、体育、科普教育等活动，更可以丰富知识和充实精神生活。

从布置方式上说，园林可分为两大类。

（一）规则式

代表是西方国家园林。意大利宫殿、意大利台地、法国勒诺特尔式和中国的皇家园林。

（二）自然式

代表是中国的私家园林。苏州园林、岭南园林混合式，现代的建筑规则式和自然式的搭配。

六、开发

（一）自然

利用原有自然风致，去芜理乱，整理开发，开辟路径，布置园林建筑，不费人事之工就可形成的自然园林。如唐代王维的辋川别业是将私家别墅营建在具山林湖水之胜的天然山谷区，可称为山林别墅；如湖南的张家界、四川松潘县的九寨沟，具有优美风景的大范围自然区域，略加建设、开发，即可利用，称为自然风景区；如泰山、黄山、武夷山等，开发历史悠久，有文物古迹、神话传说、宗教艺术等内容的，称为风景名胜区。

（二）人工类

人工园林，即在一定的地域范围内，为改善生态、美化环境、满足游憩和文化生活需要而创造的环境，如小游园、花园、公园等。

中国古典园林在世界上有很高的声誉，代表作是苏州园林，较著名的有拙政园、留园、网师园、环秀山庄、藕园、狮子林等。

七、历史

中国园林历史悠久，是我国古代建筑艺术的珍宝，造园艺术更是源远流长，早在周武王时期就有营建宫苑的活动，它的形成主要受统治阶级的思想及佛道、绘画、诗词的艺术影响，如在魏、晋、南北朝时期，统治阶级争夺激烈，国家呈分裂状态，加之道、佛盛行的影响，产生了玄学，这时的士大夫，或人欲享乐，或洁身自好，或遨游山水，导致了自然审美观的形成，造园特点也多为自然情趣的田园山水。

中国古典园林的构造，主要是在自然山水基础上，铺以人工的宫，廊、楼、阁等建筑，以人工手段效仿自然，其中透视着不同历史时期的人文思想，特别是诗、词、绘画的思想境界。

中国古代园林的分类，从不同角度看，可以有不同分类方法。一般有两种分类法。在中国传统建筑中独树一帜，有重大成就的是古典园林建筑。

（一）中国古典园林的本质特征体现在如下几个方面

1. 模山范水的景观类型

地形地貌，水文地质，乡土植物等自然资源构成的乡土景观类型，是中国古典园林的空间主体的构成要素。乡土材料的精工细作，园林景观的意境表现，是中国我传统的园林的主要特色之一。中国古典园林强调"虽由人作，宛自天开"，强调"源于自然而高于自然"，强调人对自然的认识和感受。

2. 适宜人居的理想环境

追求理想的人居环境，营造健良舒适，清新宜人的小气候条件，由于中国古代生活环境相对恶劣，中国古典园林造景都非常注重小气候条件的改善，营造更加舒适宜人的环境，如山水的布局、植物的种植、亭廊的构建等，无不以光影、气流、温度等人体舒适性的影响因素为依据，形成舒适宜人居住生活的理想环境。

3. 巧于因借的视域边界

不拘泥于庭院范围，通过借景扩大空间视觉边界，使园林景观与外面的自然景观等相联系、相呼应，营造整体性园林景观。无论动观或者静观都能看到美丽的景致，追求无限外延的空间视觉效果。

4. 循序渐进的空间组织

动静结合、虚实对比、承上启下、循序渐进、引人入胜、渐入佳境的空间组织手法和空间的曲折变化，园中园式的空间布局原则常常将园林整体分隔成许多不同形状、不同尺度和不同个性的空间，并将形成空间的诸要素糅合在一起，参差交错、互相掩映，将自然、山水、人文景观等分割成若干片段，分别表现，使人看到空间局部交错，以形成丰富得似乎没有尽头的景观。

5. 小中见大的空间效果

古代造园艺术家们抓住大自然中的各种美景的典型特征提炼剪裁，把峰峦沟壑一一再小小的庭院中，在二维的园址上突出三维的空间效果。"以有限面积，造无限空间"。"大"和"小"是相对的，关键是"假自然之景，创山水真趣，得园林意境"。

6. 耐人寻味的园林文化

人们常常用山水诗、山水画寄情山水，表达追求超脱与自然协调共生的思想和意境。古典园林中常常通过楹联匾额、刻石、书法、艺术、文学、哲学、音乐等形式表达景观的意境，从而使园林的构成要素富于内涵和景观厚度。

中国古典园林是指以江南私家园林和北方皇家园林为代表的中国山水园林形式，在世界园林发展史上独树一帜，是全人类宝贵的历史文化遗产。

（二）中国古典园林的分类

从不同角度看，可以有不同的分类方法。一般有三种分类法。

1. 按园林基址的选择和开发方式分

（1）人工山水园

这类园林均修建在平坦地段上，尤以城镇内居多。在城镇的建筑环境里面创造模拟天然野趣的小环境，犹如点点绿洲，也称之为"城市山林"。

（2）天然山水园

兴造天然山水园的关键在于选择基址，如果选址恰当，则能以少量的花费而获得远胜于人工山水园的天然风景之真趣。

2. 按占有者身份、隶属关系分

（1）皇家园林

皇家园林是专供帝王休息享乐的园林。古人讲普天之下莫非王土，在统治阶级看来，国家的山河都是属于皇家所用的。所以，其特点是规模宏大，真山真水较多园中建筑色彩富丽堂皇，建筑体型高大。

现存著名的皇家园林有北京的颐和园、北京的北海公园、河北承德的避暑山庄，属于皇帝个人和皇室所私有，古籍里称为苑、苑囿、宫苑、御苑、御园等。

（2）私家园林

是供皇家的宗室、王公官吏、富商等休闲的园林。其特点是规模较小，所以常用假山假水，建筑小巧玲珑，表现其淡雅素净的色彩。

现存的私家园林，例如北京的恭王府，苏州的拙政园、留园、沧浪亭、网狮园，上海的豫园等。属于民间的贵族、官僚、缙绅所私有，古籍里面称园、园亭、园墅、池馆、山池、山庄、别业、草堂等。

3. 按园林所处地理位置分

（1）北方类型

北方园林因地域宽广，所以范围较大；又因大多为首都所在，所以，建筑富丽堂皇。因自然气象条件所局限河川湖泊、园石和常绿树木都较少。因而风格粗犷，秀丽媚美则显得不足。北方园林代表大多集中于北京、洛阳、西安、开封，其中以北京为代表。

（2）江南类型

南方人口较密集，所以园林地域范围小；又因河湖、园石、常绿树较多，所以园林景致较细腻精美。因上述条件，其特点明媚秀丽、淡雅朴素、曲折幽深，但究竟面积小，略感局促。南方园林代表大多集中于南京、上海、无锡、苏州、杭州、绍兴等地，其中尤以苏州为代表。

（3）岭南类型

因岭南地处亚热带，终年常绿，又多河川，所以，造园条件比北方、南方都好，其明显的特点是具有热带风光，建筑物都较高而宽敞。现存岭南类型园林，著名的广东顺德的清晖园、东莞的可园、番禺的余荫山房等。

（三）我国园林景观发展简史

纵观世界园林历史，历经了原始文明、农业文明、工业文明、信息文明等四个阶段。原始文明的园林处于萌芽阶段，观赏种植不分且归部落所共享，主观是为了祭拜和解决温饱的问题。到了农业文明农业得到长足发展和封建制的确立决定了园林直接归统治者与少数贵族富贾所有，具有封闭性和内向性。中国是一个以农业文明为主流文化的国家，中国古典园林史实际上就是一部农业文明条件下的园林史。近代历史原因中国园林没经过大工业文明直接进入现代文明，这时中、西方园林才开始了真正意义上的融合。所以中国造园艺术的发展史从历史发展的角度来看分为两个大的阶段，一个是深具本国文化内涵的世界三大园林体系之一的中国古典园林的发展，一个是引进西方造园理论与现代景观概念的现代景观设计的发展。

古典园林和现代景观都是在一定自然条件和人文条件综合作用下形成的优美景观艺术作品，而自然条件复杂多样，人文条件更是千奇百态，剖开各种现象从共性上来看，无论是古典园林还是现代景观设计的形成，都离不开大自然的造化、社会历史的发展和人们的精神需要等三大背景，两者间不仅有个性，同时也具有共性的，是可以被吸收、学习、继承发展的关系。

1. 中国古典园林发展演变

中国古典园林的发展处在原始文明后期和历经整个农业文明到工业文明的初期这个阶段，由于地理位置安居亚洲东部和社会历史的发展等原因，中国古典园林的发展处在一个相对封闭稳定的状态下，故而能在稳固中前进变化，发展出独具特色的世界三大园林体系之一的中国古典园林风格。通常把中国古典园林的发展分为五个时期。

（1）萌芽阶段——夏商周

我国古代第一个奴隶社会国家夏朝，农业、工业都有相当的发展，为营造园林活动提供了物质、技术上的条件，因此，夏朝开始出现宫殿建筑的雏形——建造于台地上的围合建筑，而殿前有前庭植满观赏花草观察天气。经过生产力的继续发展到商朝真正意义上的"囿"出现了，为了方便打猎训练，用墙垣围筑起来的自然地块。到周朝"囿"的内容扩展到在圈地内种植花果树，其间豢养剩余的禽兽，逐渐由为生存狩猎圈养禽兽到为娱乐观赏豢养禽兽的转变。

中国古代园林的孕育完成于囿、台的结合。台是"囿"中较早的建筑物。上古时代人们敬畏自然现象，认为可以从自然现象中获得神启，于是人们模拟山岳的样子，堆石夯土，

"台"便产生了。登台即可敬天通神，又可极目四面八方，尤其在观猎时，便于指挥捕猎。狩猎和通神是中国古典园林最早具备的两个基本功能。

"苑"是在"囿"的基础上发展而来的，比起"囿"，"苑"这种形式的园林更具观赏娱乐性、规模性和完整性。春秋战国时期，各国竞相称霸的同时大兴土木，夸耀宫室的宏伟。这个时期，由原来单个狩猎通神和娱乐的囿、台发展到城外某地建苑，苑中筑囿造台，台上再造华丽的楼阁。台苑是"囿"向"苑"发展的建筑标志，这一时期的园林可以称为田猎型自然山水园林。

（2）生成时期——秦汉

由分封采邑制转化为中央集权的郡县制，确立皇权为首的官僚机构统治，儒学逐渐获得正统地位。以地主小农经济为基础的封建帝国初步形成。战国时期各国建筑的宫苑初步奠定了"苑"的形制，到秦统一六国，包容并继承了六国灿烂文化，"苑"的规模布局与造型都得到了很大发展，壮丽、豪放为其主要特征。汉代上林苑开创了我国人工堆土山的记录，中国古代的哲学思想与意识开始有效地在造园活动上发挥作用。

秦代是我国第一个封建制的国家，生产资料的私有化使得财富迅速集中到少部分人手中，这也使得园林私有化成为可能，但是秦代滥用民力财力，私家苑囿未见端倪，两汉时期私家苑囿开始形成并得到发展，包括王侯官僚、富商巨贾、文人隐士的宅院。

秦汉时期在我国园林发展史上算是一个承前启后的历史阶段：初期皇家宫廷园林规模宏大，气魄雄伟，苑囿形制较自然，能因山就水随遇而作。宫苑建筑成为这个时期造园活动的主流，可以称之为宫苑型自然山水园林。西汉中期后受文人影响，布景题名开始出现诗情画意。

东汉后期，皇家苑囿由崇尚建筑逐步推崇山水林木，园林趋向小型化，皇亲国戚、将相豪门、富贾巨商、文人隐士也相继投资园林，标志着中国古典私家园林的兴起。

（3）发展时期——魏晋南北朝

东汉后期多年的持续战乱，社会经济遭到极大破坏。在漫长的动乱分裂时期，政治上大一统的局面遭到破坏直接影响到了意识形态上的儒学独尊，人们开始向非正统的和外来的思潮探索人生真谛，由于思想的解放而带来的人性的觉醒，便成为这个时期文化活动的突出特点。社会的动荡不安，普遍流行着消极悲观的情绪，因而滋长及时行乐的思想直接导致了行动上多极倾向：贪婪奢侈、玩世不恭、崇尚隐逸、归隐田园、皈依山门、寄情山水等都是当时人们面对社会现实的直接反应。大自然自秦代以来的神秘面纱被揭开，一个广阔无垠奇妙无比的生活环境和审美对象呈现在人们眼前，寄情山水的实践活动不断增加，于是有关于自然山水的艺术领域大为开拓。山水诗、画大量涌现，追求的是自然恬淡情景交融的风格，从而也促进了园林的大开发，山水园林和山水风景区的发展尤为显著，尤其佛道教在开发风景名胜上功不可没。

魏晋六朝的社会背景注定了思想、文化、艺术活动的活跃，这对中国园林体系的完成产生了深远影响。在以自然美为核心的美学思潮影响下中国风景式园林由单纯模仿自然进而适当加以概括、提炼、抽象化、典型化，开始在如何始于自然而又高于自然方面探索。园林的狩猎、求仙、通神等功能已基本消失或者仅保留其象征意义，游赏活动成为主导的甚至唯一功能。

豪门士族在一定程度上削弱以皇权为首的官僚机构的统治，私家园林作为一个独立的类型异军突起，一大批饶有田园风光的私家园林涌现，集中的代表了这个时期造园活动的成就，可以称为田园型山水园林，开山水写意园林的先河。

随着寺观的大量兴建寺观园林也随之遍地开花，由城市波及近郊而逐渐流行于远离城市的山野地带，也像寺观建筑一样不要求绝对的宗教化，而是受园林艺术的浸润更多的追求赏心悦目。寺观园林的出现开拓了造园活动的新领域，对于风景名胜区的开发起着主导作用。

从此中国园林形成皇家、寺观、私家、陵寝等四大园林类型鼎立的局面，标志着中国园林体系的完成。

建筑作为一个造园要素，与山水地形、花木鸟兽等自然要素取得了较为密切的协调关系，从此园林的规划由粗放方式转变为细致精密的设计，升华到艺术创作的境界，奠定了中国山水风景式园林大发展的基础。

（4）全盛时期——唐宋

历史发展到了唐宋可以说是中国的封建社会发展到了巅峰时期，中国园林作为文化的重要载体深受繁荣文化大背景的影响。

唐王朝的建立开创了中国历史上一个充满活力的全盛时代，科举制的发展极大地调动了文人士流的创造性。作为一个园林体系，它的独特风格即写意山水园林在文人士流的作用下开始出现。唐代山水画也开始影响造园艺术，使得诗文、绘画、园林这三个艺术门类互相渗透，园林艺术开始呈现诗情画意。传统的木构建筑无论在技术或艺术方面均已完全成熟。花木栽培技术有很大进步，能够引种驯化，移栽异地花木。

两宋时期中国封建科技、文化更加灿烂辉煌，地主小农经济稳步成长，城市的商业空前繁荣，市民文化的勃兴，都为传统的封建文明注入了新鲜血液。中唐到北宋时中国文化史上的一个重要转化阶段，作为传统文化主题的儒、道、释三大思潮都处在一种蜕变之中。

与汉唐相比，两宋人士的宇宙观缩小了，文化艺术已由面上的外向拓展转向纵深的内在发掘，表现的精微细腻程度是汉唐所无法达到的，但是宋代又是一个国势赢弱的朝代，隋唐鼎盛之后的衰落之始，北方少数民族的侵扰使得宋代长期处于一个城市经济虽高度繁荣却国破家亡忧患意识的困扰中。经济发达与国势赢弱的矛盾状况滋长了人苟且安生沉湎享乐的心理，终于形成宫廷和社会生活的浮荡、奢靡病态的繁华，这种社会风气影响下，上自帝王下至富豪无不大兴土木广建园林，这一时期的皇家园林、私家园林、寺观园林数量之多，分布之广，造诣之高无不远迈前代。宋代的科举制度更为完善，重文轻武的制度使知识分子徒增，成为科技文化繁荣的重要因素。文人士大夫的造园活动使民间士流园林更进一步人文化，又掀起文人园林的高潮，因而园林中熔铸诗画意趣比唐代更为精致，使写意山水园林向更高水平迈进，到宋代已经达到诗、画、园三位一体的艺术境界，异乎寻常地出现了写意山水园林的新阶段。

皇家园林的"皇家气派"已经完全形成，这个园林类型所独具的特征不仅表现在规模的宏大上而且反应在总体的布置和局部的设计处理上。所谓皇家气派是指园林内容、功能和艺术形象的综合给予人一种整体的审美感受，它的形成标志着皇权的神圣独尊和封建经济文化的繁荣。皇家园林还吸取各家所长，呈现出文人化风格的倾向。

私家园林的艺术性得到升华，着意于刻画园林景物的典型性格以及局部小品的细致处理。唐代山水田园派诗人已经参与经营园林，到宋代儒、道、释三家思想得以合流融汇于知识分子的造园思想中，从而形成独特的文人园林观。促成了士流园林的全面文人化，文人园林作为一种活动推动整个皇家、私家、寺观园林的全面写意化。

（5）成熟时期——元明清

元朝统一全国后，随着农业手工业的恢复和发展，商品生产逐渐兴盛，元大都成为当时的著名经济中心之一。明代一些发达地区出现资本主义的生产方式，虽然封建统治和中央集权仍处在"超稳定"状态，但资本主义的生产方式毕竟对社会生活造成某些影响，像陕西晋商、徽州徽商经商所形成的帮伙在全国范围内声势之大分布之广独步于当时。

经济实力的急剧膨胀使得商人的社会地位比起宋代大为提高，以商人为主的市民作为一个新兴阶层，对社会风俗习惯、价值观等的转变发生了明显的影响。于是，宋代产生的具有人本主义色彩的市民文化，到明初加快了发展步伐，明中叶随着商品经济的发展而兴盛起来。市民文化的兴起必然会影响到民间的造园艺术，给园林带来某种前所未有的变化，市民的生活要求和审美情趣在园林的内容和形式上都有明显的反应，由浓郁的文人风格向世俗化演变的倾向。

明初绝对集权的专制统治需要更严格的封建秩序和礼法制度，由宋代理学转化为明代理学的新儒学更强化上下等级之分，社会状态相较于宋代相对宽松的文化状态已经不复存在，但资本主义的萌芽市民文化的勃兴则又要求一定程度的个性解放，在这种矛盾的情况下，知识界出现一股浪漫主义思潮，追求个性的解放的意愿比宋代更为强烈，也必然会反映在园林艺术上面。这种情况促成了私家园林的文人风格的深化，把园林发展推向了更高的艺术境界。

在文化最发达地区的江南，各个山水画派相继崛起，画面构图讲究题词落款，把绘画、诗文和书法三者融为一体，文人造园更为普遍，甚至个别成为专业的造园家。造园工匠中更是涌现了一大批技术、涵养极高的造园家。

在全国范围内，市民艺术渗透园林艺术，不同的市民文化、风俗习惯逐渐形成明显的地方风格。民间造园活动的广泛普及结合各地的人文风土，使得民间的私家园林呈现前所未有的百花争艳的局面。

其中经济发达的江南地区，造园活动最兴盛，园林的地方风格最突出。北京成为政治经济中心后人文荟萃，在引进江南园林的基础上逐渐形成北方风格。岭南地区受江南、江北园林艺术影响，但由于特殊的气候物产，地处海疆，早得外域园林艺术的影响，而逐渐形成自己的独特风格。其他地区的园林受到三大地方园林风格的影响，又出现各种亚风格。不同的地方风格蕴含于园林总体的艺术格调和审美意识之中，同时，也集中反映了各地园林风格特点，标志着中国园林的完全成熟。

有文人出身的造园家总结的理论著作刊行于世，标志着江南民间造园艺术成就达到高峰，但乾隆以后造园理论停滞不前，许多精湛的技艺始终停留在匠师的口传心授的原始水平上，未能得到系统的提高使其升华为科学理论。

这一时期私家园林、皇家园林、寺观三大园林类型都已经完全具备文人园林的四个主要特点，即简远、疏朗、雅致、天然。文人园林经唐宋的繁荣发展，再度大盛于明末清初。园林创作完全写意化，文人画的盛极一时促成了写意创作的主导地位。

皇家园林经历了大起大落的波折，康乾时期建设的规模和艺术造诣都达到了历史上的高峰境地，总体规划和设计上有许多创新，全面引进和学习江南园林，形成南北园林艺术的大融糅。随着封建社会由盛而衰经过外国侵略军的焚毁后，皇室再没那样的气魄和财政来营建苑囿，宫廷造园艺术相应的一蹶不振跌落谷底。

农业文明下的中国古典园林史，封闭性和内向性是其最大的特征，它不同于农业文明下的欧洲园林，呈现出各个时代迥异不同的形式，风格此起彼伏，更迭演变，各种风格互相影响复合变异。它是在漫长历史中自我完善的过程，因而表现出稳定的、缓慢的、持续不断的历史演变风格，但当中国漫长的封建制社会走到尽头时，农业文明为背景的中国古典园林又将何去何从。

（六）中国现代景观设计的发展

"景观"一词最早出现在西方典籍中，有风景、景致、景色等意思，"景"是指客观存在的事物，它可以是景物，也可以是风景，观指的是人们在观察时产生的主观看法，所以"景观"一词一开始就不仅仅只包含自然存在的景物也同样包含人们主观改造所产生的景物。按照景观设计的一般含义"从古至今人类为适应和改变其生存条件，而有意识地去进行的环境改造活动"来说，只要是符合此条件范围内的环境改造活动都可以将其称为景观设计。

世界园林发展史也被认为是景观设计发展史，那么同样中国古典园林的发展也可以被归类为早期景观设计的范畴。随着时间的推移历史的发展，景观设计包含的意义也在不断地变化，从原始文明和农业文明背景下生存需要所产生的园林到风景园林的转变在工业文明来临之际又被赋予了新的意义，它从农业文明时的风景园林走出来，成为适应工业文明以及后工业文明时代（信息文明）的特殊行业，其特殊性在于交叉学科的广泛运用，新的景观设计包罗了规划整个人居环境在内的一切环境，其综合性发展的倾向不言而喻。

1. 近代景观设计在中国的发展

世界近代景观设计及其发展包括景观设计的思想变革和城市公园运动的兴起，以及逐步建立城市绿地系统观念这两个方面的内容。英国许多私家花园和皇家园林开始向公众开放，之后被许多西方国家所接受。到 1858 年随着美国纽约中央公园的建成，一些学者开始提出要建立一个城市绿地系统的概念，并提出将公园、河滨绿地、道路绿化等相互连接的建议，标志着景观设计理念已经从农业文明时期孤立的场地认识迈向大工业时代城市绿地系统的新高度，这个思想上划时代的转变对后来的景观设计发展具有深远的影响。

而在同一时期的中国，19 世纪中期以后正遭受来自西方列强的蚕食鲸吞，虽然闭关锁国的封闭状态被打破，当挟裹着工业文明气息的欧洲园林进入中国后，只是在外国人的租借地供外国人孤芳自赏，且华夷矛盾尖锐，外国人不许华人入园观光，虽有个别官僚富商效仿，但绝大多数中国人则嗤之以鼻。直到辛亥革命以后，这样的僵局才被打破。公园的建立是中国近代景观设计发展阶段的主要标志。在这期间，公园建设包括两个发展方向：

（1）各国列强在租借地内建立的公园，西方造园艺术开始被民众所认识。

（2）引进西方公共园林的理论后中国自建的公园。

辛亥革命后，北京等地的皇家苑囿也陆续向民众开放，截至抗战爆发，中国的公园建数已有数百座。此外在近代公园出现的同时，一些地主资本家建设的私家景园中，多为仿西方或中西混合设计的形式，但成功之作甚少。

2. 现代景观设计在新中国的发展

现代意义上的景观设计其产生的背景是由于大工业生产而导致的环境问题引起的，它以协调人与自然的相互关系为己任，对于景观环境的创造不但是一个人为的改造活动，同时是一种源于自然而又为了满足人们使用而进行的空间规划。现代的景观设计理念是根植于早期景观设计基础之上受现代社会文化的影响产生出的适应现代文明发展的产物，因此，也是早期景观设计的继承和发展。当西方近代景观唱着工业文明的挽歌跨入现代文明的时候，中国园林景观则直接越过了工业文明而进入现代文明，中、西方园林景观才算开始了真正意义上的融合。

但由于中国园林缺少工业文明的熏陶，所以世界现代景观设计产生的内因在中华大地上推动力不足，因而直接影响到了中国现代景观设计根植于中国社会现状的发展。这直接反映在了新建设的园林中，某些地方出现了不顾中国文化特色和自然环境，盲目崇拜欧洲园林，跟在欧洲园林后面亦步亦趋的现象。

新中国成立至今中国现代景观建设分为三个阶段：

（1）1949 年至 1976 年的调整时期。

（2）977 年至 1989 年改革开放和政策的支持使得景观设计和建设又重获新生。

（3）1990 年至今，引入的西方现代景观设计的理论和结合中国自身情况的实践。

我国从 1949 年至 1976 年间，可以算是中国现代景观设计和发展的调整时期。新中国成立之初经济条件的不足，新建城市公园鲜少，多是以往的私人宅院和皇家园林向公众开放。随着国民经济的恢复1953年进入有计划有步骤的建设阶段，中国城市景观建设有较大转变，许多城市开始新建公园、绿化街道、扩建苗圃等。1960年至1965年，由于受到多年严重自然灾害以及不利的国际环境等影响，中国现代景观建设面临严重的困难，景观建设投资缩减，甚至有些城市中还出现了公园农场化的发展倾向。

1966年至1976年的十年"文革"对于中国景观建设来说是一个损坏时期，在此期间全国景观及自然环境遭受了极大的历史性破坏。1977年至1989年改革开放以后，无论是经济上还是政策上的放宽，对外交往的频繁都使得中国现代景观建设有更多的与外交流的机会。设计师们开始大力汲取各国园林的精华，弘扬中国优秀园林之长，使中国现代景观设计先后涌现出满足人民生活需求的各种类型的新型景观，如各种功能的城市公园、绿地、街道绿化、社区绿化及风景名胜区的改造等。但也出现过一些模仿抄袭和不伦不类的粗放作品，积淀了深刻的历史教训。

1990年至今经过多年改革开放，使得中国处于空前的城市化进程中，大大小小的城市建设出现很多误区，如不从实际角度出发，单凭想象进行的"美化""绿化"；追求气派，追求最大、最宽、最长；"为美而美"，忽视人的需要，忽视城市元素的功能特征和地方特色，这一系列的问题都有着近代历史和经济发展的社会根源。中国现代景观设计的发展急需立足于中国国情和客观的自然地理条件以及社会人文背景下的理论实践活动，环境质量上的需求更是让中国现代景观设计出现生态化倾向。

（七）西方风格

西方园林表现为开朗、活泼、规则、整齐、豪华、热烈、激情，有时甚至是不顾奢侈地讲究排场。从古希腊哲学家就推崇"秩序是美的"，他们认为野生大自然是未经驯化的，充分体现人工造型的植物形式才是美的，所以，植物形态都修剪成规整几何形式，园林中的道路都是整齐笔直的。

18世纪以前的西方古典园林景观都是沿中轴线对称展现。从希腊古罗马的庄园别墅，到文艺复兴时期意大利的台地园，再到法国的凡尔赛宫苑，在规划设计中都有一个完整的中轴系统。海神、农神、酒神、花神、阿波罗、丘比特、维纳斯以及山林水泽等到华丽的雕塑喷泉，放置在轴线交点的广场上，园林艺术主题是有神论的"人体美"。宽阔的中央大道，含有雕塑的喷泉水池，修剪成几何形体的绿篱，大片开阔平坦的草坪，树木成行列栽植。地形、水池、瀑布、喷泉的造型都是人工几何形体，全园景观是一幅"人工图案装饰画"。

西方古典园林的创作主导思想是以人为自然界的中心，大自然必须按照人的头脑中的秩序、规则、条理、模式来进行改造，以中轴对称规则形式体现出超越自然的人类征服力量，人造的几何规则景观超越于一切自然。造园中的建筑、草坪、树木无不讲究完整性和逻辑性，以几何形的组合达到数的和谐和完美，就如古希腊数学家毕达哥拉斯所说："整个天体与宇宙就是一种和谐，一种数。"西方园林讲求的是一览无余，追求图案的美，人工的美，改造的美和征服的美，是一种开放式的园林，一种供多数人享乐的"众乐园"。

可以看到东方园林基本上是写意的、直观的，重自然、重情感、重想象、重联想，重"言有尽而意无穷""言在此而意在彼"的韵味，而西方园林基本上则是写实的、理性的、客观的，重图形、重人工、重秩序、重规律，以一种天生的对理性思考的崇尚而把园林也纳入严谨、认真、仔细的科学范畴。

八、城市园林的社会价值

（一）园林艺术的含义

园林艺术水平的好与坏不但取决于工作的专业技术水平，而且也与人们对园林艺术的认知程度有一定的影响。那么何谓园林艺术呢？

园林艺术设计是一门新兴的综合学科，是一门内容覆盖相当广泛，最具现代城乡文明发展形态的艺术，其最重要的功能在于创造与保存人类生存的环境与扩展乡村自然的美。是在从事建筑物，道路以及公共设备之外，为满足人类的需求而做的生存环境与乡野自然的空间设计。

园林艺术设计既是一种科学行为，也是一种文化行为，是一种把握人类视觉的经验和对视觉事件进行艺术处理的行为，从而为人类创造美的景观，使之生存于高品质的家园。园林艺术设计主要的目的是为了解决人与自然环境之间的矛盾，使人们既具有舒适的生活环境，又不会破坏自然环境的生态平衡，达到人与自然环境的和谐。

所以说，社会与城市的发展前景与园林水平的好坏是息息相关的，它对城市以及整个社会都起着极其重要的作用。

（二）园林对城市起的作用

1. 园林艺术设计对保护城市的生态环境具有重要的意义

有利于提高、改善城市人们生活水平和生活环境，有利于城市的可持续性发展。

人们的居住环境中，园林景观搞得好与不好，不仅对一座城市及一个乡村的外表形象有着密切的联系。而且对防风沙、涵养水源、吸附灰尘，杀菌灭菌，降低噪声，吸收有毒物体，有毒物质，调节气候和保护生态平衡，促进居民身心健康都有一定的自然环保作用。

（1）园林艺术对城市的影响

①视觉效果上

园林艺术在大地上作画的手段主要是通过植物群落、水体、园林建筑、地形等要素的塑造来达到目的。通过营造人性的、符合人类活动习惯的空间环境，从而营造出怡人的、舒适、安逸的景观环境。

绿地植物是现代城市园林建设的主体，它具有美化环境的作用。植物给予人们的美感效应，是通过植物固有色彩、姿态、风韵等个性特色和群体艺术效应所体现出来的。一条街道如果没有绿色植物的装饰，无论两侧的建筑多么的新颖，也会显得缺乏生气。同样一座设施豪华的居住小区，要有绿地和树木的衬托才能显得生机盎然。许多风景优美的城市，不仅有优美的自然地貌和雄伟的建筑群体，园林绿化的艺术效果对城市面貌起着决定性的作用。

人们对于植物的美感，随着时代、观者的角度和文化素养程度的不同而有差别。同时光线、气温、风、雨、霜、雪等气象因子作用于植物，使植物呈现朝夕不同、四时互异、千变万化的景色变化，这能给人们带来一个丰富多彩的艺术景观效果。

②园林植物的生态效应功能

A. 净化空气

空气是人类赖以生存和生活不可缺少的物质，是重要的外环境因素之一。一个成年人每天平均吸入 $10 \sim 12m^3$ 的空气，同时释放出相应量的二氧化碳。为了保持平衡，需要不断地消耗二氧化碳和放出氧，生态系统的这个循环主要靠植物来补偿。植物的光合作用，能大量吸收二氧化碳并放出氧。其呼吸作用虽也放出二氧化碳，但是植物在白天的光合作用所制造的氧比呼吸作用所消耗的氧多20倍。一个城市居民只要有 $10m^2$ 的森林绿地面积，就可以吸收其呼出的全部二氧化碳。事实上，加上城市生产建设所产生的二氧化碳，则城市每人必须有 $30 \sim 40m^2$ 的绿地面积。

绿色植物被称之为"生物过滤器"，在一定浓度范围内，植物对有害气体是有一定的吸收和净化作用。工业生产过程中产生许多污染环境的有害气体，最大量的是二氧化硫，其他主要有氟化氢、氮氧化物、氯、氯化氢、一氧化碳、臭氧以及汞、铅的气体等。这些气体对人类危害很大，对植物也有害。测试证明，绿地上的空气中有害气体浓度低于未绿化地区的有害气体浓度。

城市空气中含有大量尘埃、油烟、碳粒等。这些烟灰和粉尘降低了太阳的照明度和辐射强度，削弱了紫外线，不利于人体的健康；而且污染了的空气使人们的呼吸系统受到污染，导致各种呼吸道疾病的发病率增加。植物构成的绿色空间对烟尘和粉尘有明显的阻挡、过滤和吸附作用。国外的研究资料介绍，公园能过滤掉大气中80%的污染物，林荫道的树木能过滤掉70%的污染物，树木的叶面、枝干能拦截空中的微粒，即使在冬天落叶树也仍然保持60%的过滤效果。

B. 净化水体

城市水体污染源，主要有工业废水、生活污水、降水径流等。工业废水和生活污水在城市中多通过管道排出，较易集中处理和净化。而大气降水，形成地表径流，冲刷和带走了大量地表污物，其成分和水的流向难以控制，许多则渗入土壤，继续污染地下水。许多水生植物和沼生植物对净化城市污水有明显作用。比如在种有芦苇的水池中，其水的悬浮物减少30%，氯化物减少90%，有机氮减少60%，磷酸盐减少20%，氨减少66%。另外，草地可以大量吸附许多有害的金属，吸收地表污物；树木的根系可以吸收水中的溶解质，减少水中细菌含量。

C. 净化土壤

植物的地下根系能吸收大量有害物质而具有净化土壤的能力。有植物根系分布的土壤，好气性细菌比没有根系分布的土壤多几百倍至几千倍，故能促使土壤中的有机物迅速无机化。因此，即净化了土壤，又增加了肥力。草坪是城市土壤净化的重要地被物，城市中一切裸露的土地，种植草坪后，不仅可以改善地上的环境卫生，也能改善地下的土壤卫生条件。

D. 树木的杀菌作用

空气中散布着各种细菌、病原菌等微生物，不少是对人体有害的病菌，时刻侵袭着人体，直接影响人们的身体健康。绿色植物可以减少空气中细菌的数量，其中一个重要的原因是许多植物的芽、叶、花粉能分泌出具有杀死细菌、真菌和原生动物的挥发物质，称为杀菌素。城市中绿化区域与没有绿化的街道相比，每立方米空气中的含菌量要减少85%以上。例如，在繁华的王府井大街，每立方米空气中有几十万个细菌，而在郊区公园只有几千个。

（2）园林植物的心理功能上的影响

植物对人类有着一定的心理功能，随着科学的发展，人们不断深化对这一功能的认识。在德国公园绿地被称为"绿色医生"。在城市中使人镇静的绿色和蓝色较少，而使人兴奋和活跃的红色、黄色在增多。因此，在绿地的光线则可以激发人们的生理活力，使人们在心理上感觉平静。绿色使人感到舒适，能调节人的神经系统。植物的各种颜色对光线的吸收和反射不同，青草和树木的青、绿色能吸收强光中对眼睛有害的紫外线。对光的反射，青色反射36%，绿色反射47%，对人的神经系统、大脑皮层和眼睛的视网膜比较适宜。如果在室内外有花草树木繁茂的绿空间，就可使眼睛减轻和消除疲劳。

（3）园林植物群落的物理功能上的影响

①改善城市小气候

小气候主要指地层表面属性的差异性所造成的局部地区气候。其影响因素除太阳辐射和气温外，直接随作用层的狭隘地方属性而转移，如地形、植被、水面等，特别是植被对地表温度和小区域气候的影响尤大。夏季人们在公园或树林中会感到清凉舒适，这是因为太阳照到树冠上时，有30%～70%的太阳辐射热被吸收。树木的蒸腾作用需要吸收大量热能，从而使公园绿地上空的温度降低。另外，由于树冠遮挡了直射阳光，使树下的光照量只有树冠外的1/5，从而给休憩者创造了安闲的环境。草坪也有较好的降温效果，当夏季城市气温为27.5℃度时，草地表面温度为22℃～24.5℃，比裸露地面低6℃～7℃。到了冬季绿地里的树木能降低风速20%，使寒冷的气温不至降得过低，起到保温作用。

园林绿地中有着很多花草树木，它们的叶表面积比其所占地面积要大得多。由于植物的生理机能，植物蒸腾大量的水分，增加了大气的湿度。这给人们在生产、生活上创造了凉爽、舒适的气候环境。

绿地在平静无风时，还能促进气流交换。由于林地和绿化地区能降低气温，而城市中建筑和铺装道路广场在吸收太阳辐射后表面增热，使绿地与无绿地区域之间产生温差，形成垂直环流，使在无风的天气形成微风。因此，合理的绿化布局，可改善城市通风及环境卫生状况。

②减低噪音

噪音是声波的一种，正是由于这种声波引起空气质点振动，使大气压产生迅速的起伏，这种起伏越大，声音听起来越响。噪音也是一种环境污染，对人产生不良影响。北京市环境部门收到的群众控告信中 40% 以上是关于噪音污染的。研究证明，植树绿化对噪音具有吸收和消解的作用。可以减弱噪音的强度。其衰弱噪音的机理是噪音波被树叶向各个方向不规则反射而使声音减弱；另一方面是由于噪音波造成树叶发生微振而使声音消耗。

③防灾避难

在地震区域的城市，为防止灾害，城市绿地能有效地成为防灾避难场所。1923 年 9 月，日本关东发生大地震时，引起大火灾，公园绿地成为居民的避难场所。1976 年 7 月我国唐山大地震时，北京有 15 处公园绿地总面积 400 多公顷，疏散居民 20 多万人。

树木绿地具有防火及阻挡火灾蔓延的作用。不同树种具有不同的耐火性，针叶树种比阔叶树种耐火性要弱。阔叶树的树叶自然临界温度达到 455℃，有着较强的耐火能力。

总之，园林就是以植物为主体，结合水体、园林建筑小品、和地形等要素进行营造出人性化的、色彩斑斓的、空气清新的、安详舒适的环境，从而改善了城市人们的生活环境，提高了人们的生活质量，对维持城市环境的生态平衡具有重要的作用。

2. 园林艺术可以促进城市生态景观的多样性

园林艺术在营造优美、舒适的环境的同时往往需要借助于丰富的景观变化，在统一中寻求变化。单一的设计元素是无法造就人们所需求的具有各种功能的场所，同时也很难形成怡人的、令人耳目一新的园林艺术景观。在营造的过程中经常涉及绿地生态、山体、水体、湿地、道路廊道斑块等，设计元素是自然生态艺术再现于城市艺术当中，从而使人与自然环境之间的尖锐的矛盾得到缓和。这样一来就更加有利于丰富城市园林艺术的多样性。而城市园林艺术的多样性包括了植物群落的多样性、地貌景观的多样性和生物景观的多样性。园林艺术提倡生态之园，丰富的植物群落中，较多的植物品种，乔木、灌木和地被植物错落有致，丰富的山体、水体、沼泽等景观都是动物们喜爱的栖息、繁衍的地方，这样一来更加有利于增加了城市生物的多样性，真正的增加了城市的生气。是逐步向实现园林生态的城市艺术的方向迈进，最终实现生态的城市园林艺术。

例如在营造道路景观的过程中单一的设计元素是无法满足人们在功能、视觉、听觉上的舒适度的要求。道路空间是提供人们生活、工作、休息、相互往来与货物流通的通道。在交通空间里，有各种不同出行目的人群，在动态的过程中观赏道路两旁的景观，产生了不同行为规律下的不同视觉特点。我们在设计道路时，须充分考虑到行车，行人的进度和视觉特点，不同速度，不同栽植方式，将路线作为视觉线形设计的对象。提高视觉质量，体现以人为本的原则。

在具体的设计中，应以不遮挡视线为标准，同时又能给人以赏心悦目之感。譬如，在拐弯处不应种植大灌木或小乔木。又如，在隔离带的种植时，一个标准端的长度就应考虑到车速，行人速度等问题。而要真正达到这些要求就必须得借助于各种各样的景观要素如植物的多样性，地形的多样性等。所以，说园林艺术设计有利于促进城市景观的多样化，是迈向生态园林城市的必经之路。

3. 园林艺术有利于更好地宣扬城市的文化

使得城市更加具有地方特色，更能充分体现城市的个性。园林艺术有利于体现城市的地方特色文化主要体现在它的造景艺术手段和对当地植物与构筑物的采用上。

（1）园林艺术的理法有利于更好地宣扬城市的文化

使得城市更加具有地方特色，充分体现城市的个性。园林艺术的主要理法是"巧于因借，精在体宜"。

①艺术的生命是特色，城市园林作为艺术而言也必须创造特色

特色的大敌是模仿，一时一风，竞相模仿，令人置身城市中周环回顾而不知身居何处。病因在于不借鉴先进城市如何寻觅、捕捉和创造特色，也来找本城市的特色。而是人云亦云，不知为何而云。治疗的良方就是中国传统园林艺术的主要理法"巧于因借，精在体宜"。

②园林艺术提倡"巧于因借，精在体宜"

藉因才出果，精在如何体验本城市之异宜，包括宜和不宜的自然资源和人文资源。保护和发展山水形胜的特色，利用当地的地貌特点，因地制宜，合理地处理与生态自然景观的关系，营造出具有本地特色、历史人文的景观。

"巧于因借"的"巧"体现在"借景随机"，山形水势、四时季相、树木花草、风花雪月、昼夜阴晴无不可成为随机的所在。有心的创造意旨往往开始只是星星的火花。要善于捕捉微小的火花，捉准了就可以夸张放大，逐渐从逻辑思维的概念设计向形象思维逻辑飞跃，景观便顺理成章了。

园林组成因素诸如山水、建筑、山石、树木都不会说话，而是借助赋予自然景物中的文化以表达，运用景名、额题、景联和摩崖石刻等为表达手段，烘托景观的意境。而借景的创作要求以"臆绝灵奇"为最高境界，似乎是想疯了，想到绝处才能逢生，从而达到"灵奇"的高水平。

由此可见，此造景理法每时每刻地将当地的生态景观环境融入城市园林设计当中，都与当地的地形、气候、生活习俗紧密地结合起来，这样就在无形当中将当地的文化、人文环境融入园林艺术设计当中，使得城市的文化得到更好的宣扬，不仅仅让子孙后代更加了解城市的文化，也让外来的人员进一步地了解到该城市的地方特色与历史文化。

（2）对当地植物与构筑物的采用，有利于更好地宣扬城市的文化

使得城市更加具有地方特色，充分体现城市的个性。园林艺术在植物的选择方面上往

往大量地采用当地的树种。当地的树种不仅容易适应当地的气候环境、容易成活，成本较低，而且在城市长期的发展过程中，当地的树种与人们之间有着密切的联系，在潜移默化当中对城市的历史和人们的习俗有着深远的影响。如今有许多的国家、城市地区都与它们当地的树种有着密切的联系。往往就该国家或城市的名称与该树种是连着的，比如荷兰的郁金香、中国的牡丹、漳州水仙、福州榕城、广东木棉等，植物如此其他的构筑物、建筑形式也是如此。

现代，城市园林设计越来越追求文化内涵，设计师在设计中越来越关注本民族传统文化的发掘、传承与表达。文化景观是城市各类景观之一，其主旨是追忆、展示和传颂本民族本地域优秀传统和文化。文化景观符号是城市文化景观中的视觉形态设计元素，其基本意义既传达具体景观的特定文化信息和文化意义，又彰显其装饰的审美意义与社会意义。

总而言之，现代园林艺术无论是在理法技术上还是在材料的选择上面，都越来越注重地方特色的体现，将园林与城市的历史文化、地方独特的魅力个性联系起来。形成相辅相成的关系，城市的历史文化、地方特点让园林艺术更加丰富有内涵，园林艺术更加充分得体地展现出城市所拥有的个性魅力。

（三）突出重点，充分发挥园林城市在国民经济和社会发展中的作用

在发展社会主义市场经济的条件下，全面推进园林城市建设，完善园林城市建设的各项工作，是一项更加全面的系统工程，需要我们去研究、探讨的问题有很多。这就要求我们从城市的社会进步、经济发展角度出发，突出重点，抓好园林城市建设与发展工作。

1. 园林城市是环境

园林城市的发展，归根结底是要改善环境。环境也是生产力，要高质量、高水平做好规划工作。要按照十六届三中全会的要求，从人与自然的和谐发展的高度出发，以保持良好的城市生态环境、确保城市的可持续发展为战略目标，去思考、制定我们的城市总体规划和城市绿地系统规划，保持我们的生态环境，体现出城市的个性和特征。规划工作要细致，新城区和老城区、市区和郊区、城市和农村，都要注重环境的建设，要平衡发展。

2. 园林城市是资源

所谓资源，就是资财的来源，包括自然资源和社会资源。对于自然资源，要重在保护，在保护好的基础上合理地开发利用，因为自然资源是不可再生的，要为子孙后代留下更多的自然资源。尤其是山水资源，首先要保护好，才能谈到合理的开发利用，园林城市要着重做好山水资源的文章。

例如武汉江滩的改造。以前武汉江滩是长江航运道上的一个巷口和码头，现在航运不景气，长将近4km多，宽100～160m，从长江一桥到二桥全面改造，相当漂亮，是对长江资源的开发。

水是个大文章，专家们已经提出这个问题，什么依山傍水，显山露水，山不在高，有

水则灵，水很关键。水的综合利用，包括治理污水、节约用水、中水的利用。对于社会资源，包括人力资源、社会财富等，也不是取之不尽、用之不竭的。因此，我们要珍惜资源、爱护资源、保护资源，同时也要开发资源。这里说的开发，不是破坏，而是保护，要使有限的资源在更大的空间中得到利用。

3. 园林城市是品位，是素质

城市园林、生态建设、管理水平，都影响到城市的整体形象，也都是城市品位的体现。品味就需要加强管理去维护，靠管理去提高素质，包括园林管理的法制建设，通过管理来提高园林城市的素质。园林管理，都需要加强法制建设，提高执法力度。侵占红线、违章搭建、侵占绿地、侵占河道，这都是违法、违规行为，要加强管理，就要有责任制。比如城市中的行道树，就要责任到人，否则缺株少枝的，影响市容。要加强管理，因为管理出品位，管理出素质。

4. 城市园林是产业

城市园林是与城市各行各业、方方面面都有密切联系的产业链。苗木、花卉生产，就可以成为巨大的行业，很有发展潜力。我们看到很多专业搞花卉的，搞苗木生产的企业、搞园林施工的企业、搞园林养护的企业，都在走市场化运作和企业化经营之路，建立生产基地，创自己的品牌。同时，城市园林建设还涉及很多相关产业，产业之间又相互连接形成产业链，包括市政公用事业，应该形成循环经济。产业之间，以及上游产业、中游产业、下游产业之间，都可以形成一个产业链。所以说，城市园林是一个产业，要按照新型产业化的要求来加强。

5. 城市园林是文化

园林属于文化范畴，有其深厚的文化底蕴。一个城市的园林文化综合反映出这个城市居民的精神面貌和道德情操，也充分的反映出这个城市的品质和精神。而园林城市文化也是大众文化，所以，要增强群众的文化意识，提高群众的审美情趣和道德情操，这样才能使园林城市的文化拥有更坚实的群众基础。

因此，加强园林文化的教育要从基层做起，扩大宣传园林文化的力度，加强文化的教育功能，典型的示范功能。要提倡爱护城市的一山一水、一草一木。为了达到这种共识，我们要从娃娃抓起，从小学进行宣传教育。所谓"百年大计，教育为本"。我们的教育要培养出一代代全面发展的、具有各种文化素质的综合人才。当然，获得"园林城市"称号的城市可以作为一个大家学习的先进典型，作为提高自己城市园林文化品质的榜样。

可以说，它们是全国城市的表率，其园林文化有着独到之处，值得学习。我们同时要对园林城市的每一个人，考虑成为一个什么样的人。包括人的品味、人的素质、人的文化。我们党做事的最终结果是为了人的全面发展。

6. 城市园林是一门科学

城市园林是一项具有高科技含量的综合性的科技，绝不是栽一棵树，移一棵树这么简单的事情，大树进城、大苗进城，究竟怎么进城？例如有的城市搞了 400 棵大榕树进城，弄了一条榕树街，第一年是绿色的一条街，第二年是黄色的一条街，第三年是枯树一条街，第四年是死树一条街，这还了得？

园林是一门科学，园林技术、造园艺术是具有很高的科技含量的。如果我们没有很好的研究和学习，是建设不出美丽的园林城市来的。不按科学规律办事，只能是事倍功半，迟早会遭到自然的报应。

所以，园林城市建设是一门科学技术，加强城市园林的科研工作刻不容缓。而城市园林中的科研项目是很多的，包括植物的引种、移栽、病虫害防治、转基因植物研究等，这些都是学问。这就要求我们一定要尊重科学，尊重知识，并加强园林中的各项科研工作。

7. 园林城市是一笔财富，是一大笔财富

园林城市不仅仅是一个称号，其本身就是城市的一笔巨大的财富，它可以使城市建设的各项融资工作更有效地完成。所以，我们对城市园林建设方面的投入，是可以得到巨大的回报的。城市的环境面貌好了，对于各种资金的吸引力就会大大提高，包括国有企业、民营企业的投资、外资的引进等，都会水到渠成的，对于我们城市建设的各个方面，都会产生积极的影响。

是财富，就要有一个积累过程，也还有一个扩展过程，不能死守着一笔财富，而是要用好这笔财富并使之发挥出更大的作用。园林城市的各项融资工作，包括吸引外资，包括各项绿地的投资，包括无论是国有企业还有民营企业，它在企业发展的同时对园林城市应该做出回报，甚至于对他们的基金，要投入，它是财富，财富怎么还要投入呢，财富的投入是为了更大的财富，是为了获取更大的效益。

所以，一个是环境要做好规划工作，一个是资源要做好建设工作，一个是品味要做好管理工作，一个是产业要做好产业发展的工作，一个是科学要做好科研的工作，一个是文化要做好教育工作，一个是财富要做好各项融资工作，保证我们的城市园林，园林城市的可持续发展。

第二节　园林规划概述

一、发展历程

（一）起源

我国造园应始于商周，其时称之为囿。魏晋南北朝是我国社会发展史上一个重要时期，一度社会经济繁荣，文化昌盛，士大夫阶层追求自然环境美，游历名山大川成为社会上层普遍风尚。刘勰的《文心雕龙》，钟嵘的《诗品》，陶渊明的《桃花源记》等许多名篇，都是这一时期问世的。

唐太宗"励精图治，国运昌盛"，社会进入盛唐时代，宫廷御苑设计也愈发精致，特别是由于石雕工艺已经娴熟，宫殿建筑雕栏玉砌，显得格外华丽。明清时期是中国园林创作的高峰期。皇家园林创建以清代康熙、乾隆时期最为活跃。当时社会稳定、经济繁荣给建造大规模写意自然园林提供了有利条件，如"圆明园""避暑山庄""畅春园"等。

私家园林是以明代建造的江南园林为主要成就，如"沧浪亭""休园""拙政园""寄畅园"等。同时，在明末还产生了园林艺术创作的理论书籍《园冶》。到了清末，造园理论探索停滞不前，加之，社会由于外来侵略，西方文化的冲击，国民经济的崩溃等原因，使园林创作由全盛到衰落。中华人民共和国走过了 70 年的历程，并在这 960 多万平方公里的土地上留下了深深的印迹。

截至 2006 年底，我国城市总数已经达到 661 个，包括 139 个国家园林城市，除此之外还有 30 个国家园林县城和国家园林城镇。这其中包含无数城市建设者们的辛勤汗水，最重要的还有城市规划师们的思想精髓。

（二）背景

整个中国的绿化状况，可以用北京林业大学杨赉丽教授的话来概括："千头万绪，百废待兴"。此时城市规划的思想主要受到苏联的影响，在以后的发展中才逐渐总结经验和教训，并结合我国造园理论，发展起来成为一门新型的专业技术。

一直到 20 世纪 80 年代之前，园林规划设计业内人士很少，加上国力有限，除了个别优秀作品外，总体上还处于比较初级的水平。园林规划真正获得较快发展的时期，当属改革开放这 40 年。很多人才纷纷到国外留学，其中有很多人都在学成之后回国为中国的城市园林绿化建设贡献自己的力量。他们带进了当时国际上先进的思想和方法，对中国园林规划带来了很大的推动作用。

由于城市绿化对社会经济的显著推动作用，使得园林规划在这近30年的时间中取得了最为瞩目的成就。许多城市在实践中已结合各城市特色进行了绿地系统的研究探讨。例如，1991年开始的《上海2050绿地系统规划》；南京市中心城区由于天然的地理条件及历史人文景观因素形成的条带式绿地系统模式；苏州市、三亚市利用水系网络形成的网格式绿地系统；杭州市利用周围的山、水等地形地貌形成的环绕中心城区的环状绿地系统；深圳市因地就势利用绿地资源的天然状况形成的并列组团式城市结构间的平行楔状绿地系统；北京市、桂林市的分散集团式城市结构间的放射状的楔形绿地系统，将田园的优点引进城市，为城市发展提供秩序和弹性；合肥市利用自然条件和城市历史发展过程形成的环和楔形结合的绿地系统模式；江西临川和四川乐山沿用城市历史发展过程形成的城镇分散格局构想的绿心式绿地系统格局等。

21世纪的城市需要可持续发展，需要向生态型格局演化，需要成为"山水城市""园林城市"。城市绿地系统规划正方兴未艾，各级中心城市都提出向园林城市迈进的目标，城市绿地系统已从城市规划的专项规划转向相对独立的城市绿地系统总体规划。又有新近兴起的城市景观风貌规划，滨水区规划设计，街道景观设计，城市广场规划设计，新型的居住区景观环境规划设计，交通道路景观规划设计，旅游度假区规划设计等。

在城市规划中最重要的决策以及执行部分——政府部门，也在这几十年中逐步发展，对于城市绿地系统规划在城市规划中的作用认识也越来越深入。从最开始的主管领导不懂规划，到现今由专门的领导负责相关工作，并且由行业内的资深专家组成小组进行项目评审，从而保证了规划的质量和内涵。

而且从20世纪80年代开始，逐渐引入公众参与的机制。温家宝总理在总结北京总体规划修编成功经验时提出"政府组织、专家领衔、公众参与、科学决策"的要求，此要求同样适用于城市绿地系统规划。从其中我们也可以看出政府对规划的重视以及完善规划机制管理的决心，这一切都将园林规划推向更正规、更科学的轨道上发展。

二、重要性

从北京奥运绿化带来的巨大社会效应以及上海世博会对绿化的重视，我们都可以看出园林规划在城市发展中扮演着怎样重要的角色。从历史的阴霾中走到前台的园林规划也在这段发展过程中极大地扩充了自己的内涵，将园林规划扩大的城市层面，省级层面，国家层面，甚至整个大地层面，著名专家孙筱翔教授就一直在呼吁大地田园化。社会的发展也决定了园林行业必定承担更大的责任和使命。

第三节　园林景观概述

　　园林景观的基本成分可分为两大类：一类是软质的东西，如树木、水体、和风、细雨、阳光、天空；另一类是硬质的东西，如铺地、墙体、栏杆、景观构筑。软质的东西称软质景观，通常是自然的；硬质的东西，称为硬质景观，通常是人造的。

一、主旨表现

　　给文化广场、公园、小区增添浓厚的艺术气息，保护地球上有限的森林资源就是保护人类赖以生存的家园。仿木系列园林景观制品作为一种新型生态景观产品，它的应用和推广就是我们保护环境，珍爱自然的实际行动。

二、主要属性

（一）自然属性

　　作为一个有光、形、色、体的可感因素，一定的空间形态，较为独立的并易从区域形态背景中分离出来的客体。

（二）社会属性

　　具有一定的社会文化内涵，有观赏功能，改善环境及使用功能，可以通过其内涵，引发人的情感、意趣、联想、移情等心理反应，即所谓景观效应。

三、设计类型

（一）欧洲古典园林景观形式

1.法国现代园林风格。
2.现代巴洛克风格。
3.巴拉甘风格。
4.加利福尼亚学派。
5.瑞典斯德哥尔摩学派。

（二）欧洲新古典园林景观形式

（三）英国乡村庭园景观形式

（四）中国古典园林景观形式

（五）日本庭院园林景观形式

1. 筑山式洄游庭园。
2. 枯山水庭园。
3. 茶道庭园。

（六）现代园林景观形式

四、设计原则

园林的地形分为陆地及水体两大部分。地形的规划好与坏直接影响着园林空间的美学特征和在园林的空间感受，更影响着园林的整体布局、景观的效果、排水、管道设施等要素。因此，园林地形的规划也必须遵循四大原则。

（一）因景得宜

地形规划是造园的基础，也是造园的必要条件。《园治兴造论》中："因者：随基势高下，体形之端正，碍木删桠，泉流石柱，互相借姿；宜亭斯亭，宜榭斯榭，不妨偏经，顿置婉转……"，即因不同的地点和环境条件灵活地组景，有山靠山，有水依水，充分利用自然的美景为我所用，因此，地形的规划对景点的布置起着决定性的作用，在造园前必须进行地形规划。

我国皇家园林颐和园堆土成山即成万寿山，随之在山上建造佛香阁，登阁览胜，可俯瞰昆明湖和万寿山前山景色，举目西眺，玉泉山宝塔近在眼底，西山层峦叠翠，抬头北望，色彩渲丽的众香界、智慧海，仙台放彩，佛香阁犹如巨擘，将万寿山一带和几十里内的优美风景尽携与周围，成为一重要园林美景，这一切无不归功于万寿山和佛香阁平地而起。

（二）地形与环境相协调

园林中的地形是具有连续性的，园林中的各组成部分是相互联系、相互影响、相互制约的，彼此不可能孤立而存在。因此，每块地形的规划既要保持排水及种植要求，又要与周围环境融为一体，力求达到自然过渡的效果。

（三）随势生机

要想在一块土地上创造多种景观效果，首先必须进行合理的地形改造，再进行合理布局，低点挖湖，据高堆山或适当平整土地，使园林地形富于变化，并利用地形组织空间和控制视线，通过与其他园林要素的配合，形成一个自然丰富、优美的空间景域，满足人们观赏休息及进行各种活动的需求。

《园冶》中有"约十亩之地，须开池者三，……余七分之地，为垒土者四……"，这种水、陆、山三四三的用地比例，虽不可定格，但说明园林布局首先进行地形和竖向控制，只有山水相依，水陆比例合宜，才可能创造好的生态环境。

（四）符合园林美

园林是人为的艺术加工和工程措施而成的。园林美源于自然又高于自然，是自然景观和人文景观的高度统一。园林美具有多元性，在园林的地形规划中必须遵循园林美的法则。

五、古代园林的分类

（一）按占有者身份

1. 皇家园林

是专供帝王休息享乐的园林。古人讲普天之下莫非王土，在统治阶级看来，国家的山河都是属于皇家所有的。所以，其特点是规模宏大，真山真水较多，园中建筑色彩富丽堂皇，建筑体型高大。现存为著名皇家园林有：北京的颐和园、北京的北海公园、河北承德的避暑山庄。

2. 私家园林

是供皇家的宗室外戚、王公官吏、富商大贾等休闲的园林。其特点是规模较小，所以，常用假山假水，建筑小巧玲珑，表现其淡雅素净的色彩。现存的私家园林，如北京的恭王府，苏州的拙政园、留园、沧浪亭、网狮园，上海的豫园等。

（二）按园林所处地理位置分

除第一章中提到的三大主题风格外，还有巴蜀园林、西域园林等各种形式。

中国古典园林对东西方园林的一些共有的设计理念有着自己的处理手段；而且融合了自己历史、人文、地理特点后，也表现了自己的一些独到之处。

1. 天人合一的自然崇拜。

2. 仿自然山水格局的景观类型。

3. 诗情画意的表现手法。

4. 舒适宜人的人居环境。

5. 巧于因借的视域扩展。

6. 循序渐进的空间序列。

7. 小中见大的视觉效果。

8. 委婉含蓄的情感表达。

六、设计研究

无论是在东方或是西方人眼中，景观设计都是一个美丽的概念，对于景观设计来说，哪怕是同一景观设计景象，不同的人都有不同的理解。景观是人类的栖息地，景观设计是人类的工艺品，景观是需要科学分析方法能被理解的物质系统，景观是有待解决的问题，景观是可以带来财富的资源，景观是反映社会伦理、道德和价值观念的意识形态，景观是历史，景观设计是美的。

我们可以从景观与人的物我关系与景观设计的艺术性、科学性、场所性及符号性入手，来认识景观设计。

小区园林景观设计中的成本控制。西子湾园林景观设计通过运用各种景观设计手法，巧妙地将水景、绿化、道路、广场、小品雕塑、石景、活动设施等景观元素与简约的建筑有机结合，丰富各园林景观空间，在满足居民交通、游赏、活动要求的同时，兼顾各单元的个性空间环境氛围的营造。通过种植不同层次、不同形式的花草树木，形成可居、可游、可观的景观家园，使景观设计真正做到以人为本。

创造层次丰富的景观空间，成功的地形营造结合疏林草地，在创造层次丰富的景观空间的同时降低了园林成本。人造微地形有利于空间的划分，通过空间变化及植物的搭配，可提升小区的景观效果。疏密有致、开阔与密闭结合，是景观设计的常用手法。通常设计师会运用景墙、密植中层灌木地被、构筑物等元素达到分隔空间的效果，但如果人造微地形设计得合理，同样可达到设计师想要的效果，而且建设成本比景墙、地被、构造物低得多。

在西子湾景观设计初期，营造的地形一定程度上存在着地形较低、高低变化不明显、园路流线不畅等问题，在此情况下施工难度大、造价高，通过对设计地形的调整，特别是调整微地形土坡的形状及标高，最终达到高低有序、层次丰富的景观效果，也避免了工程浪费。因此，充分利用地形的营造，配合适量的园建、水景和有序种植乔灌木、草地，可在有效的成本节约前提下，创造出高低错落、疏密有致的小区园林景观。

水景观设计的创造及合理利用，"园无水而不活"，水是园林景观设计的灵魂。水景常常是园林景观设计中点睛之作，但水景观的建造成本较高，而且会给物业管理带来很多问题，因此，水景设计集中在主要的出入口、居民集中活动的区域，其他区域应该严格控制水景的规模，提高水景观的利用率，减少不必要的浪费。

西子湾区内较大面积水景的营造，旨在点明"亲水"及"自然生态"这一主题。在绿地中开辟一条溪涧，成为社区的焦点，岸线流畅简洁，增强了小区的自然生态气息。在水的周边提供交流的场所，通过临水广场、亲水平台、木栈道、戏水溪涧、喷泉、涌泉等的设置，体味临水而居的生活。园区营造亲水活动及赏景停留的空间，在溪边栽种风味十足的植物，使自然的魅力尽显无遗。湖面自然流畅，水体有收有放，有源有尾，亲水平台尺度宜人，环湖小径曲径通幽充分实现了人与自然的水乳交融。

园林植物的合理选用及种植，园林景观设计植物的合理选用及种植，抛弃堆砌及大面积地被种植的做法。在进行绿化种植时应定位为创造一个清新疏朗、自然简洁的开放型生态绿地，即以疏林草地、配合适量的灌木、地被以及配合人造微地形营造植物景观设计。采用疏密相间的手法布置利用植物的不同形态，形成起伏有致，收放有序的天际线和林冠线。通过不同品种植物的搭配，形成春花烂漫、夏日浓阴、冬季有绿的丰富植物景观，大量使用乡土树种，效果好、易生长、好管养的植物，少用、甚至不用难管养、无遮阴效果、难移植的植物，如棕榈科植物、胸径很大的大树等。

七、表现手法

我国的园林景观设计的表现手法多数处于考虑最多的是个性空间，景观设计专家冶青分析："园林景观设计要以"人"为本，经常见到大家提，真正运用到实际当中很少。各大城市都有广场，广场很大，人不能留足，原因树很少，城市家具少（座椅少），草坪大，不让人进。雕塑太大让我们窒息，比例关系和控制范围考虑不足。"

现代园林景观设计应多注重尺度"宜人、亲人"，尊重自然，尊重历史，尊重文化、文脉。不能违背自然而行，不能违背人的行为方式，鲁迅先生曾说过："其实地上本没有路，走的人多了便成了路。"所以，我们在进行园林景观设计时应符合人的行为方式。既要继成古代文人、画家的造园思想，又要考虑现代人的生活行为方式，运用现代造园素材。形成鲜明的时代感，如果我们一味地推崇古代园林景观设计，就没有进步。不同的时代景观设计要留下不同的符号。

景观设计规划庭院级景观、公共级景观与私家庭院，利用天然的"龟桩第块"暗示"长寿健康"，符合东方居住理想的"负阴抱阳、背山面水"风水理论，以木石水雕筑园林，采用水景、鹅卵石、竹林绿植等元素，通过连贯的木栈道和蜿蜒曲折的河水连接一、二、三期三个圆区，更以高大浓密的树木自然围合出私密的院落，营造雄浑而私密的"流动客厅"，一派璀璨瑰丽的都市谧境。

湖畔水边、边坡的营造如新加坡圣淘沙的景观设计项目，岛中心树阵广场，就是一个休闲的多功能客厅，配备小型舞台、花池、座椅。河水绕着广场而过，河岸呈自然排布，整个广场如同漂浮于水面之上，景观渐变，韵致盎然。门口广场，充满遐想的枯山水边，点缀雅致咖啡座，因地制宜精雕细琢出瀑布叠水，于国际贵族奢侈的生态圈中，畅享大自然馈赠的无限静谧，可拾阶而上的下沉式庭院、旖旎坡景、雅致小品、30 ~ 40m² 精致庭院，

70 ~ 100m² 开阔的私家迎宾前庭，具有质感、直接而又朴素的园林小品，动静相宜的韵律之美，呈现西方繁复美学与中式洗练美学融合的特色。让从来一马平川的花园陡然化为立体嬗变的辉煌景观，雕琢绿化、园林景观设计、建筑浑然天成的园境艺术，闲庭逸境的旷度风采，写照主人从容心境。

八、构思

景观设计规划体现了以保护为主的可持续的旅游规划开发理念，规划设计深层次地关切世界文化遗产的传统、特色、风貌。把设计所应遵循的"以人为本"扩展为"以自然为本""以文化为本"。在设计中力求体现文化内涵，挖掘文化底蕴，创造塔尔寺及其周围地区良好的人文氛围。注意文化遗产及其周边地区的保护和建设的协调，以"塔尔寺广场"为几何中心"十"字排列成五个部分，其中核心是塔尔寺，在塔尔寺山门，正轴线上是"塔尔寺广场"，北是东拉山，在两翼东是入口区的藏医药理疗和藏式民居的接待服务区，西是传统旅游商业街区。

旅游规划项目组对塔尔寺旅游区园林景观设计的定位，要紧紧围绕藏传佛教的深厚文化底蕴展开，挖掘并充分利用当地树种，以雄伟、庄重的油松为基调，常绿树与落叶树、乔木与灌木、彩叶树与花草合理有机搭配，形成塔尔寺旅游区园林景观的特色，对塔尔寺园林景观的构思森林引入塔尔寺景区，使塔尔寺坐落在森林中。寺在林中，林在寺中，寺林交融。

塔尔寺园林景观的构思首先以乔木为主，乔木、灌木、草本植物、花卉合理布局，形成美丽的森林景观。以乡土树种为主，适当引进外来树种，特别是寺内常用的树种，如，北方寺庙常用的、被佛家称为菩提树的紫檀、白檀树。寺周围多种油松、柏树和云杉等常绿树，形成非常好的寺庙氛围。人造天然林：因地制宜，株行距可大可小，遂势而种，大片小片相结合，叶色不同的树种混交。强调艺术性、自然美，虽由人作，达到宛自天成的寺庙园林的效果。

九、设计形式

新古典主义是古典与现代的结合物，它的精华来自古典主义，但不是仿古，更不是复古，而是追求神似。新古典主义并不是某一特定地域中具体流派的专有名称，作为一个美学范畴，新古典主义广泛出现在各行各业，包括文学、绘画、音乐、建筑、室内设计、产品造型设计等许多方面。

从广泛意义上来说，新古典主义是指在传统美学的规范之下，运用现代的材质及工艺，去演绎传统文化中的经典精髓，使作品不仅拥有典雅、端庄的气质，并具有明显时代特征的设计方法。新古典主义风格，更像是一种多元化的思考方式，将怀古的浪漫情怀与现代人对生活的需求相结合，兼容华贵典雅与时尚现代，反映出后工业时代个性化的美学观点和文化品位。

加利福尼亚学派的典型特征为简洁的形式、室内外直接的联系、可以布置花园家具的、紧邻住宅的硬质表面，小块的不规则的草地、红木平台、木制的长凳、游泳池、烤肉架以及其他消遣设施。围篱、墙壁和屏障创造了私密性，现有的树木和新建的凉棚为室外空间提供了荫凉。有的还借鉴日本园林的一些特点：如低矮的苔藓植物、蕨类植物、常绿树和自然点缀的石块。它是一个艺术的、功能的和社会的构图，每一部分都综合了气候、景观设计和生活方式而仔细考虑过，是一个本土的、时代的和人性化的设计，及满足舒适的户外生活的需要，维护也非常容易。加利福尼亚学派使美国花园的历史从欧洲风格的复兴和抄袭转变为对美国社会、文化和地理的多样性的开拓。

瑞典斯德哥尔摩学派是景观规划设计师、城市规划师、植物学家、文化地理学家和自然保护者的一个思想综合体。其目的是用景观设计来打破大量冰冷的城市构筑物，形成一个城市结构中的网格系统，为市民提供必要的空气和阳光，为每一个社区提供独特的识别特征，为不同年龄的市民提供消遣空间。聚会场所、社会活动，是在现有的自然基础上重新创造的自然与文化的综合体。

第二章 园林景观施工管理

第一节 园林景观设计分类

景观设计中风格有很多。按国家地域来分：有中国古典园林景观讲究的是意境、日本的枯山水园林景观、意大利罗马的雕塑喷泉园林景观、法国的豪华皇家园林景观、英国的自然田园园林景观、美国的新材料新技术强调构成要素的现代园林景观。以艺术流派来分有古典园林景观设计、现代主义景观设计、后现代主义园林景观设计、极简主义园林景观设计、解构主义园林景观设计、生态主义园林景观设计、高科技园林景观设计、大地艺术园林景观设计。

一、国外风格

（一）泛东南亚

1.泰式

（1）风格特征

充分运用当地材料，植物、桌椅、石材等都取材地，强调简朴、舒适的度假风情。清凉的藤椅、泰丝抱枕、精致的木雕、造型逼真的佛手、妩媚的纱幔等，营造东南亚重要手法就是要让人无负担地随性坐卧，舒缓紧张情绪，抛开纷扰的俗世，遗忘身边的繁杂。泰式三角靠垫，放置在低矮的藤椅中，不经意地让人放下身段，随性坐卧。东南亚庭院是最自然的风情，注重对遮阳、通风、采光等问题的解决，且注重对日光和雨水的再利用，从而达到节省能源的效果。所以，外观一般比较通透和清爽，例如百叶式的白色外墙，绿色的墙面。此外，遮阳的处理也是东南亚庭院的特色。

（2）特点

由于泰国是北方文化和南方文化接轨碰撞的地区，因此，泰式风格既有南方的清秀、典雅，又有北方的雄浑、简朴。既有北方民居喜欢私密的格局，又有江南宅第活泼的艺术风格，豪华的皇家园林风格，瑞象金碧与水榭曲廊相谐成趣，古木奇石同亭台楼阁常入皆景。

（3）色彩

偏爱自然的原木色，大多为褐色等深色系，有泥土的质朴，加上布艺的点缀搭配，使气氛相当活跃，布艺多为深色系，且在光线下会变色，沉稳中透着贵气。适用藤、麻等原始纹理材料，用色为暖黄色和深咖啡色。

（4）植被选取

在东南亚庭院中，绿色植物也是突显热带风情关键的一笔，尤其以热带大型的棕榈树及攀藤植物效果最佳，最常见的热带乔木还有椰子树、绿萝、铁树、橡皮树、鱼尾葵、菠萝蜜等，其形态极富热带风情，是营造东南亚庭院的必备品，而在亭台旁最好有高低错落的植物陪衬，才能味道更足。

（5）一般元素

多层屋顶、高耸的塔尖，用木雕、金箔、瓷器、彩色玻璃、珍珠等镶嵌装饰。宗教题材雕塑、植物题材的花器、泰式凉亭、茂盛的热带植物。

2. 巴厘岛风情

（1）风格特征

形成于东南亚风情度假酒店基础之上，具有相当高环境品质，空间富于变化、植被茂密丰富，水景穿插其中，小品精致生动，廊亭较多，具有显著热带滨海风情度假特征，相对泰式来说，巴厘岛风格更显自然、朴素及轻松随意，适用于南方沿海区域营造精品、中等以下面积项目。

（2）特点

传统建筑形式与现代观念的空间组织。在外部空间组织上，集中表现为杆栏式建筑和院落式建筑的组织方式。利用水院来组织建筑，各个功能房间以百合花池、莲花池隔开，铺着木地板的连廊如桥一般将它们连接起来。独特、浪漫的建筑元素——巴厘亭。简单的茅草屋顶遮盖着一个方形的木平台，这种形如帐篷的亭是巴厘岛古老的传统建筑。它是全开敞的，非常适合炎热的热带气候，人们聚集在这里聊天、纳凉甚至睡觉。

（3）植被选取

适合地中海庭园种植的植物种类很多。但是，地中海干旱多阳，因此，地中海庭园中少有草坪，软地区域多为地被。最常见的是耐旱少维护、生长良好的常春藤、蔓常春藤……棚架上常用藤本植物如葡萄、紫藤。庭荫树如日本槐树、非洲朴树和针叶树。观赏植物多为仙人掌、多肉植物和棕榈类以及盆花。

（4）一般元素

花园水景、游泳池、瀑布、喷泉，还有砖红色的陶盆、陶罐、水缸等，大大小小的百合花池、莲花池、气势宏大的无边水池。雕塑花园，种有莲花或百合的水院，或以种植花卉为主的花园、巴厘亭阁，莲花池畔的亭阁、茅草屋顶、木材、大量热带植物以椰子树为主。

（二）日式风格

1.风格特征

日式园林以"枯山水"园为代表，主要是在沙上铺设石径，然后沿着枯水河岸散置山石，并配置石灯笼和一些枝条体态优美的小树。日本庭园一般可分为枯山水、池泉园、筑山庭、平庭、茶庭、露地、洄游式、观赏式、坐观式、舟游式以及它们的组合等。

2.特点

素材质朴，用抽象的手法表达玄妙深邃的儒、释、道法理。日本园林的精彩之处在于它的小巧而精致，枯寂而玄妙，抽象而深邃。大者不过一亩余，小者仅几平方米，日本园林就是用这种极少的构成要素达到极大的意韵效果。

3.植被选取

"樱花""墨松"等修剪成别具一格的观赏树木也是日式园林风格的特色之一，间或栽种高低错落、深浅、浓淡的银杏、樱花、墨松、翠竹、红枫、红蓟木、栀子、杜鹃，还有修剪的参差错落的，仿佛是一堵堵植物之墙，屏蔽了城市的喧哗。

4.一般元素

奇石、石灯笼、洗手钵、防水的砾石、篱笆、树形优美的红枫、松树和其他杂木等。以青石板分布间隔路径，再以鹅卵石迭起和外围花草的间隔。

（三）泛欧式

1.北欧

（1）风格特征

具有北部欧洲凝练庄重的厚实感，色调深沉，气势宏大，植被浓密丰富，适用于长江以北地区以打造欧陆风情为主的大面积项目。

（2）特点

北欧园林的特点，除了考虑北欧园林发展的历史背景因素外，还应考虑西方的哲学思想、宗教信仰以及神话人物。希腊文明孕育了西方民族的个性，加之北欧特有的气候因素，乐天、充满人性是北欧民族的性格特征。北欧人也在征服自然、改造自然的艰苦生活中寻找了快乐的人本心态。其生活理念也延伸演绎到北欧园林风格中并逐渐形成现今北欧园林的特点"重于自然"。从尊重自然出发的北欧园林就是一切空间都自然化，一切环境都生态化，一切尺度都宜人化，一切细节都人性化，一切功能都人本化。

（3）一般元素

木屋、明镜的湖水、木栈道，原石散布的广场、宽阔的草坪、茂密的森林以及湛蓝的天空和清新的空气等。园林中的四大要素山石、水、植物、建筑，在北欧的园林中以最自然、最纯粹的方式展现于人们的视野中，所以现代北欧园林设计中，多是在保持自然风貌的前提下再做人工雕琢。

2. 法式地中海

（1）风格特征

与其他风格的花园相比，地中海风格花园不很看重雕塑、廊柱的安置运用，更看重对各种攀附藤类植物的棚架、凉台、观景台的设计。在花园中如果没有一个固定的露天遮阴休息地，整个花园就很难算是完整，配以棚架的葡萄藤、猕猴桃树和高大遮阴的棕榈树，都是这类风格花园的典型搭配植物。由于气候的原因，地中海风格花园不宜种植草坪，花园中比较常见的灌木是常春藤等易生植物，杂以砾石铺地，使用陶瓷砖、地砖也较为常见。各式花盆的摆放也是地中海风格花园的一大特色，因为该地区的夏季相对干燥，同时陶瓷砖地面与花盆的结合，也使花园更富有亲近感。

（2）特点

地中海颜色明亮、大胆，丰厚而且简单。重现"地中海风格"就要保持简单的意念，捕捉光线，取材天然。

（3）色彩

刷满了石灰水的石筑白墙、褐红色的陶罐及地面铺装、浓绿树木、深蓝色的海洋与蓝天、与鲜红或粉红的花组织出地中海庭园的强烈的色彩。

（4）一般元素

开放式的草地，精修的乔灌木，地上、墙上木栏上处处可见的花草藤木组成的立体绿化，手工漆刷白灰泥墙，海蓝色屋瓦与门窗，连续拱廊与拱门以及陶砖等建材。

3. 美式欧陆

（1）风格特征

建立在欧洲大陆景观风格基础上，具有简洁明快的特点，与繁复冗长的传统欧洲风格相比，美式欧陆更倾向于实用主义特征，在保持一定程度欧洲古典神韵同时，形式上趋于简练随意、现代自然，适用于温带、亚热带区域力图打造欧陆风格的大中型项目。

（2）特点

美式园林的特点是布局开敞，现代而且自然，沿袭了英式园林自然风致的风格，展现了乡村的自然景色，让人与自然互动起来，同时讲究线条、空间、视线的多变，欧式园林设计，集绿化、休闲于一体美式欧陆风格（实用乡村风格）。

（3）一般元素

乡村风格、景观天桥、空中廊道、屋顶花园

4. 西班牙

（1）风格特征

与其他临地中海欧洲国家一样，西班牙风格具有浅色甚至白色立面外观、宁静的庭院、红色的屋顶，映衬在蓝天白云下显得格外耀眼，但由于西班牙先后受过罗马人、哥特人及阿拉伯人的长期统治，其景观风格是一种欧式与阿拉伯风格的混合体，庄重中透出随意、隆重中透出宁静的多元、神秘、奇异的特征，适用南方尤其沿海地区大中型山地别墅项目。

（2）一般元素

西班牙自然庭院中多为自然绿化结合古朴的饰面材料，局部以细腻的水景雕塑作为点睛元素，形成宁静、自然、质朴的人文景观空间西班牙园林的主要元素有层级的水景、雕塑群、细长或十字交错的水带、肌理涂料、精致的铁花、陶罐、彩色瓷片铺贴、台地、无边界泳池、阳光草坪、整齐的乔木、溪流、果岭等。

（3）特点

西班牙地处地中海的门户，面临大西洋，多山多水，气候温和。由于西班牙园林的历史非常悠久，受到不同时期的文化影响，因此，景观风格变化随着历史的改变有所不同，为不同的殖民者占领，他们的审美同时也发生着不同的变化，造就了西班牙景观的多元化发展。

西班牙式园林在规划上多采用曲线，有主景观轴，轴线建为十字林荫路，交叉处设核心水池。多采用围合与组团，由厚实坚固的城堡式建筑围合而成庭院，庭园被墙环绕，被水道和喷泉切分，并种植大量的常绿树篱和乔木。西班牙园林分为西班牙皇家园林与西班牙自然庭院两大体系，前者服务于西班牙皇室与贵族，主要突出大气与尊贵来显耀皇室贵族地位。结合建筑，通过空间轴线设计，以主景雕塑和水轴为核心元素，结合规则式绿化设计，形成尊贵的皇家园林空间。

5. 新古典

（1）风格特征

将古典的繁杂雕饰经过简化，并与现代的材质相结合，呈现出古典而简约的新风貌，一方面保留了材质、色彩的大致风格，同时又摒弃了过于复杂的肌理和装饰，简化了线条。在欧式传统风格特别是古典意大利风格基础上的现代化演绎，摒弃繁复的线脚与细部塑造，省略部分过于宏大庄严的轴线、雕塑与水景，在尺度上更显得亲切与人性化，在色调上更趋于明快，在材质上更趋于自然，在一定程度上显得与美式欧陆较为相似，适用于建筑欧式风格定位明显的项目。

（2）特点

新古典主义欧陆风情的建筑，以经典欧式符号和红蓝色坡屋顶诠释优雅气质，更将传统典雅的皇家气息与名山胜景巧妙融合，极致和谐。融入亚洲园林亲水文化的造景手法，在欧陆风情中加入精致、瑰丽、典雅、神秘、尊贵的景观元素，让原生自然与建筑浑然一体。

（3）一般元素

经典欧式建筑、中式园林景观要素相融合。

6. 古典意大利

（1）风格特征

在经历罗马帝国与文艺复兴二次巨大的洗礼之后，意大利景观以无比华丽壮美的姿态呈现在世人面前，气势恢宏的建筑、精工细琢的雕塑、华丽无比的细部，洋溢着浓郁的文化艺术气息，是最有代表性且最具显著地位的欧式风格，适用于打造精品欧式风格的大中型项目。

（2）特点

由于意大利半岛的三面濒海，多山地丘陵，因而其园林建造在斜坡上。在沿山坡引出的一条中轴线上，开辟了一层层的台地、喷泉、雕塑等，植物采用黄杨或树组成花纹图案树坛，突出常绿树而少用鲜花。

意大利台地园因为意大利半岛三面濒海而又多山地，所以它的建筑都是因其具体的山坡地势而建的，因此，它前面能引出中轴线开辟出一层层台地，分别配以平台、水池、喷泉、雕像等，然后在中轴线两旁栽植一些高耸的植物如黄杨、杉树等，与周围的自然环境相协调。

意大利的山地和丘陵占国土总面积的80%，是个多山多丘陵的国家，台地园正是在特殊的地理条件下，融合意大利卓绝哲学思想与务实造园理念的伟大艺术精品。世界公园内的台地园由黑白两色大理石建成，形成极大颜色反差与层次感，并配有雕塑、围柱、花坛等附属建筑，这种巧妙的组合，构成了它独特的建筑风格。

（3）一般元素

台地、雕塑、喷泉、台阶水瀑、整形植物。

7. 英伦风情

（1）风格特征

通常传统英式园林形成于17世纪布郎式园林基础之上，并不断加以发展变化，撒满落叶的草地、自然起伏的草坡、高大乔木，有着自然草岸的宁静水面，具有欧式特征的建筑与庭院点缀于其间，洋溢出一种世外桃源般田园生活的欧陆风情，适用于低容积率、最好无地库顶板的低层大中型项目。

（2）一般元素

阳光草坪、造型灌木、鲜花水系、喷泉、英式廊柱、英式雕塑、英式花架、景观小品、皇家林荫道、英式柱廊、雕塑、广场、花坛、蔷薇花篱、独特的景观轴线，规则工整的英式园林，洋溢经典的英伦风雅。

（3）特点

通常采用大量运用水系、喷泉、英式廊柱、英式雕塑、英式花架、精心布局的植物迷宫等景观小品，并有机结合地块的天然高差进行景区转换和植物高低层次的布局，终得以形成明显浪漫的英伦情调和坡式园林景观特点。大气、浪漫、简洁，是对欧式风格的综合化和简约化。丰富的自然：森林、草原、沼泽、溪流、大湖、草地、灌木、参天大树，构成了广阔景观。

（四）现代派

1. 现代简约

（1）风格特征

在现代主义的基础上简约化处理，更突出现代主义中少就是多的理论，也称极简主义、几何式的直线条构成，以硬景为主，多用树阵点缀其中，形成人流活动空间，突出交接节点的局部处理，对施工工艺要求高，适用于市政广场、滨河带、商业广场及青年人为主的现代公寓住宅项目。

（2）特点

这类景观大胆地利用色彩进行对比，主要通过引用新的装饰材料，加入简单抽象的元素，景观的构图灵活简单，色彩对比强烈，以突出新鲜和时尚的超前感。景观元素主要是现代构成主义风格，景观中的构造形式简约，材料一般都是经过精心选择的高品质材料。

（3）一般元素

以简单的点、线、面为基本构图元素，以抽象雕塑品、艺术花盆、石块、鹅卵石、木板、竹子、不锈钢为一般的造景元素，取材上更趋于不拘一格。

2. 现代自然

（1）风格特征

现代主义的硬景塑造形式与景观的自然化处理相结合，线条流畅，注重微地形空间和成型软景配合，材料上多运用自然石材，木头等，适用于无大面积地库顶板地形条件的项目。

（2）特点

现代主义在平面与单体塑造上达到极致，设计上强调形式的简洁大方；自然主义倡导生态、原始至上的原则，崇尚对环境、人文、历史的尊重和传承。"现代自然主义"将是现代与自然的完美结合，是对任何一种风格更高的超越。运用现代主义的手法，融入传统历史、文化、地域风情，融入自然主义的现代地域风情景观设计应该是：景观设计上强调形式的简洁、建筑与环境空间的和谐、空间的概念和节奏；景观的艺术性和功能性完美结合，共同书写独具地域风情的现代自然主义新乐章。

（3）一般元素

通过现代的手法组织景观元素，运用硬质景观（如铺装、构筑物、雕塑小品等）结合故事情景，营造视觉焦点，运用自然的草坡、绿化，结合丰富的空间组织，凸显现代园林与自然生态的完美结合。

3. 现代亚洲（新亚洲）

（1）风格特征

现代主义的硬景塑造形式与亚洲的造园理水相结合，或者是对亚洲传统园林形式进行现代手法的演绎，在保留其传统神韵的同时结合当地文化元素进行大胆创新，呈现一种新的亚洲风格，多见于日本、东南亚等亚洲地区的新式园林项目，中国地区近年也有所呈现，适用于现代风格定位并趋向于地方性风格化特征的项目。

（2）特点

新（现代）亚洲风格把个性化的建筑风格及现代、独特、精致的景观面貌彰显高品质景观，走差异化高端路线，也是在国内景观风格的独有全新尝试，新，在这里可以理解为现代，也就是说，是建立在现代感基础上的。亚洲，是指地域性，即符合中国人——亚洲人的文化认同与审美取向，以及对空间的感受与领悟。建立在东南亚园林景观空间结构上的具有中国人认同感的现代景观品质设计的呈现高品质的打造。

用公式来概括则为：东南亚园林的丰富空间＋中国人认同的现代感（硬景）＋酒店式的高品质感。

（3）一般元素

SPA，指温泉、疗养、度假，进一步引申为星级酒店的景观品质。

二、中式风格

（一）传统中式

1. 风格特征

典型的中式园林风格特征，设计手法往往是在传统苏州园林或岭南园林设计的基础上，因地制宜进行取舍融合，呈现出一种曲折转合中亭台廊榭的巧妙映衬，溪山环绕中山石林荫的趣味渲染的中式园林效果，成本 300 ～ 500 元 /m2，适用于建筑中式风格定位明显的项目。

2. 特点

浑然天成，幽远空灵，以黑白灰为主色调。在造园手法上，中国传统园林"崇尚自然，师法自然"，讲求"虽由人做，宛自天开"，在有限的空间范围内利用自然条件，模拟大自然中的美景，把建筑、山水、植物有机地融为一体。此外，在造园上还常用"小中见大"的手法，采用障景、借景、仰视、延长和增加园林起伏等方法，利用大小、高低、曲直、虚实等对比达到扩大空间感的目的。充满象征意味的山水是庭院最重要的组成元素，然后才是建筑风格和花草树木。

3. 一般元素

粉墙黛瓦、亭台楼阁、假山、流水、曲径、梅兰竹菊等。

（二）现代中式

1. 风格特征

在现代风格建筑规划的基础上，将传统的叠山理水用现代手法重新演绎，有适当的硬地满足功能空间需要，软硬景相结合，适用于建筑中式风格定位趋向或现代风格建筑定位明显的项目。

2. 特点

现代中式风格，被称作新中式风格。是中国传统风格文化意义在当前时代背景下的演绎，是对中国当代文化充分理解基础上的当代设计。"新中式"风格不是纯粹的元素堆砌，而是通过对传统文化的认识，将现代元素和传统元素结合在一起，以现代人的审美需求来打造富有传统韵味的事物，让传统艺术的脉络传承下去。

建筑单体风格吸收了部分古典园林元素的概念，"厅""廊""桥""院""巷"都可以找到原型，但具体呈现的形态却大相径庭。可触摸的构筑物仅仅作为构成空间的界面而存在，建筑的线条、装饰、力度被严格的控制，建筑和墙体只存在着白、浅灰、深灰三种色彩区别，以不同的叠加方式构成对深度和节奏的呼应，其余都保持在简约、冷静、隐退的状态，只有建筑形象呈现"极少"时，"负型"的空间才得到感知和体验。因此，注重空间结构和景观格局的塑造，强调空间胜于实体的设计理念。

3. 一般元素

建筑和墙体的颜色为黑白灰淡色系、吸收中国古典园林和现代园林要素相结合。

第二节　园林景观工程

一、园林总平面施工

（一）前期施工

1. 了解施工情况

施工用水电设施的安装和连通情况、施工临时用房的搭建情况、近期施工材料进场的确认情况、人员进场的情况和场地清理的情况等，都要求能达到即时施工的要求；还未达到要求的，要马上达到。

2. 清除施工障碍

对场地中仍存在着的施工障碍物、废弃物，要派人工清除。对视线有阻挡，会影响施工测量和放线的地物，要移走或拆除。施工点地下若有影响施工安全和施工质量的井坑、暗沟，也要填平、夯实。

3. 施工现场土地整平

园林建筑工程、水体工程等，都要求在平整的场地上进行施工。因此，在这些工程开始的时候，先进行施工现场的土地整平。这时的土地整平比较粗放，允许地面平整度数值较大，可达到 50mm 左右。地面整平时也要保持一定的排水坡度，使施工现场不会积留雨水。土面整平后应略加夯实。

4. 临时设施搭建。

5. 确认测量基准桩

测量水准点和坐标点，对照园林规划图进行复核与确认。施工现场内进行地形测量时保留的一些测量桩，也要加以确认。

（二）基准点与放线

总平面定点与放线要做到尽可能精确，不能有错误。

1. 基准点确定

园林工程的总平面施工，要依据现场或附近的测量基准点来定点和放线。

2. 定点放线工具

主要有经纬仪、水准仪、卷尺（30m）、钢卷尺（2～3.5mm）、测钎、小木桩、斧头、绳子、白灰等。

3. 龙门桩设置

龙门桩是施工放线中最重要的一种控制桩，其主要作用是控制地面轴线的位置、建筑基槽的宽度、地面的高程以及挖、填方坡度的控制。龙门桩必须设置在转角处或坡面上的坡度变化处，龙门板顶面高程应该用水准仪测定，取铺装场地地面为 ±0.000 或建筑底层地面为 ±0.000 标高。

（三）总平面放线

1. 建立坐标（高程）方格网

在图上绘坐标方格网。一般工程采用 2×2m 方格控制网。此方格网除用于侧设坐标外还用于土方平衡等。

2. 测设坐标图

按照定位图，用测量仪器把所有坐标点标注到地面上，构成地面上的施工坐标网系统。每个坐标点钉一个小木桩，桩上写明桩号和该点在 A、B 两轴上的坐标值。分布在园林边界沿线附近的坐标点，用混凝土桩做成永久性的坐标桩。

3. 用坐标网定点

当需要为某一设施确定中心点或角点位置时，可对照图纸上的设计，在地面上找到相应的方格和其周围的坐标桩；再用绳子在坐标桩之间连线，成为坐标线。以坐标桩和坐标线为丈量的基准点和基准线，就能够确定方格内外任何地方的中心点、轴心点、端点、交点和角点。

4. 用角度交会法定点

要为设计图上某一设施的中心点定位，可以利用其附近任意两个已有的固定点。在图上用比例尺分别量出两个固定至中心的距离。再从这两点引出两条拉成直线的绳子，以量出的距离为作绳子的长度，两条绳子在各自长度之处相交，其交点即为该设施在地面上的中心点位置。

5. 用坐标网放线

在设计图上找出图形线与方格坐标网线的一系列交点，并把这些交点测设到地面坐标网线的相应位置，然后再把这些交点用线连起来，最后组成的线就是需要在地面放出的该图形线。

（四）堆土造坡

1. 清理场地

清除前事先向甲方征询地下管理线分布情况及相关地块管线分布图，以安全施工为前提，遇到不明确的情况及时向有关单位咨询，弄清情况，并请有关人员到相关地块现场认定，要在确保万无一失的情况下施工。

进场后要按计划做好清场工作，清除绿地范围内的建筑垃圾。首先要熟悉掌握设计标高和乔灌木、草坪位置。草坪地块种植泥控制在 30cm 以上，相应建筑垃圾必须挖至设计草坪标高以下 50cm。在大树和乔木地块，建筑垃圾必须要 1.5m 深，2～3m 范围内全部清除，特别是所遇到的砼构件或其他硬质大块材料时，必须给予清除，若机械无法使用的，需人工进行凿除或者破碎及翻挖，部分建筑垃圾外运至甲方指定弃点。

2. 标高测定

仪器测设现场地形高程，并对比设计地形高程，同时，仪器现场布设设计高程点。施工高程桩采用沿等高线走向布设，这样在操作上更具直观性，即要每圈等高线上以一种颜色彩旗竹竿（以适当密度）做标志，应注意密度不能过密或过稀，一般等高线平面走向曲率可密些，但在注意控制精度同时，还要求方便施工作业。不同高程等线可采用不同颜色小旗。

3. 地形整理

（1）施工方法的确定

根据工程内容和工程量，决定施工方法和施工机械种类及其投入台数；安排施工机械进场；确定废弃土处理方式或用于填方的土方运入；确认土质是否适合回填；检查龙门桩、控制桩的设置。

（2）处理表土和废土

清除地面杂草、枯树、残根，围护保留树木；挖起肥沃表土，按土方调配方案运至绿化地旁临时堆放。

（3）地面填方

每次填方摊铺厚度在 30cm 以内，铺填均匀、紧密，压实后再填一层。平坦地形的填方表面凹凸应在 6cm 以内，作为施工场地的则应在 2cm 左右。

（4）完工确认

检查是否按设计图纸整平土地、坡度是否适当、工程安全性是否符合要求。按设计图纸进行土方初步造型后，采用人工滚动进行碾压，使原本松软的土质得以稳固。碾压不到的地方要采用蛙式打夯机夯实。

土质基本稳定后，用人工作标高调整和进一步造型。地形施工要求坡面曲线自然和顺，形态柔和，无明显的起伏，标高符合设计要求（可适当抬高 10cm 左右预留沉降量），不能出现明显的坑洼现象，顺势而下，不能出现淤积现象。

在土型完成后，对土壤灌水，促使沉降和土质软化，待土表七至八成干后，表土进行全面翻耕，表土中大于 3 ~ 5cm 的碎砖瓦和石块，砼构件，木制品等必须清理出场，特别是表土中不易腐烂的塑料制品，沥青制品，玻璃，小铁器等到不到利于植物生长的垃圾必须要清理干净。

在清理的同时，土壤颗粒给予切细，细小的土壤颗粒利于植物根系伸展，再进行平整场地，做到平整控制，不允许出现高低悬殊，坑洼现象。

二、园林绿化工程的施工工艺

在实施树木栽植之前，要先整理绿化现场。去除场地上的废弃杂物和建筑垃圾，换来肥沃的栽植壤土，并把土面整平耙细。等待土壤自然沉降后（可洒水进行沉降），按照下面的程序和方法进行栽植施工。

（一）树木定点与放线

在绿化种植设计图上，标明了树的种植位点。栽植施工时，先要核对设计图与现状地形，然后才开始定点放线。定点放线的方法可根据种植形状来确定。

1. 规则式定点放线

在规则形状的地块上进行规则式树木栽植，其放线定点所依据的基准点和基准线，一般可选用道路交叉点、中心线、建筑处墙的墙角和墙脚线、规则形广场和水池的边线等，利用些点和线一般都是不易再改变了，是一些特征的点和线。依据这些特征点线，利用简单的直线丈量方法和三角形角度交会法，就可将设计的每一行树木栽植点的中心连线，和每一棵树的栽植位点，都测设到绿化地面上。在已经确定的种植位点上，可用白灰做点，标示出种植穴的中心点。或者在大面积、多树种的绿化场上，还可用小木桩钉在种植位点上，作为种植桩。种植桩要写上树种代号，以免施工中造成树种的混乱。在已定种植点的周围，还要以种植点为圆心，按照不同树种对种植穴半径大小的要求，用白灰画圆圈，标明种植穴挖掘范围。

2. 自然式定点放线

对于在自然地形上按照自然式配植树木的情况，根据相关图纸上所示位置，按现场安排种植点，如遇到地上有管道的位置，可适应调整种植点。

（二）种植穴挖掘

树木种植穴的大小，一般取其根茎直径的 6 ～ 8 倍。如根茎直径为 10cm，则种植穴直径大约为 70cm。但是，若绿化用地的土质太差，又没经过换土，种植穴的直径则还应该大一些。种植穴的深度，应略比苗木根茎以下土球的高度更深一点。种植穴的形状应为直筒状，穴底挖平后把底土稍耙细，保持平底状。穴底不能挖成尖底状或锅底状。在新土回填的地面挖穴，穴底要用脚踏实或夯实，以免后来灌水时渗漏太快。在斜坡上挖穴时，应先将破面铲成平台，然后再挖种植穴，而穴深则按穴的下沿计算。挖穴时挖出的坑土若含碎砖、瓦块、灰团太多，就应另换好土栽树。若土中含有少量碎块，则可除去碎块后再用。如果挖出的土质太差，也要换成种植土。

在开挖种植穴过程中，如发现在有地下电缆、管道，应立即停止作业，马上与有关部门联系，查清管线的情况，商量解决办法。挖穴中如遇有地下障碍物严重影响操作，可与设计人员协商移位重挖。在土质太疏松的地方挖出的种植穴，于栽树之前可用先用水浸穴，使穴内土壤先行沉降，以免栽树后沉降使树木歪斜。浸穴的水量，以一次灌到穴深的 2/3 为宜。

浸穴时如发现有漏水地方，应及时堵塞。待穴中全部均匀地浸透以后，才能开始种树。种植穴挖好之后，一般可开始种树。但若种植土太瘦瘠，就先要在穴底垫一层基肥。基肥一定要用经过充分腐熟的有机肥，如堆肥、厩肥等。基肥层以上还应当铺一层壤土，厚5cm以上。

（三）一般树木栽植

园林绿化所用树苗，应选择树干通直，树皮颜色新鲜，树势健旺的，而且应该是在育苗期内经过 1～3 次翻栽，根群集中在树蔸的苗木。育苗期中没经过翻栽的留床老苗最好不要用，其移栽成活率比较低，移栽成活后多年的生长势都很弱，绿化效果不好。在使用大量苗木进行绿化时，苗木的大小规格应尽量一致，以使绿化效果能够比较统一。常绿树苗木应当带有完整的根团土球，土球散落的苗木成活率会降低。一般的落叶树苗也应带有土球，但在秋季和早春起苗移栽时，也可裸根起苗。裸根苗木如果运输距离比较远，需要在根蔸里填塞湿草，或外包塑料薄膜保持湿润，以免树根失水过多，影响移栽成活率。为了减少树苗体内水分的散失，提高移栽成活率，还可将树草的每一叶片都剪掉1/2，以减少树叶的蒸腾面积和水分散失量。

（四）林缘放线

林地准备好之后，应根据设计图将风景林的边缘范围线放大到林地地面上。放线方法可采用坐标方格网法。林缘线的放线一般所要求的精确度不是很高，有一些误差还可以在栽植施工中进行调整。林地范围内树木种植点的确定有规则式和自然式两种方式。规则种植点可以按设计株行距以直线定点，自然式种植点的确定则允许现场施工中灵活定点。

（五）草坪工程施工

草坪是绿地中最基本的地面绿化形式。草坪的建设，按设计应自然放坡至路边。这一施工过程，主要包括土地整理、放线定点、布置草坪设施、铺种草坪草和后期管理等工序。

（六）土地整理与土质改良

草坪用地确定以后，首先要清理现场，清除碎砖料瓦、灰块乱石等一切杂物，然后应进行施肥。施肥最好用有机肥。表土层应当用机械可人工进行耙细作业，一般要耙 2～3 遍才符合要求。

（七）布置排水设施

土地整理作业中，对土面的整平找坡处理主要是为了更好组织地面排水。在对一般草坪整地时，草坪中部土面应高一些，边缘地带土面则应低一些，土面由中部到边缘成倾斜坡面，坡度通常为2‰～3‰，除了特意设计的起伏草坪以外，一般草坪土面最大坡度都不不超过 5%，要尽量减少地表的水土冲刷。在有铺装道路通过的地方，草坪土面要低于路面 2～5cm，以免草坪地面雨水流到路面上。面积较小的草坪，可通过坡面自然排水，并在草坪周边设置浅沟集水，将地表水汇集到排水沟中排出去。对面积较大的草坪，仅仅依靠地表排水是不行的，下雨时在草坪里面产生的积水想办法很快排除掉。

大面积草坪的排水方法，主要是在草坪下面设置排水暗管。施工时，先要沿着草坪对角线挖浅沟，沟深40～50cm，宽30～45cm。然后在对角主沟两则各挖出几条斜沟，斜与对角主夹角应为45°，其端头处深30～40cm。沟挖好后，将管径为6.5～8cm的陶土管（或用排水管钻孔，外包过滤网）埋入沟中，在陶管上面平铺一层小石块，再填入碎石或煤渣，在上面铺盖一层人工无防布，在最上面回填肥沃表土，用以种植草坪植物。

回填的土面应当略低于两侧的草坪上面。斜沟内的副管与对角沟的主管一起构成如羽状分布的暗管排水系统。在面积特大的草坪下，这样的排水管系统可设置几套，但其中的排水主管则应平行排列，每一主管的端头都应与草坪边缘的集水沟连接起来。

（八）布置供水设施

按图纸要求，放置给水管，取水器，需要灌水时，插入取水器即可。

（九）草坪种植施工

草坪排水供水设施敷设完成，土面已经整平耙细，就可进行草坪植物的种植施工。草坪的种植方式有两种，一种是草籽播种。播种之前，最好将草坪土地全面浸灌一遍，让杂草种子发芽，长出幼苗，除掉杂草苗以生再播种草坪草种；这样能够减少今后清除杂草的工作量。草坪播种的时间一般在秋季和春季，但在夏季不是最热的时候和冬季不是最冷的时候也可酌情播种，只要播种的温度与草种需要的温度基本一致就可以。对一般的草坪种子都应进行发芽试验，试验中发现的发芽困难种子，可用0.5%NaOH溶液浸泡处理，24h后用清水洗净晾干再播。大面积的草坪采用机械播种，小面积的草坪播种则采用人工撒播。

为使播种均匀，可在种子中掺沙拌匀后再播；每一幅的种子都适当留一点下来，以补足太稀少处。草坪边缘和路边地带，种子要播得密一些。草坪全部播种完毕，地在地面撒铺一层薄薄的细土约1cm厚，以盖住种子。然后，用细孔喷壶或细孔喷水管洒水，水要浇透。以后，还要经常喷水保温，不使土壤干旱。草苗长高到5～6cm时，如果不是处于干旱状态，则可停止浇水。另一种是购买草皮，直接买来草皮，铺好后，浇足水，然后用铁锹拍实，使根部植入土壤中。每天浇水不低于三次，以后慢慢来减少次数，确保草皮的成活率。

（十）养护的技术管理措施

绿化施工验收后，将严格按照城市园林绿化养护管理标准（DB11/T213－2003）二级养护标准进行养护管理。绿化养管时我们要注意做到：

1. 每个月定期喷广谱性杀虫药一次

发现病虫害苗头，及时对症施药。

2.在不适宜的季节中栽植，苗木栽好后就更需要强化养护管理

要注意浇水，浇水要掌握"不干不浇，浇则浇透"的原则，还要经常对地面和树苗叶面喷洒清水，增加空气湿度，降低植物蒸腾作用。在炎热的夏天，应对树苗进行遮阴，避免强阳光直射。

3.寒冷的冬季

应采取地面盖草、树侧设立风障、树冠用无妨布遮盖等方法，来保持上温和防止寒害。

4.做好宣传工作

各路口设立爱护绿化的宣传牌，劝导儿童不要摇动小树，防止在绿地上倒污水，阻止人为的对草地的践踏。

5.施肥

定植后第一年秋天，应当施一次追肥，第二年早春和秋季，也至少要施肥2～3次。主要以复合肥为主，灌木在基肥的基础上可适当施氮肥，促进生长成型，形成良好景观。

6.灌排水

灌排水大致分三个时期，保活水、生长水、冬水。保活水在定植后必须灌足大量水分，加速根系与土壤的结合，促进成活。生长水是保证苗木有良好长势的关键保证，夏季和久旱无雨时更应勤灌。冬水是保证苗木过冬储备水的关键手段，应浇透灌足。

7.中耕除草

中耕宜在晴天或雨后2～3天进行，土壤含水率在50%～60%时最好。中耕次数，花灌木一年至少两次。除草生长季节，每月除杂草三次，非生长季节每月除杂草1～2次，要求连根拔除。

8.苗木的修剪

要常年进行，如抹芽、摘心、除蘖、剪枝等。大规模整形修剪应在休眠期进行较好，以免营养流失过多，影响长势。草平要勤修剪保证根部的透气性，除冬季外一个月最少要进行两次修剪，应该注意根据草的剪留高度进行有规律的修剪，当草达到规定高度的1.5倍时就要修剪，夏天不超过10cm，其他季节不超过6cm。

（十一）绿化施工技术措施

1.树穴标准

穴距模拟自然，疏密有致，在不影响整体效果饿前提下适当调整树穴位置。相邻树穴间距大于1m。

2. 种树穴大小

依树木大小而异，最小标准为长 × 宽（底宽）× 深 =60cm×60cm×60cm，穴底应有 10cm 回填土，周边有 20cm 宽的回填土。

3. 穴土堆放

表层上（上部 30cm 厚）与底层土分开，一般将表层土放置在近穴边，底层土放置一边，种植时将表土置于根系附近。

4. 苗木标准

苗木规格应严格按照施工设计要求执行。

苗木健壮，无检疫性病虫害、无食干虫、无病虫斑。树干通直树形端庄美观。

5. 挖掘标准

带土球的保证土球达到施工标准要求。裸根苗需有完整根条，既主侧根有 5 条以上，长度 ≥ 25cm，无劈裂伤痕，有较多细根、须根。

6. 包装标准

带土球的苗木用草绳缠绑，保证土球不损碎，裸根苗就地打浆，根据苗木大小，每 10 ~ 25 株一捆，根部用草杉包扎。

7. 运输标准

（1）时间

随挖随运。每车苗木应在同一天挖好，挖好后 30h 内运达施工地。

（2）保湿

车厢底部垫 2 ~ 3cm 稻草，外部用篷布盖严，不得漏风，尤其车厢前后的篷布，防止中途散开，造成苗木失水风干。

8. 种植标准

（1）时间

运到苗木应在当日种完，最迟不超过 24h。过夜苗木必须假植，用土盖严根部，严禁裸根过夜或将苗木浸在河水中，暂时未能栽的苗木放在避风隐蔽处，防止风吹日晒.

（2）回填土

土粒细碎，含水量 ≤ 最大持水量 80% 的表层做回填土。土地特别潮湿，地块需用松土回填.

（3）介质上和肥料

每穴施入 1 ~ 2kg 腐熟饼肥，介质上包括粗河沙、营养土、腐殖质、草碳土等。可选 1 ~ 2 种，保证树根附近的回填土中有 25% 的介质上，介质上和肥料需与回填土拌匀后填入穴内。

（4）根系舒展，根土密实，深度适宜

采用"三踩一提"方法，先将苗竖直，根系散开放入穴内，待土盖入根底，轻轻提拉抖动苗干。促使回填土落入根间，骨干根倾斜入土，并使苗木高度达到应有高度，既苗木原土印（即根颈部）高出地面 10 ～ 13cm，然后踩实，继续填土，达 80% 时踩实。带土球苗木应先穴底回填 10 ～ 20cm 的细碎原土。在回填过程中，边回填边捣实，使土球与回填土密度无空洞，然后围堰浇水，要保证土球原印高出地面 10cm。

（5）浇足定根水

用清洁河水，既无盐碱水浇灌。以内有余水，不能立即掺入土中为度。

（6）培土踩实

待灌水全部渗入土内，表面不见稀泥时，将苗木扶正，树穴填满土，直至培土达到苗木原土印成一个小土堆。

（7）栽后支撑扶苗

苗木栽后要对苗木树干绕干或扎缚稳定牢固整齐，打支撑桩支撑。支撑桩的大小规格要根据苗木胸径大小确定。胸径 8cm 以下用扁担桩固定。胸径 8cm 以上才常绿树种用三角桩固定，栽后 7 ～ 10 天，普遍检查扶苗一次，尤其在雨后，需逐株将树干附近土壤踩实，扶整苗木，栽后一周，如天旱无雨，需灌水一次，灌水后适时松土、扶苗。

（十二）苗木、草坪施肥及病虫害防治措施

1. 准备工作

将肥料运道施工现场，按大乔木、灌木每株用有机肥 5 ～ 10g，化肥 0.5 ～ 1kg 的用量与其树穴回填土混合均匀，混合过程中每株喷施 5 ～ 10g 杀虫剂、10 ～ 20g 灭菌剂。

草坪按每平方米撒施有机肥 0.3 ～ 0.5kg、保水剂 20g、杀虫剂、化肥在正常管理中适时喷施。翻种 10 ～ 15cm 镂平，等待草坪铺设，应平整，结缝控制在 0 ～ 2cm 内，浇透水碾压打平。

2. 苗木栽植

带土球的苗木在栽植过程中要保证土球不散、不裂、分层回填参有机肥料、农药、保水剂及生根粉的土，栽后夯实。裸根苗木栽植前要使用生根粉浸泡后栽植，回填时做好蝶形浇水穴，苗木栽植深度要适宜，并随时调整、扶整以保证整齐统一的良好效果。

3. 修剪

苗木栽后对枝条再次进行检查修剪，消除细弱枝条、病虫枝、碰伤枝。

（十三）苗木的质量要求

1. 苗木的选择

以冠形对称、丰满、无病虫害、无直径大于 2cm 的伤疤，生长旺盛，树同和冠幅符合要求为标准。

2. 起挖苗木

要提前浇水，起挖时要保证根系完整，无劈裂、病虫害。起挖草坪带土厚度以 2 ~ 3cm 为宜，且薄厚均匀，草坪表面密度、高度符合要求。

3. 包装修剪

苗木起挖后，对枝条进行适量修剪，修剪时以保持树冠原形不便为原则，对徒长枝并生枝、下垂枝进行适当修建，苗木土球的大小要适宜，带土球的苗木修剪后，用草绳或草袋包装，裸根苗木的根系要沾泥浆包装运输。

4. 苗木的运输

装卸过程要简便快速，远距离运输要加盖草帘或篷布，运输途中要是适量喷水，注意通风，装卸要轻搬轻放。避免损坏植物根系随带的土壤。运输的数量要保证植物的起挖到栽植时间适当。

（十四）苗木、草坪的栽后管理

1. 苗木浇水

栽后即进行浇水：根据天气情况 2 ~ 3 天连续浇第二遍和第三遍水，然后封穴，以后根据情况适时浇水，叶面要适量喷水

2. 苗木病虫害防治

根据病虫害发生情势，达到指标时即进行防治，杀草剂、灭菌剂、肥料（尿素磷酸二氢钾，浓度按比例要求）混合喷施，间隔 10 ~ 15 天喷施一次，杂草及时排除。

3. 草坪施肥和树木保护

草坪铺栽后 30 天进行施肥，撒施浓度为 4 ~ 8g/m2 尿素，然后浇水。适时进行病虫害防治，杂草的清除。高大乔木、灌木的保护：对于高大乔木、灌木，宜用树桩、毛竹或砼桩支撑保护，以免风吹草动影响成活率，并主干采用草绳绕忙，起到防冻保温作用。

三、生态停车位（隐蔽消防通道）施工工艺

（一）施工工艺

1. 路基的开挖

根据设计的要求，路床开挖，清理土方，并达到设计标高；检查纵坡、横坡及边线，是否符合设计要求；修整路基，找平碾压密实，压实系数达 93% 以上，并注意地下埋设的管线。

2. 基层的铺设

铺设 200mm 厚的级配砂石混合 30% 泥土，（碎石最大粒径不得超过 60mm，最小粒径不得超过 0.5mm）并找平碾压密实，密实度达 80% 以上。

3. C20 砼基础

由于停车作用，打破以往做法，做好基础，以免时间久了出现下沉，开裂等现象，做 180 ~ 200mm 厚 C20 砼基础。

4. 找平层的铺设

找平层用中砂，30mm 厚，中砂要求具有一定的级配，即粒径 0.3 ~ 5mm 的级配砂找平。

5. 水泥砂浆垫层

50 ~ 80mm 厚 1 ：4 干硬性水泥砂浆垫层。

6. 面层铺设

面层为植草砖，在铺设时，应根据设计图案铺设植草砖，铺设时应轻轻平放，用橡胶锤锤打稳定，但不得损伤砖的边角，然后用营养土填满植草砖孔洞，再植草，浇水养护。

四、广场石材、烧结砖施工工艺

（一）施工准备

1. 材料及主要机具

（1）广场石材的品种、规格应符合设计要求，技术等级、光泽度、外观质量要求，应符合国家标准的规定。

（2）水泥

硅酸盐水泥、普通硅酸盐水泥或矿渣硅酸水泥，其标号不宜小于 425 号。

白水泥，即白色硅酸盐水泥，其标号不小于 425 号。

（3）砂

中砂或粗砂，其含泥量不应大于 3%。

（4）矿物颜料（擦缝用）、蜡、草酸。

（5）主要机具

铁锹、水平尺、水桶、抹子、墨斗、钢卷尺、尼龙线、橡皮锤（或木槌）、磨石机。

2. 作业条件

（1）广场石材和烧结砖进场后，应侧立堆放、背面垫松木条，并在板下加垫木方。仔细核对品种、规格、数量等是否符合设计要求，有裂纹、缺棱、掉角、翘曲和表面有缺陷时，应予剔除。

（2）抹灰、地面垫层、预埋在垫层内的电管及穿通地面的管线均已完成。

（3）施工操作前应按施工大样图放样，拼花。

（4）冬期施工时操作温度不得低于 5℃。

（二）操作工艺

1. 工艺流程

素土夯实→碎石垫层→ C15/C20 砼垫层→清理基层→弹线→试拼→扫浆→铺结合层→铺面层。

2. 准备工作

（1）以施工大样图和加工单为依据，熟悉了解各部位尺寸和做法，弄清洞口、边角等部位之间的关系。

（2）基层处理

将地面垫层上的杂物清净，用钢丝刷刷掉黏结在垫层上的砂浆，并清扫干净。

（三）施工工艺

1. 素土夯实

素土夯实采用振动夯实机。每个夯窝之间的距离，可根据需要间隔 2 ~ 3 个夯位，接上夯之邻的二道夯位进行打夯，二道夯完毕后，再进行三夯位的打夯。夯实后，填土密实度在基础以下 0 ~ 80cm 达到 93% 以上，80cm 以下密实度达到 85% ~ 90%。

2. 碎石垫层

碎石基层是指在施工过程、不洒水或少洒水，依靠充分压实及和嵌缝料充分嵌挤，使石料间紧密锁结所构成的具有一定强度的结构，厚度达到施工图纸要求。人行广场、道路，不低于 150mm 厚，车行广场道路，不低于 300mm 厚。

3.C15/C20 砼垫层

砼混合料在拌和场用搅拌机生产，砼按照设计要求进行配比。砼拌和后，人工进行摊铺，采用平板振动或卡板振动器振捣，振动器搁在纵向侧模顶上，自一端向另一端依次振动 2 ~ 3 遍。砼垫层以人工进行收浆，成型后 2 ~ 3h 且物触无痕迹时，用麻袋进行全面覆盖，经常洒水保持湿润。人行广场、道路，厚度不低于 80mm，车行广场、道路厚度不低 180mm，混凝土标号选择，人行广场、道路标号不低于 C15（人工搅拌），车行广场、道路标号不低于 C20（商品砼）。

4. 养护

对已浇筑完毕的混凝土，应加以覆盖和浇水，并应符合下列规定：

（1）应在浇筑完毕后的 12h 以内对混凝土加以覆盖和浇水。

（2）混凝土的浇水养护的时间，对采用的硅酸盐水泥、普通硅酸盐水泥或矿渣硅酸盐水泥拌制的混凝土，不得少于 7 天。

（3）浇水次数应能保持混凝土处于润湿状态。

（4）混凝土的养护用水应与拌制用水相同。

（5）浇筑的混凝土强度未达到 1.2MPa 以前，不得在其上踩踏或安装模板及支架。

5. 清理基层

（1）基层施工时，必须按规范要求预留伸缩缝。

（2）找平，以地面 ±0.00 的找平点为依据，在周边弹一套水平基准线。水泥砂浆结合层厚度控制在 10 ~ 15mm 之间。

（3）清扫基层表面的浮灰、油渍松散砼和砂浆，用水清洗湿润。

6. 弹线

根据板块分块情况，挂线找中，在装修区取中点，拉十字线，根据水平基准线，再标出面层标高线和水泥砂浆结合层线，同时还需弹出流水坡度线。

7. 试拼

（1）根据找规矩线，对每个装修区的板块，按图案、颜色、纹理试拼达到设计要求后，按两方向编号排列，按编号放整齐。同一装修区的花色、颜色要一致，缝隙如无设计规定。

（2）根据设计要求把板块排好，检查板块间缝隙，核对板块与其他管线、洞口、构筑物等的相对位置，确定找平层砂浆的厚度，根据试排结果，在装修区主要部位弹上互相垂直的控制线，引到下一装修区。

8. 铺装结合层

采用 1∶3 的干硬性水泥砂浆，洒水湿润基层，用水灰比为 1∶2 的素水泥浆刷一遍，随刷随铺干硬性水泥砂浆结合层。根据周边水平基准线铺砂浆，从里往外铺，虚铺砂浆比标高线高出 3 ~ 5mm，用括尺赶平，拍实，再用木抹子搓平找平，铺完一段结合层随即安装一段面板，以防砂浆结硬。铺张长度应大于1m，宽度超出板块宽 20 ~ 30mm。

9. 铺面层

铺镶时用橡皮锤垫木轻击，使砂浆振实，缝隙、平整度满足要求后，揭开板块，再浇上一层水灰比为 1∶2 的水泥素浆正式铺贴，轻轻锤击，找直找平。铺好一条，及时拉线检查各项实测数据。注意锤击时不能砸边角，不能砸在已铺好的砖块上。人行道路或广场使用 20mm 厚花岗石板，车行道路或广场作用不小于 30mm 厚花岗石板。

（四）质量标准

1. 保证项目

（1）面层所用板块品种、规格、级别、形状、光洁度、颜色和图案必须符合设计要求。

（2）面层与基层必须结合牢固，无空鼓。

2. 基本项目

（1）面层

磨光花岗石板块面层，板块挤靠严密，无缝隙，接缝通直无错缝，表面平整洁净，图案清晰无磨划痕，周边顺直方正。

（2）板块镶贴质量

任何一处独立空间的颜色一致，花纹通顺基本一致。石板缝痕与石板颜色一致，擦缝饱满与石板齐平，洁净、美观。

3. 成品保护

（1）运输花岗石板块和水泥砂浆时，应采取措施防止碰撞已做完的墙面、门口等。

（2）铺砌花岗石板块及碎拼大理石板块过程中，操作规程人员应做到随铺随用干布揩净大理石面上的水泥浆痕迹。

（3）在花岗石地面上行走时，找平层水泥砂浆的抗压强度不得低于 1.2MPa。

4. 花岗石地面完工后，房间应封闭或在其表面加以覆盖保护。

（五）应注意的质量问题

1. 板面空鼓

由于混凝土垫层清理不净或浇水湿润不够，刷素水泥浆不均匀或刷的面积过大、时间过长已风干，干硬性水泥砂浆任意加水，大理石板面有浮土未浸水湿润等因素，都易引起空鼓。因此，必须严格遵守操作工艺要求，基层必须清理干净，结合层砂浆不得加水，随铺随刷一层水泥浆，大理石板块在铺砌前必须浸水湿润。

2.接缝高低不平、缝子宽窄不匀

主要原因是板块本身有厚薄及宽窄不匀、窜角、翘曲等缺陷，铺砌时未严格拉通线进行控制等因素，均易产生接缝高低不平、缝子不匀等缺陷。所以，应预先严格挑选板块，凡是翘曲、拱背、宽窄不方正等块材剔除不予使用。铺设标准块后，应向两侧和后退方向顺序铺设，并随时用水平尺和直尺找准，缝子必须拉通线不能有偏差。

五、小品施工工艺

（一）基础开挖

按图纸要求，深度，宽度人工挖掘，方便操作，应该开挖宽度大于图纸上所标宽度。

（二）100厚碎石垫层

素土夯实后（按要求），100厚碎石夯实，用来做基础与排水管的过渡层。

（三）放置排水管、给水管或线管

花钵需要放置UPVC20排水管，给水小品放置PPR25给水管，需要放灯具的小品，要放置UPVC16线管。

（四）50厚C10素砼找平层

基础找平层，方便在基础上做砖砌或砼。

（五）砖砌结构

砼/钢筋砼。

（六）预埋件

按图纸要求，需要固定小品或有需要连接其他小品时，需要放预埋件的要放置

（七）1：2.5水泥砂浆批荡层

指做好砖砌结构或砼结构后，表面抹平，方便做面层的粘贴或喷涂

（七）面层材料（石材或喷涂）

一般小品中面层可分为石材、喷涂。做石材贴面时，首先要把石材放在水中浸泡1h，在背面做1：1水泥砂浆粘贴层，对缝贴好，敲平。做喷涂或真石漆时，在做好批荡

层后，表面要求平整，如有缺口，应该用 1 ： 1 水泥砂浆抹平，然后再做真石漆喷涂。

（八）成品花钵或小品固定

在做好的预埋件，把小品固定在预埋件上，焊接或用螺栓固定。不用预埋件时，固定方法可选择用膨胀螺栓或对穿螺栓。

六、木廊架工程

工艺流程为测量定位放样→基坑开挖→基础垫层→钢筋砼基础→支模板→扎钢筋网→现浇商品砼→放预埋件→固定龙骨→安装木横条→柱身披荡抹平→喷涂或贴面。其中最主要的有几下几点。

（一）定位放样

根据图纸定位尺寸，放线。

（二）基坑开挖

根据图纸所标尺寸，深度，开挖土方。

（三）基础垫层

开挖土方后，按要求，将碎石、C10 素砼做基础垫层。

（四）钢筋砼基础

先做好钢筋砼基础，扎好钢筋，现浇 C20 商品砼，钢筋上挑出不小于 200mm，与钢筋柱相接时，用钢丝固定牢。

（五）支木模板

做好模板，外用钢丝固定牢固，方形可用脚手架固定。

（六）钢筋砼柱

现场下料，根据图纸扎好钢筋网，现浇商品砼，震动棒震动均匀，防止产生蜂窝孔。

（七）放置预埋件

与钢龙骨相接时，要放置预埋件来固定龙骨，选择焊接方式，与木龙骨相接时，不用放置预埋件，直接在钢筋砼柱上选择角码，用膨胀螺栓固定。

（八）安装木横条

按图纸样式，长度，宽度，做法，是否卡在龙骨上，如果卡在龙骨上，要切割凹槽，用角码固定，与钢龙骨相接时，将角码焊接在龙骨上，用螺栓固定木横条，与木龙骨相接时，直接用螺栓固定。选择钢龙骨时，要做好防锈处理，特别是焊接口处，多刷两遍防腐漆，以免出现锈点。

（九）表面处理

柱身如果有蜂窝孔，先用 1 ：2 的水泥砂浆抹平，再做贴面或喷涂，贴面时，要整齐，贴完好要用水泥勾缝。钢龙骨，做好防腐处理，不能有遗漏点，在焊点处，要多刷两道，再做表面漆处理。木横条，表面打平，再做清油漆或有色油漆。

七、人工湖施工工艺

（一）人工湖分类

分为人文水景、生态水景。

（二）防水做法

分为软防水（柔性防水）、硬防水（刚性防水）、灰土防水。

（三）施工准备

1. 施工场地准备

（1）平整场地

凡高低不平等场地及障碍物清除，便于放线。

（2）修筑临时道路

可按简易三级道路修筑以便材料机具等运进施工场地。

（3）临时设施准备。

（4）图纸。

2. 施工用水

按甲方的提供，从园林给水管处留 PPRφ63 给水管至工地，供施工用水，做好给水阀门井，安装水表。

3. 施工用电

从建筑用电接园林临时用电电源，采用 VV 型铜芯塑料线 35mm² 及 25mm² 各一条，至施工场地，可满足供电。

做好钢材、水泥、砂、碎石检验及砼配合比实验。

（四）主要施工方法

硬防水工艺流程图：土方开挖（验槽）→布置管道→砖砌模→砂石垫层→C10 垫层砼→底板、钢筋绑扎→支模板、套管预埋→浇砼（先浇底部，再浇池壁）→养护、拆模→抹平蜂窝孔→防水处理（防水涂料）→20 厚 1∶2.5 水泥砂浆保护层

（五）湖坑土方开挖

湖坑土方采用一台反铲挖掘机挖土，一台装载机装运土，2 台自卸汽车运土。

土方开挖：按图纸放线开挖，尺寸，深度。

（六）基坑支护

基坑开挖后，做 120 厚砖砌模板。

（七）布置管道

1. 基坑排水

沿基坑四周边沿设 200mm 宽、300mm 深排水沟，水沟采用红砖 M5 水泥砂浆砌筑，并每隔 10m 左右设集水坑，集水坑 500×500×800mm 均用红砖砌筑，集水坑底比泳池底低 500mm 左右。

2. 排水管

在找平层最低点做排水口，布好 UPVC200 排水管道，接到外部排水阀门井处。

3. 给水管

按图纸要求，布好动力给水管，放至吐水小品位置处。

4. 补水管

按图纸要求，在补水口处要预留补水管。

5. 溢水管

按图纸要求，预留溢水管。

（八）垫层施工

1. 垫层施工前，须在素土夯实的基础上回填 300mm 厚碎石垫层。

2. 浇 50～100mm 厚 C10 砼垫层（参考标准做法，以当地土质为准选择厚度），以平板振动器捣固，垫层四周须立模板，垫层比底板宽出 100mm。

（九）湖底板施工

1. 钢筋绑扎

钢筋采用现场制作，现场绑扎，底板为 φ12（以设计图纸为准）单层双向，间隔150，下面与碎石垫高50mm厚水泥垫块（或用砖块），两根相接钢筋交叉点相交30mm以上，用14#铅丝绑牢拧紧，侧壁折弯，与底筋相交处，用14#铅丝绑牢。

2. 砼施工

（1）底板砼C20（以图纸为准）普通密实性防水砼，抗渗等级S6，砼中掺10%UEA膨胀剂。

（2）砼浇灌前须搭设马凳、钢管架道，禁止直接在钢筋网上铺脚手板行走，底板砼一次浇完，中间不间歇，注意振捣密实，底板砼完后养护3天，再进行池壁施工。

（十）池壁施工

厚120mm，高度1.0～2.0m（按图纸设计）。

1. 模板

采用18厚胶合板（或木合板），竖向500mm宽，横向两侧用2φ16钢管，3型扣φ14止水螺栓，管竖向间距600mm，螺栓水平向间距500mm，上下排相互错开，内壁模支撑可利用预埋钢筋头靠木枋固定。

2. 钢筋

池壁钢筋在底板扎筋中已预埋竖筋，此时只需将竖筋间距调整，绑扎水平筋，水平筋均绑扎在里侧，并扎上S型拉筋。

3. 壁与底施工缝处理

壁扎筋支模前，对池壁已浇100mm高度的砼水平面，认真进行冲刷，冲洗，模板配置时，对施工缝处，外侧留150mm宽活动模（类似柱模中的柱脚清扫口），待模板、钢筋安装完成，浇砼前2h，再次冲洗，摆放好BW硅橡胶止水条后，再钉上活动侧模，随即浇砼，BW止水条摆置于壁厚的中部，通圈设置，砼浇捣后遇水膨胀，起隔水、止水作用。

4. 砼浇灌

池壁砼浇灌前需认真冲洗施工缝处的砼，并按要求置放BW硅橡胶止水条，要全长设置，不许中断，池壁砼每次浇注高度以500～600mm为宜，向一端推移，达到基本保水泌水后，再浇第二轮，振捣均匀，不得捣固时间过长，避免跑浆、胀模，砼浇完后，认真养护，特别是竖向砼要着重养护，拟用旧麻袋片浇湿覆盖，始终保持湿润，连续养护不少于7天。

（十一）抹平层

对折模后留下的孔与蜂窝孔，应以水泥抹平。

（十二）防水处理

1. 材料准备

（1）丙纶卷材，规格为：50×1.2m；厚度从 0.3 ～ 1mm。

（2）胶粘剂。

2. 施工工艺

验收并清扫基层（找平层）→配制胶粘剂（随用随配制）→处理复杂部位（阴阳角、檐口、落水口、管道孔等部位）附加层→施工防水层→防水层检验→保护层施工验收后。

3. 施工注意事项

（1）铺贴防水卷材的基面层（找平层）必须打扫干净，并洒水保证基层湿润。

（2）用含水泥 5% ～ 15% 的聚乙烯醇胶液制备水泥素浆黏结剂，搅拌必须均匀，无沉淀，无凝块，无离析现象。

（3）屋面主防水层施工前，应先对排水集中及结构复杂的细部节点进行密封处理和附加层粘贴。

（4）密封材料宜采用聚醚型聚氨酯。如选用其他密封材料，应不含矿物油、凡士林等影响聚乙烯性能的化学物质的产品。

（5）转角处均应加铺附加层；阴阳角等处均做成 R=20mm 圆弧形。

（6）防水卷材铺贴应采用满铺法，胶粘剂涂刷在基层面上应均匀，不露底，不堆积；胶粘剂涂刷后应随即铺贴卷材。防止时间过长影响粘接质量。

（7）铺贴防水卷材不得起皱褶，不得大力拉伸卷材。边铺贴边排除卷材下面的空气和多余的胶粘剂，保证卷材与基层面以及各层卷材之间粘接密实。

（8）铺贴防水卷材的搭接宽度不得小于 100mm。

（9）上下两层和相邻两幅卷材接缝应错开 1/3 幅宽。

（十三）保护层

20mm 厚 1 ：2.5 水泥砂浆保护层，以免在做外贴面时，敲击破坏防水层。

八、平道牙、立道牙施工工艺

（一）放线刨槽

按标准的路边桩，加钉边桩，直线部分 10 ～ 15m，弯道上 5 ～ 10m，路口圆弧 1 ～ 5m 反复校核高程及曲线，以求圆滑。立道牙平面刨槽时，应连同灰土的位置，一次刨出，按规定或设计做好灰土。

（二）安砌

在刨好的槽面上或灰土面上要做好 100mm 厚碎石垫层，100mm 厚 C10 素砼垫层（如灰土基础已劳，刚直接做砂浆即可），铺 30 ～ 50mm 厚砂浆，按放线位置安砌道牙，用橡胶锤敲打做到平稳牢固，顶面平整，缝宽均匀（5 ～ 10mm），线条要园顺、平直。

（三）填平

安砌好混凝土侧平道牙后，内外槽在基层顶面以下者，应用砂浆填平至基层面。

（四）还土

立道牙后背应用 C20 混凝土夯实，夯实宽度不少于 50cm，厚度不小于 15cm，密实度在 90% 以上。

（五）勾缝

先校核道牙位置高程，使其符合设计，且在路面完成后再进行勾缝。

（六）湿法养生

5 ～ 7 天，防止碰撞。

九、绿地照明

（一）施工准备

施工前认真熟悉图纸及有关规范、文件、法规等。依据图纸要求做出各种材料、设备用量，并核对核实。

（二）施工方法及技术措施

1. 电线

过铺装地面和过路时，穿镀锌管保护，埋深 -700mm 以下，电缆沟的开挖深度和宽度应符合国家现行施工及验收规范的要求。开挖电缆沟时遇到拐弯时，应挖成圆弧状，以保证电缆有足够的拐弯半径。电缆放入沟内应整理整齐，不宜相互交叉重叠，在中间接头处和终端处应留有余量。连接完毕后，对电线进行绝缘耐压实验，确认无问题后，请建设单位和监理作隐蔽验收。

2. 灯具安装

照明灯具在安装前，应先对灯具通电试亮，不合格的灯具不能进行安装。安装时，要做好基础，首先要开挖基础，约 $400 \times 400 \times 400$mm 基础槽，用 C20 砼浇注，等养护完全凝固后，把灯具固定在基础上，选择 $\phi 8 \sim 10$mm 膨胀螺栓固定。灯具安装应依据灯具厂家提供的基础图施工，做好防雨、防水措施。

3. 配电柜安装

安装准备定位放线基础施工预埋保护套管配电柜安装，固定连接接地装置电缆穿管柜内配线管口封堵调试运行室外配电柜（非标）在订货时，应给制造方提供配电柜的电气系统图、外形尺寸、户外形式、立装或横装和面板颜色等。配电柜安装可用膨胀螺栓固定，检查其标高和垂直度。电缆保护管应加护套口保护，管口封堵。配电柜外壳与接地装置连接固定。

4. 接地装置

安装准备定位放线沟槽开挖砸入接地极，接地极与接地体连接测试电阻。

依据设计图纸要求制作接地极与接地体。接地体的位置和各个接地极之间的距离应符合设计要求，接地极被打入地沟下部后，应在地沟内外漏 100mm，将扁钢与被击入的接地极搭接焊接，焊缝应完整牢靠。再用接地电阻测试，接地电阻测试值符合设计要求，进行隐蔽检验收后，可回填土并分层夯实。

十、木结构工程（木栈道、木平台、木廊架、木亭）

（一）施工准备

施工前认真熟悉施工图及相关的规范、规定。依据施工图要求提出各种木构件的材料、规格、数量，并逐项核实。

（二）常用工具、机具

木工圆锯机、木工平刨机、手工锯、手工刨、锤子等。

（三）作业条件

1. 施工图及会审纪要、施工方案齐全，并向施工班组进行技术交底，做好各种施工交底记录。

2. 按施工图要求分类材料、材质、规格、数量已运到现场。

3. 施工暂设用水、电已具备。

4. 基础工程已验收合格。

（四）木结构施工工艺

1. 木料准备

木材品种、材质、规格、数量必须与施工图要求一致。板、木方材不允许有腐朽、虫蛀现象，在连接的受剪面上不允许有裂纹，木节不适过于集中，且不允许有活木节。原木或方木含水率不应大于25%，木材结构含水率不应大于18%。防腐、防虫、防火处理按设计要求施工。

2. 土建基础

按图纸要求，开挖基础槽，素土夯实，做碎石垫层，做C10素砼找平层，做钢筋砼基础或砼基础或砖砌基础，廊架（景观亭）支模，现浇钢筋砼柱。

3. 预埋件安装

廊架（景观亭）钢筋砼柱与方通或扁通相接时，要做好预埋件，与方通或扁通焊接固定。

4. 木构件加工制作

各种木构建按施工图要求下料加工，根据不同加工精度留足加工余量。加工后的木构件及时核对规格及数量，分开堆放整齐。对易变形的硬杂木，堆放时适当采取防变形措施。采用钢材连接件的材质、型号、规格和联结的方法、方式等必须与施工图相符。连接的钢构件应作防锈处理。

5. 木构件组装

（1）结构构件质量必须符合设计要求，堆放或运输中无损坏或变形。

（2）木结构的支座、支撑、连接等构件必须符合设计要求和施工规范的规定，连接必须牢固，无松动。

（3）屋架、梁、柱的支座部位应按设计要求或施工规范作防腐处理。

（4）平台、木栈桥、木盆景等园林小品应按设计要求或施工规范作防腐处理。连接体应为不锈钢或镀锌铁件。

（5）架和梁、柱安装的允许偏差和检验方法见下表：

序号	项目	允许偏差（mm）	检验方法
1	结构中心线距离	±20	钢尺量
2	垂直度	H/200 不大于 15	吊线量（H 为构件高）
3	受压或压弯件纵向弯曲	1/300	拉线或吊线尺量（1 为构件长）
4	支座轴线对支撑面中心位移	10	尺量
5	支座标高	±5	水准测量
6	木平台平整度	±2	2m 靠尺和塞尺量

6. 木结构涂饰

（1）清除木材面毛刺、污物，用砂布打磨光滑。

（2）打底层腻子，干后砂布打磨光滑。

（3）按设计要求底漆，面漆及层次逐层施工。

（4）混色漆严禁脱皮、漏刷、反锈、透底、流坠、皱皮。表面光亮、光滑、线条平直。

（5）清漆严禁脱皮、漏刷、斑迹、透底、流坠、皱皮、表面光亮、光滑、线条平直。

（6）桐油应用干净布浸油后挤干，揉涂在干燥的木材面上。严禁漏涂、脱皮、起皱、斑迹、透底、流坠、表面光亮光滑，线条平直。

（7）木平台烫蜡、擦软蜡工程，所使用蜡的品种、质量必须符合设计要求，严禁在施工过程中烫坏地板和损坏板面。

7. 柱面装饰

真石漆喷涂。

（五）油漆施工工艺流程

1. 主要施工工艺

（1）清漆施工工艺

清理木器表面→磨砂纸打光→上润泊粉→打磨砂纸→满刮第一遍腻子，砂纸磨光→满刮第二遍腻子，细砂纸磨光→涂刷油色→刷第一遍清漆→拼找颜色，复补腻子，细砂纸磨光→刷第二遍清漆，细砂纸磨光→刷第三遍清漆、磨光→水砂纸打磨退光，打蜡，擦亮。

（2）混色油漆施工工艺

首先清扫基层表面的灰尘，修补基层→用磨砂纸打平→节疤处打漆片→打底刮腻子→涂干性油→第一遍满刮腻子→磨光→涂刷底层涂料→底层涂料干硬→涂刷面层→复补腻子进行修补→磨光擦净第三遍面漆涂刷第二遍涂料→磨光→第三遍面漆→抛光打蜡。

2. 施工要点

（1）清油涂刷的施工规范

打磨基层是涂刷清漆的重要工序，应将木器表面的尘灰、油污等杂质清除干净。上润油粉也是清漆涂刷的重要工序，施工时用棉丝蘸油粉涂抹在木器的表面上，用手来回揉擦，将油粉擦入到木材的沙眼内。涂刷清油时，手握油刷要轻松自然，手指轻轻用力，以移动时不松动、不掉刷为准。涂刷时要按照蘸次要多、每次少蘸油、操作时勤，顺刷的要求，依照先上后下、先难后易、先左后右、先里后外的顺序和横刷竖顺的操作方法施工。

（2）木质表面混油的施工规范

基层处理时，除清理基层的杂物外，还应进行局部的腻子嵌补，打砂纸时应顺着木纹打磨。在涂刷面层前，应用漆片（虫胶漆）对有较大色差和木脂的节疤处进行封底。应在基层涂干性油或清泊，涂刷干性油层要所有部位均匀刷遍，不能漏刷。底子油干透后，满刮第一遍腻子，干后以手工砂纸打磨，然后补高强度腻子，腻子以挑丝不倒为准。涂刷面层油漆时，应先用细砂纸打磨。

3. 注意事项

（1）基层处理要按要求施工，以保证表面油漆涂刷不会失败。

（2）清理周围环境，防止尘土飞扬。

（3）因为油漆都有一定毒性，对呼吸道有较强的刺激作用，施工中一定要注意做好通风。

十一、外墙涂料施工工艺

（一）施工准备

1. 底材要求

基层抹灰已完成并保养了 20 天左右，基层的碱度 pH 值在 9 以下，同时基层已干燥（至少已干燥 15 天），湿度低于 8%；基层表面平整，阴阳角及角线密实，轮廓分明；墙面无渗水、无裂缝、空鼓、起泡孔洞等结构问题。没有粉化松脱物，没有油、脂和其他黏附物。

2. 外墙预留缝

已进行防水密闭处理。

3. 涂料

（1）所用涂料有出厂合证明，同时经检验达到国家相关规范标准要求。

（2）所用涂料经业主同意，同时样板墙经业主、监理及设计单位同意。

3. 装饰

（1）脚手架已搭设完毕。

（2）基层外露铁件已做好相应的防锈处理（镀锌或刷防锈漆）。

4. 施工条件

外墙涂料由于是水性涂料，对施工保养条件要求较高。施工保养要求温度高于5℃，环境湿度低于85%，以保证成膜良好。低温将引起涂料的漆膜粉化开裂等问题，环境湿度大使漆膜长时间不干，并最终导致成膜不良。外墙施工必须考虑天气因素，在涂刷涂料前，12h 未下雨，以保证基层干燥，涂刷后，24h 不能下雨，避免漆膜被雨水冲坏。

（二）外墙涂料施工方法

本工程中外墙建筑涂料涂装体系分为三层，即底漆、第一遍面漆、第二遍面漆。

1. 作用

（1）底漆

底漆封闭墙面碱性，提高面漆附着力，对面涂性能及表面效果有较大影响。如不使用底漆，漆膜附着力会有所降低，墙面碱性对面漆性能的影响更大，尤其使用腻子的底面，可能造成漆膜粉化、泛黄、渗碱等问题，破坏面漆性能，影响漆膜的使用寿命。

（2）第一遍面漆

第一遍面漆主要作用是提高附着力和遮盖力，增加丰满度，并相应减少面漆用量。

（3）第二遍面漆

第二遍面漆是体系中最后涂层，具装饰功能，抗拒环境侵害。

2. 施工工艺

修补→清扫→填补腻子、局部刮腻子→磨平→满刮腻子→磨平→底漆施工→第一遍面漆施工→第二遍面漆施工

3. 操作方法

（1）修补

施涂前对于基体的缺棱掉角处、孔洞等缺陷采用 1 : 3 水泥砂浆（或聚合物水泥砂浆）修补。下面为具体做法：

①空鼓

如为大面积（大于 $10cm^2$）空鼓，将空鼓部位全部铲除，清理干净，重新做基层，若为局部空鼓（小于 $10cm^2$），则用注射低黏度的环氧树脂进行修补。

②缝隙

细小裂缝采用腻子进行修补（修补时要求薄批而不宜厚刷），干后用砂纸打平；对于大的裂缝，可将裂缝部位凿成"V"字形缝隙，清扫干净后做一层防水层，再嵌填 1 : 2.5

水泥砂浆，干后用水泥砂纸打磨平整。

③孔洞

基层表面以下 3mm 以下的孔洞，采用聚合物水泥腻子进行找平，大于 3mm 的孔洞采用水泥砂浆进行修补待干后磨平。

此外对于新的水泥砂浆表面，如急需进行涂刷时，可采用 15% ~ 20% 浓度的硫酸锌或氧化锌溶液涂刷于水泥砂浆基层表面数次，待干燥后除去表面析出的粉末和浮砂即可进行涂刷。

（2）清扫

尘土、粉末——可使用扫帚、毛刷、高压水冲洗。

油脂——使用中性洗涤剂清洗。

灰浆——用铲、刮刀等除去。

霉菌——室外高压水冲洗，用清水漂洗晾干。

（3）填补腻子，局部刮腻子

如果墙体平整、光滑，可不使用腻子；腻子的要求除了易批易打磨外，还应具备较好的强度和持久性，在进行填补、局部刮腻子施工时要求，宜薄皮而不宜厚刷。要求腻子应具备更好地黏结性，黏结持久性及耐水性。使用的腻子采用 107 胶白水泥浆加细沙拌和。

十二、室外给排水施工

（一）一般规定

适用于民用住宅小区和厂区内，室外给水（消防）管网、室外排水管网、消火栓和消防水泵接合器的安装工程

（二）施工准备

1.施工人员已熟悉掌握图纸，熟悉相关国家或行业验收规范和标准图等。

2.已有经过审批的施工组织设计，并向施工人员交底。

3.技术人员向施工班组进行技术交底，使施工人员掌握操作工艺。

（三）材料要求

1.工程所使用的主要材料、成品、半成品、配件和设备必须具有中文质量合格证明文件。

2.工程所使用的材料、设备的规格型号和性能检测报告应符合国家技术标准和设计要求。

3.所有材料进入施工现场时应进行品种、规格、外观验收。包装应完好，表面无划痕及外力冲击破损。

4. 主要器具和设备必须有完整的安装使用说明书。

5. 管道使用的配件的压力等级、尺寸规格等应和管道配套。塑料和复合管材、管件、黏结剂、橡胶圈及其他附件等应是同一厂家的配套产品。

（四）作业条件

1. 管道施工区域内的地面要进行清理，杂物、垃圾弃出场地。管道走向上的障碍物要清除。

2. 在饮用水管道附近的厕所、粪坑、污水坑等应在开工前迁至业主指定的地方，并将污物清除干净后进行消毒处理，方可将坑填实。

3. 在施工前应摸清地下高、低压电缆、电线、煤气、热力等管道的分布情况，并做出标记。

（五）施工组织及人员准备

1. 施工前应建立健全的质量管理体系和工程质量检测制度。

2. 施工组织应设立技术组、质安组、管道班、电气焊班、开挖班、砌筑班、抹灰班、测量班等。

3. 施工人员数量根据工程规模和工程量的大小确定，一般应配备的人员有：给排水专业技术人员，测量工、管道工、电焊工、气焊工、起重工、油漆工、泥瓦工、普工。

（六）给水管道安装

1. 材料的验收

给水铸铁管及管件的规格品种应符合设计要求，管壁薄厚均匀，内外光滑整洁，不得有砂眼、裂纹、飞刺和疙瘩。承插口的内外径及管件应造型规矩，尺寸合格，并有出厂合格证。

2. 阀门、法兰及其他设备应具有质量合格证，且无裂纹、开关灵活严密、铸造规矩，手轮良好。

3. 电焊条、型钢、圆钢、螺栓、螺母等应具有质量合格证。

4. 管卡、油、麻、垫、生胶带等应仔细验收合格。

5. 管道安装铺设的一般规定

（1）管道不得铺设在冻土上。

（2）管道应由下游向上游依次安装，承插口连接管道的承口朝向水流方向，插口顺水流方向安装。

（3）管道穿越公路等有荷载应设套管，在套管内不得有接口，套管宜比管道外径大两号。

（4）管道安装和铺设工程中断时，应用木塞或其他盖堵将管口封闭，防止杂物进入。

（5）给水管道上所采用的阀门、管件等其压力等级不应低于管道设计工作压力，且满足管道的水压试验压力要求。

（6）在管道施工前，要掌握管线沿途的地下其他管线的布置情况。与相邻管线之间的水平净距不宜小于施工及维护要求的开槽宽度及设置阀门井等附属构筑物要求的宽度，饮用水管道不得敷设在排水管道和污水管道下面。

6. 管道敷设前的准备工作

（1）管道铺设应在沟底标高和管道基础检查合格后进行，在铺设管道前要对管材、管件、橡胶圈、阀门等作一次外观检查，发现有问题的不得使用。

（2）准备好下管的机具及绳索，并进行安全检查。对于管径在 150mm 以上的金属管道可用撬压绳法下管，直径大的要启用起重设备。对捻口连接的管道要对接口采取保护措施。

（3）如需设置管道支敦的，支敦设置应已施工完毕。

（4）管道安装前应用压缩空气或其他气体吹扫管道内腔，使管道内部清洁。

安装准备管道连接（粘接、丝接、焊接、胶圈连接、热熔连接、捻口连接）管道清理管道及附件铺设就位、支敦设置管道防腐（保温）管沟验收、管道定位、试压、冲洗、消毒。

（七）管道的敷设（按图施工）

1. 管道应敷设在原状土地基上或开挖后经过回填处理达到设计要求的回填层上。对高于原状地面的填埋试管道，管底的回填处理层必须落在达到支撑能力的原状土层上。

2. 敷设管道时，可将管材沿管线方向排放在沟槽边上，依次放入沟底。为减少地沟内的操作量，对焊接连接的管材可在地面上连接到适宜下管的长度；承插连接的在地面连接一定长度，养护合格后下管，黏结连接一定长度后用弹性敷管法下管；橡胶圈柔性连接宜在沟槽内连接。

3. 管道下管时，下管方法可分为人工下管和机械下管、集中下管和分散下管、单节下管和组合下管等方式。下管方法的选择可根据管径大小、管道长度和重量、管材和接口强度、沟槽和现场情况及拥有的机械设备量等条件确定。下管时应精心操作，搬运过程中应慢起轻落，对捻口连接的管道要保护好捻口处，尽量不要使管口处受力。

4. 在沟槽内施工的管道连接处，便于挖操作坑，其操作坑的尺寸见本标准管沟开挖。

5. 塑料管道施工中须切割时，切割面要平直。插入式接头的插口管端应削倒角，倒角坡口后管端厚度一般为管壁厚的 1/3 ~ 1/2，倒角一般为 15℃。完成后应将残屑清除干净，不留毛刺。

6. 采用橡胶圈接口的管道，允许沿曲线敷设，每个接口的最大偏转角不得超过 2°。

7. 管道安装完毕后应按设计要求防腐，如设计无要求参照本工艺质量标准部分防腐。

8. 在绿化区，管道深度不小于 600mm，穿道路时，应该加镀锌套管，做保护套管。

（八）阀门的安装

1. 阀门安装前应核对阀门的规格型号和检查阀门的外观质量。

2. 阀门安装前应作强度和严密性试验。试验应在每批（同牌号、同型号、同规格）数量中抽查 10%，且不应少于一个。对于安装在主干管上起切断作用的闭路阀门，应逐个作强度和严密性试验。阀门试压宜在专用的试压台上进行。

3. 阀门的强度和严密性试验，应符合下列规定：阀门的强度试验压力为公称压力的 1.5 倍；严密性试验压力为公称压力的 1.1 倍；试验压力在试验持续时间内应保持不变，且壳体填料及阀瓣密封面无渗漏。

4. 阀门的连接工艺参照管道的连接工艺。

5. 井室内的阀门安装距井室四周的距离符合质量标准的规定。大于 DN50 以上的阀门要有支托装置。

6. 阀门法兰的衬垫不得凸入管内，其外边缘接近螺栓孔为宜，不得安装双垫或偏垫。

7. 连接法兰的螺栓，直径和长度应符合标准，拧紧后，突出螺母的长度不应大于螺杆直径的 1/2。

（九）管道水压试验及消毒

1. 一般规定

（1）水压试验应在回填土前进行。

（2）对粘接连接的管道，水压试验必须在粘接连接安装 24h 后进行。

（3）对捻口连接的铸铁管道，宜在不大于工作压力的条件下充分浸泡再进行试压，浸泡时间应符合下列规定：

无水泥砂浆衬里，不少于 24h。

有水泥砂浆衬里，不少于 48h。

（4）水压试验前，对试压管段应采取有效的固定和保护措施，但接头部位必须明露。当承插给水铸铁管管径不大于 350mm 时，试验压力不大于 1.0MPa 时，在弯头或三通处可不作支敦。

（5）水压试验管段长度一般不要超过 1000m，超过长度宜分段试压，并应在管件支敦达到强度后方可进行。

（6）试压管段不得采用闸阀做堵板，不得与消火栓、水泵接合器等附件相连，已设置这类附件的要设置堵板，各类阀门在试压过程中要全部处于开启状态。

（7）管道水压试验前后要做好水源引进及排水疏导路线的规划。

（8）管道灌水应从下游缓慢灌入。灌入时，在试验管段的上游管顶及管段中的凸起点应设排气阀将管道内的气体排除。

（9）冬季进行水压试验应采取防冻措施。试压完毕后及时放水。

（10）水压试验的压力表应校正，弹簧压力计的精度不应低于1.5级，最大量程宜为试验压力的1.3～1.5倍，表壳的公称直径不应小于150mm，压力表至少要有两块。

2. 试压及消毒程序

（1）按本标准有关工艺，按下简图铺设连接试验管道，进水管段，安装阀门、试压泵、压力表等。

（2）缓慢充水，冲水后应把管内空气全部排尽。

（3）空气排尽后，将检查阀门关闭好，进行加缓慢加压，先升至工作压力检查，再升至试压压力观察，然后降至工作压力读表，符合本标准质量标准为合格。

（4）升压过程中，若发现弹簧压力计表针摆动、不稳且升压缓慢则气体没排尽，应重新排气后再升压。

（5）试压过程中，全部检查若发现接口渗漏，应做出明显标记，待压力降至零后，制定修补措施全面修补，再重新试验，直至合格。

（6）试验合格后，进行冲洗，冲洗合格后，应立即办理验收手续，组织回填。

（7）新建室外给水管道至室内管道连接前，应经室内外全部冲洗合格后方可连接。

（8）冲洗标准当设计无规定时，以出口的水色和透明度与入口处的进水目测一致为合格。

（9）饮用水管道在使用前用每升水含20～30mg的游离氯的清水灌满后消毒。含氯水在管道中应静置24h以上，消毒后再用水冲洗。常用的消毒剂为漂白粉，进行消毒处理时，把漂白粉放入水桶内，加水搅拌溶解，随同管道充水一起加入管段，浸泡24h后，放水冲洗。新安装的饮用水管道。

（十）质量标准

1. 一般规定

输送生活给水的管道应采用塑料管、复合管、镀锌钢管或给水铸铁管。塑料管、复合管或给水铸铁管的管材、管件应是同一厂家的配套产品。

2. 主控项目

（1）给水管道在埋地敷设时，应在当地的冰冻线以下，如必须在冰冻线以上敷设时，应做可靠的保温防潮措施。如无冰冻地区，埋地敷设时，管顶的覆土埋深不得小于500mm，穿越道路部位的埋深不得小于700mm。检验方法：现场观察检查。

（2）给水管道不得直接穿越污水井、化粪池、公共厕所等污染源。检验方法：观察检查。

（3）管道的接口法兰、卡口、卡箍等应安装在检查井或地沟内，不应埋在土壤中。检验方法：观察检查

（4）给水系统的各种井室内的管道安装，如设计无要求，井壁距法兰或承口的距离；管径小于或等于450mm时，不得小于250mm；管径大于450mm，时，不得小于350mm。检验方法：尺量检查

（5）管网必须进行水压试验，试验压力为工作压力的1.5倍，但不得小于0.6MPa。检验方法：管材为钢管、铸铁管时，试验压力下10min内的压力降不应大于0.05MPa，然后降至工作压力进行检查，压力应保持不变，不渗不漏；管材为塑料管时，试验压力下，稳压1h压力降不大于0.05MPa，然后降至工作压力进行检查，压力应保持不变，不渗不漏。

（6）镀锌钢管、钢管的埋地防腐必须符合设计要求，如设计无规定时，可按表《管道防腐层种类》的规定执行。卷材与管材间应粘贴牢固，无空鼓、滑移、接口不严等。检验方法：观察和切开防腐层检查。

（7）给水管道在竣工后，必须对管道进行冲洗，饮用水管道还要在冲洗后进行消毒，满足饮用水卫生要求。检验方法：观察冲洗水的浊度，查看有关部门提供的检验报告。

3. 一般项目

（1）管道的坐标、标高、坡度应符合设计要求，管道安装的允许偏差应符合表《室外给水管道安装的允许偏差和检验方法》的规定。

（2）管道和金属支架的涂漆应附着良好，无脱皮、起泡、流淌和漏涂等缺陷。检验方法：现场观察检查。

（3）管道连接应符合工艺要求，阀门、水表等安装的位置应正确。塑料给水管道上的水表、阀门等设施其重量或启闭装置的扭矩不得作用于管道上，当管径≥50mm时必须设独立的支撑装置。检验方法：现场观察检查

（4）给水管道与污水管道在不同标高平行敷设，其垂直间距在500mm以内时，给水管管径小于或等于200mm的，管壁水平间距不得小于1.5m；管径大于200mm的，不得小于3mm。检验方法：观察和尺量检查

（十一）排水管道安装

1. 材料质量要求

塑料管材的验收，管材、管件外观质量应符合下列要求：

（1）颜色应均匀一致，无色泽不均及分解变色线。

（2）内壁光滑、平整、无气泡、裂口、脱皮、严重的冷斑及明显的裂纹、凹陷。

（3）管材轴向不得有异向弯曲，其直线度偏差应小于1%，端口必须平直且垂直于轴线。

（4）管件应完整无损，无变形、合模缝、浇口应平整无开裂。

（5）管材、管件的承插口工作面应平整、尺寸准确，以保证接口的密封性能。

（6）黏结剂应呈自有流动状态，不得呈凝胶体，在未搅拌情况下不得有团块、不溶

颗粒和影响粘接的杂质。

（7）黏结剂中不得含有毒和有利于微生物生长的物质，不得影响水质和对饮水产生味、嗅的影响。

（8）每个橡胶圈上不得有多于两个搭接接头，橡胶圈的截面应均匀。

2. 操作工艺

（1）管道铺设前的准备工作

① 检查管材、套环及接口材料的质量。管材有破裂、承插口缺肉、缺边等缺陷不允许使用

② 检查基础的标高和中心线。基础混凝土强度须达到设计强度等级的 50% 和不小于 5MPa 时方准下管。

③ 管径大于 700mm 或采用列车下管法，须先挖马道，宽度为管长 300mm 以上，坡度采用 1：15。

④ 用其他方法下管时，要检查所用的大绳、木架、倒链、滑车等机具，无损坏现象方可使用。临时设施要帮扎牢固，下管后座应稳固牢靠。

⑤ 校正测量及复核坡度板，是否被挪动过。

⑥ 铺设在地基上的混凝管，根据管子规格量准尺寸，下管前挖好枕基坑，枕基低于管底皮 10mm。

（2）下管

① 根据管径大小，现场的施工条件，分别采用压绳法、三脚架、木架漏大绳、大绳二绳挂钩法、倒链滑车、列车下管法等。

② 下管前要从两个检查井的一端开始，若为承插管铺设时以承口在前。

③ 稳管前将管口内外全刷洗干净，管径在 600mm 以上的平口或承插管道接口，应留有 10mm 缝隙，管径在 600mm 以下者，留出不小于 3mm 的对口缝隙。

④ 下管后找正拨直，在撬杠下垫以木板，不可直插在混凝土基础上。待两窨井间全部管子下完，检查坡度无误后即可接口

⑤ 使用套环接口时，稳好一根管子在安装一个套环。铺设小口径承插管时，稳好第一节管后，在承口下垫满灰浆，再将第二节管插入，挤入管内的灰浆应从里口抹平。

（3）管道接口

① 塑料管溶剂粘接连接

② 检查管材、管件质量。必须将管端外侧和承口内侧擦拭干净，使被粘接面保持清洁、无尘砂与水迹。表面粘有油污时，必须用棉纱蘸丙酮等清洁剂擦净。

③ 采用承口管时，应对承口与插口的紧密程度进行验证。粘接前必须将两管试插一次，使插入深度及松劲度配合情况符合要求，并在插口端表面划出插入承口深度的标线。管端插入承口深度可按现场实测的承口深度。

④ 涂抹黏结剂时，应先涂承口内侧，后涂插口外侧，涂抹承口时应顺轴向由里向外涂抹均匀、适量，不得漏涂或涂抹过量。

⑤ 涂抹黏结剂后，应立即找正方向对准轴线将管端插入承口，并用力推挤至所画标线。插入后将管旋转 1/4 圈，在不少于 60s 时间内保持施加的外力不变，并保证接口的直度和位置正确。

⑥ 插接完毕后，应及时将接头外部挤出的黏结剂擦拭干净。注：工厂加工各类管件时，黏结固化时间由生产厂家技术条件确定。

⑦ 黏结接头不得在雨中或水中施工，不宜在 5℃ 以下操作。所使用的黏结剂必须经过检验，未经检验不得使用，已出现絮状物的黏结剂，黏结剂与被粘接管材的环境温度宜基本相同，不得采用明火或电炉等设施加热黏结剂。

（3）五合一施工法

五合一施工法是指基础混凝土、稳管、八字混凝土、包接头混凝土、抹带等五道工序连续施工。管径小于 600mm 的管道，设计采用五合一施工法时，程序如下：

① 先按测定的基础高度和坡度支好模板，并高出管底标高 2 ~ 3mm，为基础混凝土的压缩高度。随后及浇灌。

② 洗刷干净管口并保持湿润。落管时徐徐放下，轻落在基础底下，立即找直找正拨正，滚压至规定标高。

③ 管子稳好后，随后打八字和包接头混凝土，并抹带。但必须使基础、八字和包接头混凝土以及抹带合成一体。

④ 打八字前，用水将其接触的基础混凝土面及管皮洗刷干净；八字及包接头混凝土，可分开浇注，但两者必须合成一体；包接头模板的规格质量，应符合要求，支搭应牢固，在浇注混凝土前应将模板用水湿润。

⑤ 混凝土浇筑完毕后，应切实做好保养工作，严防管道受震而使混凝土开裂脱落。

（4）四合一施工方法

管径大于 600mm 的管子不得用五合一施工法，可采用四合一施工法。

① 待基础混凝土达到设计强度 50% 和不得小于 5MPa 后，将稳管、八字混凝土、包接头和抹带等四道工序连续施工。

② 不可分隔间断作业。

其他施工方法同五合一相同。

（5）排水管道闭水试验

管道应于充满水 24h 后进行严密性检查，水位应高于检查管段上游端部的管顶。如地下水位高出管顶时，则应高出地下水位。一般采用外观检查，检查中应补水，水位保持规定值不变，无漏水现象则认为合格。

（十二）质量标准

1. 一般规定

（1）本章适用于民用建筑群（住宅小区）及厂区的室外排水管网安装工程的质量检验与验收。

（2）室外排水管道应采用混凝土管、钢筋混凝土管、排水铸铁管或塑料管。其规格及质量必须符合现行国家标准及设计要求。

2. 主控项目

（1）排水管道的坡度必须符合设计要求，严禁无坡和倒坡。检验方法：用水准仪、拉线和尺量检查。

（2）管道埋设前必须做灌水实验和通水试验，排水应通畅，无堵塞，管接口无渗漏。检验方法：按排水检查井分段试验，试验水头应以试验段上游管顶加 1m，时间不少于30min，逐段观察。

3. 一般项目

管道的坐标和标高应符合设计要求。

十三、管沟施工

（一）管沟开挖施工

1. 操作工艺

（1）测量、定位

① 测量之前先找固定好水准点，其精度不应低于Ⅲ级。

② 在测量过程中，沿管道线路设置临时水准点。

③ 测量管线中心线和转弯处的角度。并与当地固定建筑物相连。

④ 若管道线路与地下原有管道或构筑物交叉处，要设置特别标记示众。

⑤ 在测量过程中应做好记录，并记明全部水准点和连接线。

⑥ 给水管道坐标和标高偏差要符合本标准的规定，从测量定位起就应控制偏差值符合偏差要求。

（2）沟槽开挖

① 按当地冻结层深度；通过计算确定沟槽开挖尺寸，放出上开口挖槽线。

D ＜ 300mm 时为：D+ 管皮 + 冻结深 +0.2m；

D ＞ 300mm 时为：D+ 管皮 + 冻结深；

D＞600mm 时为：D+ 管皮 + 冻结深 -0.3m。

② 按设计图纸要求及测量定位的中心线，依据沟槽开挖计算尺寸，撒好灰线。

③ 按人数分段，按照从浅到深顺序进行开挖。

④ 一、二类土可按 30cm 分层逐层开挖，倒退踏步型开挖，三、四类土先用镐翻松，再按 30cm 左右分层正向开挖。

⑤ 每挖一层清底一次，挖深 1m 切坡成型一次，并同时抄平，在边坡上打好水平控制小木桩。

⑥ 挖掘管沟和检查井底槽时，沟底留出 15 ~ 20cm 暂不开挖。待下道工序进行前抄平开挖，如个别地方不慎破坏了天然土层，要先清除松动土壤，用砂等填至标高，夯实。

⑦ 岩石类管基填以厚度不小于 100mm 的沙层。

⑧ 当遇到有地下水时，排水或人工抽水应保证下道工序进行前将水排除。

⑨ 敷设管道前，应按规定进行排尺，并将沟底清理道设计标高。按下表规定挖好工作坑。

⑩ 采用机械挖沟时，应由专人指挥。为确保机械挖沟时沟底的土层不被扰动和破坏，用机械挖沟时，当天不能下管时，沟底应留出 0.2m 左右一层不挖，待铺管前人工清挖。

（3）回填

① 管道安装验收合格后应立即回填。

② 回填时沟槽内应无积水，不得带水回填，不得回填淤泥、有机物及冻土。回填土中不得含有石块、砖及其他杂硬物体。

③ 沟槽回填应从管道、检查井等构筑物两侧同时对称回填，确保管道不产生位移，必要时可采取限位措施。

④ 管道两侧及管顶以上 0.5m 部分的回填，应同时从管道两侧填土分层夯实，不得损坏管子和防腐层，沟槽其余部分的回填也应分层夯实。管子接口工作坑的回填必须仔细夯实。

⑤ 回填设计填砂时应遵照设计要求

⑥ 管顶 0.7m 以上部位可采用机械回填，机械不能直接在管道上部行驶。

⑦ 管道回填宜在管道充满水的情况下进行，管道敷设后不宜长期处于空管状态。

（二）质量标准

1. 一般规定

（1）冬季井室施工应有防冻措施，夏季施工应有防晒措施。

（2）主控项目

① 管沟的基层处理和井室的地基必须符合设计要求。检验方法：现场观察检查。

② 各类井室的井盖应符合设计要求，应有明显的文字标识，各种井盖不得混用。检

验方法：现场观察检查。

③ 设在通车路面下或小区道路下的各种井室，必须使用重型井圈和井盖，井盖上表面应与路面相平，允许偏差为 ±5mm。绿化带上和不通车的地方可采用轻型井圈和井盖，井盖的上表面应高出地坪 50mm，并在井口周围以 2% 的坡度向外做水泥砂浆护坡。检验方法：观察和尺量检查。

④ 重型铸铁或混凝土井圈，不得直接放在井室的砖墙上，砖墙上应做不少于 80mm 厚的细石混凝土。检验方法：观察和尺量检查。

2. 一般项目

（1）管沟的坐标、位置、沟底标高应符合设计要求。检验方法：观察、尺量检查。

（2）管沟底层应是原土层，或是夯实的回填土，沟底应平整，坡度应顺畅，不得有尖硬的物体、石块等。检验方法：观察检查。

（3）如沟为岩石、不易清除的块石或为碎石层时，沟底应下挖 100 ～ 200mm，填铺细纱或粒径不大于 5mm 的细土，夯实到沟底标高后，方可进行管道敷设。检验方法：观察和尺量检查

（4）管沟回填土，管顶上部 200mm 以内应用砂子或无块石及冻土块的土，并不得用机械回填；管顶上部 500mm 以内不得回填直径大于 100mm 的块石和冻土块；500mm 以上部分回填土中的块石和冻土块不得集中。上部用机械回填时，机械不得在管沟上行驶。检验方法：观察和尺量检查。

（5）井室的砌筑应按设计或给定的标准图施工。井室的底标高在地下水位以上时，基层应素土夯实；在地下水位以下时，基层应打 100mm 厚的混凝土底板。砌筑应采用水泥砂浆，内表面抹灰后应严密不透水。检验方法：观察和尺量检查。

（6）管道穿过井壁处，应用水泥砂浆分二次填塞严密、抹平，不得渗漏。检验方法：观察检查

（三）确保工程质量的技术措施

1. 贯彻 ISO9002 质量标准，严格控制影响质量的十九个要素，建立和完善质保体系，公司将采取有力的措施保证质量体系正常发挥。

（1）抽查质检员是否到位和称职，凡是不到位的不准施工，不称职的责令更换。

（2）坚持每周一次质量例会制度，要求质保人员参加，及时通报质量要求和工作情况。

（3）定期考核质保体系的工作质量；四是坚持组织技术培训工作，提高企业素质。

2. 在各分部工程施工前，制定有效的技术措施，解决好"渗、漏、空、裂、污"等质量通病。

3. 严把材料进场控制关，把好材料检测和施工试验工作。

4. 加大管理监督力度，推动工程质量上水平，按验评标准核定质量等级，按规范把好

施工关，专人跟踪检查质保资料。

5. 依靠科技进步，促进质量提升，积极应用新工艺、新材料。

6. 施工队伍择优选择，奖优罚劣，积极开展质量竞赛活动。

7. 成立以项目经理为主的质量控制小组，针对质量通病进行攻关，研究对策；认真学习图纸，理解设计意图，严格遵守有关的规范，精心施工；精心编制施工计划，选择最佳方案，着重保证结构的使用功能，消除质量通病；建立健全质量保证体系，在总工领导下坚持单位工程岗位责任制，管生产必须管质量，坚持班组自检、互检、交接检制和公司月、季检；认真贯彻各项技术管理工作和管理制度，严格执行技术交底和工序交接制。

第三章 园林种植规划

第一节 园林种植概述

一、园林种植设计概念

园林种植设计是在园林中安排、搭配植物材料，由园林植物和种植设计两个词组组成。园林植物的概念很明确，指栽植、应用于园林绿地中，具有防护、美化功能，或有一定经济价值的植物，包括木本的乔木、灌木、藤木、竹类及草本的花卉、地被、草坪。种植设计目前国内外尚无明确的概念，而与其相关的名词很多，如植物配置、植物配植、植物造景等，虽然内容都与种植设计有关，但还是有所差异，主要表现在侧重点不同。

梁永基在《中国农业百科全书·观赏园艺卷》中指出："观赏植物配植即是按园林植物形态、习性、物候期和布局要求等进行合理搭配、种植的措施。"朱钧珍在《中国大百科全书·建筑园林城市规划卷》中指出："园林植物配置是按植物的生态习性和园林布局要求，合理配置园林中各种植物（乔木、灌木、花卉、草皮和地被植物等），以发挥它们的园林功能和观赏特性。"苏雪痕在《植物造景》中指出："植物造景，顾名思义就是应用乔木、灌木、藤本、草本植物来创造景观，充分发挥植物本身形体、线条、色彩等自然美，配植成一幅幅美丽动人的画面，供人们观赏。"

这三个概念的共同点都是把植物材料进行安排、搭配，创造植物景观。教材中出现的植物配植是各类植物之间的安排、搭配，突出的是植、栽植；而植物配置是植物与其他造园要素之间的安排、搭配，突出的是置、放置。

《现代汉语词典》解释：设，意为布置、筹划。计，意为主意、策略、计划。设计，意为在正式做某项工作之前，根据一定的目的要求，预先制定方法、图样等。这就是说，设计即为达到目的前的一个过程、措施、方法，是动态的活动，而不是静态的结果。

园林种植设计是根据园林总体设计的布局要求，运用不同种类及不同品种的园林植物，按科学性及艺术性的原则，布置安排各种种植类型的过程、方法。简单地说，即营造、创建植物种植类型的过程、方法。完美的园林种植设计，既要考虑植物自身的生长发育特性、植物与生境及其他植物间的生态关系，又要满足景观功能需要，符合艺术审美及视觉原则，其最终目的是营造优美舒适的园林植物景观及植物空间环境，供人们欣赏、游憩。园林种植设计也简称为种植设计。

园林植物是园林重要的构成元素之一，园林种植设计是园林总体设计的一项单项设计，一个重要的不可或缺的组成部分。园林植物与山水地形、建筑、道路广场等其他园林构成元素之间互相配合、相辅相成，共同完善和优化了园林总体设计。

二、园林种植设计发展概况

园林种植设计是园林设计全过程中十分重要的组成部分。要了解种植设计的发展概况，离不开园林发展的历史。

（一）中国园林种植设计概况

1. 中国古代园林种植设计简史

从有关文字记载与汉字形状可知，中国园林的出现与狩猎、观天象、种植有关。殷商时期，甲骨文中出现囿、圃、园等字。

《诗经·鄘风·定之方中》记载："定之方中，作于楚宫，揆之以日，作于楚室。树之榛栗，桐梓梓漆，爰伐琴瑟。"这是描写魏文公于楚丘之地营造宫室的诗歌，营造宫室后种植榛树、栗树、梧桐、梓漆等树，待树木成材后，伐倒制作乐器。

《诗经·陈风·东门之枌》记载："东门之枌，宛丘之栩，子仲之子，婆娑其下。"早在2500～3000年前，帝王园苑及村旁就有选择性植树，这虽谈不上是什么植物景观的艺术性，但已初具雏形。

战国时期，吴王夫差营造"梧桐园""会景园"。《苏州志》记载："穿沿凿池，构亭营桥""所植花木，类多茶与海棠。"此时在宫苑中已开始栽植观赏植物。

秦始皇统一中国，为便于控制各地局势，大修道路，道旁每隔8m"树以青松"。有人称之为中国最早的行道树栽植。

汉代在秦旧址上翻建的"上林苑"规模宏大，《西京杂记》列举了大量植物名称，但对种植方式却记载甚少。"长杨宫，群植垂杨数亩""池中有一洲，上栖树一株，六十余围，望之重重如车盖。"这是建筑旁林植及池中小岛上孤植树的宏伟景观。

魏晋南北朝是私家园林大发展时期。由于园主身份不同、素养不同，园林的内容、格调也有所不同，进而对植物景观产生影响。官僚、贵戚的宅园华丽考究，植物多选珍贵稀有或色艳芳香的种类，如官僚张伦的宅园"其中烟花雾草，或倾或倒；霜干风枝，半耸半垂。玉叶金茎，散满阶墀。燃目之琦，裂鼻之馨。"而文人名士崇尚出世隐逸，向往自然之美，私园的风格更趋朴质天成，植物多用乔木茂竹，不求珍稀，也不刻意求多，"一寸二寸之鱼，三竿两竿之竹，云气荫于丛著，金精养于秋菊。"在"鸟多闲暇，花随四时"的闲情逸趣中怡心养性。这一时期的植物配置已经开始有意识地与山水地形结合联系，注意植物的成景作用。谢灵运营造山居时注意到树木的不同姿态与山水相映表现出的美感。

《山居赋》中记载："凌岗上而齐竦，荫涧下而扶疏。沿长谷以倾柯，攒积石以插衢。华映水而增光，气结风而回敷。当严劲而葱倩，承和煦而芳腴。"

自隋代起，皇家园林内栽植植物转向以观赏为主要目的。《大业杂记》中记载隋炀帝兴建西苑，"草木鸟兽繁息茂盛，桃蹊李径，翠阴交合。""过桥百步，即种杨柳修竹，四面郁茂，名花美草，隐映轩陛。其中有逍遥亭，八面合成，鲜华之丽，冠绝今古。"植物栽植作精心布局，使山水、建筑、花木交相辉映，景色如画。

唐代皇家园林中植物景观的地位进一步提升，植物的种植分布便于赏玩目的，配植日趋合理。《开元天宝遗事》记载长安御苑兴庆宫内林木蓊郁，景色奇丽，"沉香亭前遍植牡丹，龙池南岸植有叶紫而心殷的醉醒草，池中栽千叶白莲，池岸有竹数十丛"。骊山行宫，在天然植被基础上，进行大量有目的的栽植，出现用不同植物突出各个景区特色的配植手法，有如现今的植物专类园。由于诗人画家参与造园，重视植物的选择和配植，使诗画意趣开始向植物景观中渗透。白居易诗中有大量描写："插柳作高林，种桃成老树""竹径绕荷花，萦回百余步"。"一片瑟瑟石，数竿青青竹"。诗人、画家王维于辋川建造别业，园内利用多种花木群植成景，划分景点，如斤竹岭、木兰柴、宫槐陌、柳浪、椒园、辛夷坞等，每个景点都配诗一首，以"竹里馆"为例："独坐幽篁里，弹琴复长啸，深林人不知，明月来相照"。

宋徽宗参与设计的"艮岳"中，植物配植注重与山水、地形、建筑结合，配置方式有孤植、对植、丛植、群植等多种，艮岳内的花木漫山遍野，沿蹊傍陇，连绵不断，四季景色迷人。《御制艮岳记》记载：园内许多景区以植物材料为主体，如植梅万本的"梅岭"，山冈上种丹杏的"杏岫"，叠山石隙遍植黄杨的"黄杨巘"，山岗处植丁香的"丁嶂"，水畔种龙柏万株的"龙柏陂"，以及"椒崖""斑竹麓""海棠川""万松岭""芦渚"等，到处郁郁葱葱，花繁林茂。《东京梦华录》记载东京琼林苑便是一座以植物为主体的园林。"大门牙道皆古松怪柏，两旁有石榴园、樱桃园之类"；苑内"柳锁虹桥，花萦凤舸。其花皆素馨、茉莉、山丹、瑞香、含笑、射香"。植物配植从种类选择到配植手法都形成自身的风格，注重花木形体的对比、姿态的协调、季相的变化，利用乔木、灌木、花草巧妙搭配，结合诗情画意，创造丰富多彩的植物景观。《洛阳名园记》是记载北宋洛阳园林的重要文献，其中较为详尽地描述了当时私家园林丰富的植物景观，富郑公园内大面积的竹林与小面积的梅台形成疏密和明暗对比。环蹊"园中树松、桧、花木千株，皆晶别种列。"天王院"盖无他池亭，独有牡丹数十万本"。刘氏园"木映花承，无不妍稳"。归仁园"北有牡丹芍药千株，中有竹百亩，南有桃李弥望"。由此可见，北宋洛阳私园显著特点是运用树木成片栽植而构成不同景观，大量使用植物营造天然之趣。临安为南宋南渡之后都城所在，闻名古今的西湖十景已形成，其中许多景点以植物景观著称。此外"花园酒店"开始兴办，《都城纪胜》提到"花园酒店"城外多有之，城内亦有仿效者，店肆内"俱有厅院廊庑，排列小小稳便合儿，吊窗之外，花竹掩映"，这种花木繁茂的花园酒店很受顾客欢迎。

明朝迁都北京，平地造园，天然植被不甚丰富，但经精心经营，也形成宛若山林的自然生境。万寿山树木翁郁，三海水面辽阔。夹岸榆、柳、槐多为古树，海中萍荇蒲藻，交青布绿，北海遍植荷花，南海芦苇丛生，颇具水乡风韵。《日下旧闻考》记载："绕禁城门，夹道皆槐树""河之西岸，榆柳成行，花畦分列，如田家也。"私家园林与两宋一脉相承，造园更为频繁，遍及全国，植物景观各具地方风格。江南以落叶树为主，配合常绿树，辅以藤萝、竹、芭蕉、草花等构成植物基调，注意树木孤植和丛植的画意，讲究欣赏花木的个体姿态、韵味之美，配合青瓦粉墙，呈现一种恬静雅致有若水墨渲染的艺术格调。北京私园多为贵戚官僚所有，园内多植松、柏、牡丹、海棠等名贵花木，配合琉璃覆顶，绿窗红柱，色彩浓重，对比强烈，风格大气。岭南私园地处南亚热带，植物种类繁多，四季花团锦簇，绿荫葱翠。再者，植物配植思想和手法进一步成熟，以江南私园为例，园中植物材料的选择及造园布局均反映园主的思想情操和精神生活。拙政园以朴树、女贞、枫杨、榔榆、垂柳等乡土树种为基调，配以寓意深刻的荷花、梅、竹、橘、枇杷、梧桐、芭蕉等，不难看出园主隐退田野，对清闲自操的生活的向往。留园、网狮园、怡园则选用银杏、榉树、玉兰、海棠、牡丹、桂花等植物，呈现花团锦簇、荣华富贵、富丽堂皇的景象。

清王朝在园林建设中注重大片绿化和植物配植成景，以自然风景融汇于园林景观。当时的"三山五园"，建筑少而疏朗，园林景观以植物为主，《蓬山密记》中描写畅春园："……又至斋后，上指示所种玉兰、腊梅，岁岁盛开。时莳竹两丛，猗猗青翠，牡丹异种开满阑槛间，国色天香人世罕睹。左有长轩一带，碧棂玉砌，掩映名花……自左岸历绛桃堤、丁香堤，绛桃时已花谢，白丁香初开，琼林瑶蕊，一望参差。黄刺梅含笑耀日，繁艳无比。……楼下牡丹益佳，玉兰高茂。……登舟沿西岸行，葡萄架连数亩，有黑、白、紫、绿诸种，皆自哈密来……入山岭，皆种塞外所移山枫娑罗树。隔岸即万树红霞处，桃花万树今已成林。上坐待于天馥斋，斋前皆植腊梅。梅花冬不畏寒，开花如南土……"足可见园内花团锦簇，林茂草丰，植物景观引人入胜。香山静宜园规划设计时着重保留原有自然植被，因势利导加以利用，形成富有山林野趣的山地园。

《绚秋林诗》记载："山中之树，嘉者有松、有桧、有柏、有槐、有榆，最大者为银杏。有枫，深秋霜老，丹黄朱翠，幻色炫彩。朝旭初射、夕阳返照，绮缬不足以拟其丽，巧匠设色不能穷其工。"至今植物景观依旧鲜明，千姿百态的古松古柏，无论单株、成林都颇具如画意境，尤其秋季，层林尽染，绮丽绚烂。颐和园万寿山前山与后山的配植手法极具特色。前山宫殿佛寺集结，因此，植以纯粹的松柏为绿化基调，其暗绿色调沉稳凝重，与建筑的亮黄琉璃瓦、深红墙垣形成极其强烈对比，渲染了皇家园林的恢宏华丽。后山则以松柏与枫、栾、椿、桃、柳间植，姿态多样，树形参差，配合丘壑起伏，山道盘曲，创造出与前山截然不同的幽雅、深邃的林木氛围。

2. 中国古代园林著作中的有关园林种植设计

分析古代园林种植设计的原则、手法，不能不研究古代有关园林的著作，尤其明清时期的著作，涉及植物配植的内容对今日的种植设计还具有一定指导意义。

《园冶》为明代计成所著的《园冶》是中国历史上第一部专门论述造园技艺的著作，"园说目地"篇中，作者针对不同类型的园址，对植物的选择和植物景观的设计作了不同的论述。"山林地"宜"竹里通幽，松寮隐僻，送涛声而郁郁，起鹤舞而翩翩。"以烘托山林隐逸环境。"城市地"则"院广堪梧，堤弯宜柳""芍药宜栏，蔷薇未架。不妨凭石，最厌编屏；……窗虚影玲珑，曲松根盘礴"。创造出闹中取静的幽美生活环境。"山庄地""团团篱落，处处桑麻。……"桃堤种柳。……堂虚绿野尤开，花隐重门若掩。"突出田园景色。"郊野地"则"溪湾柳间栽桃；月隐风微，屋绕梅余种竹；拟多幽趣，更入深情。……花落呼童，竹深留客"。情趣雅致，意境深远。作者认为"多年树木，碍筑檐垣；让一步可以立根，砍数桠不妨封顶。斯谓雕栋飞楹构易，荫槐挺玉成难"，指出园址中原有树木，尤其古树实为可贵，造园时应妥善保护，加以利用。

《长物志》为明代文震亨所著。"花木"篇中，作者对江南园林中常用的花草树木的配植有所论述。作者认为，不同的植物要视其姿态、性状、立地的不同而采取不同的培植方法。"第繁花杂木，宜以亩计。乃若庭除槛畔，必以虬枝枯干，异种奇名，枝叶扶疏，位置疏密。或水边石际，横偃斜披，或一望成林，或孤枝独秀。草木不可繁杂，随处植之，取其四时不断、皆入图画。"书中对具体的花木配植也逐一做了说明。牡丹"俱花中贵裔。栽植赏玩，不可毫涉酸气。用文石为栏，参差数级，以次列种。"玉兰"宜种厅事前，对列数株，花时如玉圃琼林，最称决胜。"山茶"多配以玉兰，以其花同时，而红白灿然。"桃、李不可植于庭院之中，只宜远望。梅有两种配植方式，一是枝梢古而有苔藓者，"移植石岩或庭际"，取其古意；二是植为梅林"另种数亩，花时坐卧其中，令神骨俱清"。芙蓉"宜植池岸，临水为佳；若他处植之，绝无丰致"。柳"更须临池，柔条拂水，弄绿搓黄，大有逸致"。玉簪"宜墙边连种一带，花时一望成雪"。水仙"杂植松竹之下，或古梅奇石间，更雅"。

《花镜》为清代陈淏子所著。"课花十八法"之种植位置法，是古人对花木配植手法的一个较全面的总结。其一，园中栽植花木首先要适应其生态习性，适地适树。"花之喜阳者，引东旭而纳西晖；花之喜阴者，植北圃而领南薰"。其二，配植要根据植物的品质，色、香、姿、韵以及花期不同采取相应的手法，"因其质之高下，随花之时候，配色之浅深，多方巧搭"，以达到"使四时有不谢之花，方不愧名园二字，大为主人生色"。

作者对花木种植的位置具有精到的见解，要根据园林空间的旷奥，花木本身的习性、气质等多方审定搭配，构成生气流动的画面。"牡丹、芍药之姿艳，宜玉砌雕台，佐以嶙峋怪石，修篁远映。梅花蜡瓣之标清，宜疏篱竹坞，曲栏暖阁，红白间植，古干横施。桃花天冶，宜别墅山隈，小溪桥畔，横参翠柳，斜映明霞。杏花繁灼，宜屋角墙头，疏林广榭。梨之韵，李之洁，宜闲庭广圃，朝晖夕蔼；或泛醇醪，供清茗以延佳客。荷之肤妍，宜水阁南轩，使熏风送麝，晓露擎珠。菊之操介，宜茅舍清斋，使带露餐英，临流泛蕊。海棠韵娇，宜雕墙峻宇，障以碧纱，烧以银烛，或凭栏，或欹枕其中。木樨香胜，宜崇台广厦，据以凉飔，坐以皓魄，或手淡，或啸咏其下。其余异品奇葩，不能详述。……虽药苗野卉，皆可点缀姿容，以补园林之不足。"

3. 中国近代园林种植设计概况

民国时期，出现了政府或商团自建公园及利用皇家苑园、庙宇或官署园林经改造的公园，这些公园的景观还是沿用古代园林的造景原理及手法。西方园林文化的引进，对中国近代园林造景起到极大影响。鸦片战争后，外国人在租界地建造了一批公园，出现了不同风格的公园及园林植物景观。上海兆丰公园（今中山公园）以英国式园林风格为主体，采用大草坪、自然式树丛、大理石建筑及山林、水面组成中西园林文化相融合的园林景观。公园内布置有6处草坪，其中有面积达8000m2的大草坪，小地形微微起伏，绿茵绵延，一派英国牧场风光；大草坪西北角，有园主霍格于1886年栽植的悬铃木，至今树干挺拔、树姿雄伟、浓荫匝地，是一株极具观赏价值的孤植园景树，应该说这是我国引种最早的悬铃木；大草坪北建有具西方古典主义园林建筑形式的大理石休息亭，气魄宏伟，亭中有两个大理石塑人像；亭旁种植紫藤，盘绕架上，亭后以龙柏为屏障，整个景观极富欧陆古典园林情调；公园南隅的老蔷薇园，四周用法国冬青围成高篱，中央有一座古典的兽像雕塑，两翼伸张，背负日晷，园中设规则花台，种月季400多株，每年春秋时节，花色缤纷，鲜艳夺目。

上海法国公园（今复兴公园）以规整的中轴线、雍容的沉床花坛、端庄的喷水池、法式雕塑、茂盛的悬铃木展现出法国古典园林的风采，同时，园中又布置兼具中国园林风格的山石、溪瀑、曲径、小亭的山水风景景观。公园中部的沉床园采用传统规则式布局，几何图案的毛毡花坛分列轴线两侧，一年四季栽植不同花色、叶色的花草，组合成地毯一般的图案花纹，加以彩色喷泉伴于其中，成为公园特色景区。园内参天的悬铃木或列植成园路树，或群植成树林；西北角规则式古典的月季园都显示着法国韵味的种植形式。

4. 中国现代园林种植设计的特点

中华人民共和国成立初期，为改变城市绿化面貌，在"普遍绿化，重点提高"及"实行大地园林化"的方针指导下，城市中大量种植行道树，各单位庭院也大量植树，树种以快生乔木为主，新开辟的公园绿地中，先普遍植树，后重点铺草、栽花，尽量扩大绿地面积，使城市绿化出现了蓬勃发展的好局面。1978年以来，各地园林绿化事业进入了新的快速发展阶段，这一时期，更多的专家、学者进一步认识到用植物营造景观的必要性，因此"植物造景""植物配置"被提到极其重要的地位，成为现代园林重要标志之一。通过不断探索，在实践中总结了如下特点。

（1）注重生态效益，创造生态景观。

随着工业发展，城市人口剧增，城市面积扩大，城市环境和生态平衡受到严重破坏，环境质量显著下降，因此，在城市现代化的进程中，人们都以极大的热情关注城市绿色空间的开拓。城市绿地是城市用地中唯一具有自然环境，可以调节城市生态平衡的体系；城市外围绿地作为一种新兴的绿地形式，是城市大园林绿地系统中的一个重要组成，不仅关系到附近居民的利益，而且能满足久居闹市的居民更直接地接触大自然的需求，更重要的是这些绿地、绿带给城市带来极大的生态效益。合肥市的环城绿地系统，上海市外环线外侧宽500m，全长97km的大型绿化带，北京市在第一条总面积112km²"都市森林"的基础上，又启动总面积1650km²的第二道绿化隔离带。

这些绿地、绿带以乡土树种、快长树种为主，有的乔草结合，有的乔灌草结构，片片绿树，郁郁葱葱，林木森森，以别具一格的风韵独树一帜，给城市生态带来良性循环。在绿地中乡土植物、野生地被的应用，借鉴自然植被模拟植物自然群落的种类、结构，注重种植的科学性和合理性，在城市绿地适宜地区营造混交林景观、疏林草地景观、灌丛景观、草原景观、湿地植物景观等各类植物生态景观。

（2）挖掘种种潜力，增加植物种类

"多样性导致稳定性"，这是一个最基本的生态学原理。单一植物种群的结构极为脆弱，景观也显单调。在城市绿地中要优化种植结构，实行多种类、多层次、多结构的种植形式，有条件的地区还应采用复层结构，这一切都需要有丰富的植物种类。

乡土植物的应用，有力地保证了各类种植形式的实施，随着科学技术的进步，大量新品种产生，与国外交流的加强，许多新优植物种类和品种的引入，更为城市绿地中的各类种植提供充足素材。彩叶植物、观花、观果、观干、观姿态、地被植物、抗性植物等的大量应用，使现代园林的面貌得到长足进步。紫叶小檗、金叶女贞、欧洲琼花、猬实、红王子锦带花、金枝垂柳、绒毛白蜡、千头椿、郁金香、百合、鸢尾、地被菊……这些花草树木以其色、香、姿、韵之美感点缀城市景观，呼唤城市人向往自然，与自然和谐相处，体验那份淳朴的感受。

（3）继承传统理论，扩充种植形式

现代园林植物种植类型除了传统的自然式树木的孤植、对植、列植、丛植、林植及棚架外，形式更趋多样。有吸取了西方规则式的一些种植类型，如修剪整齐的绿篱、绿墙，各种盛花花坛，模纹花坛；有继承发展古代花卉应用的花境、花丛、花带等；有仅于建筑旁点缀、美化形式扩展到既美化又防护降温的墙面绿化、软化建筑立面与地面夹角呆板的基础栽植；使建筑立面更加生动自然的阳台绿化、让外部空间的绿色渗入室内的室内栽植；使生活工作在高层的人们更方便接触自然的屋顶花园等。

随着经济文化艺术及现代科技发展，人们不再满足简单的游乐，而对精神需要有了更多的追求，这样就出现了不同形式的各类园林：主题公园、专类园公园、居住区小游园、普及科学知识的植物园、动物园、适应不同活动要求的广场……这些园林绿地的种植形式无疑有别于古代园林中的种植形式。

为满足城市人回归自然，在真正的天地山水间放松自己，近年来在市区、市郊营建了一些体现田园风情或山林野趣的公园绿地；在一些特定地区，营造具有自然景观和人文景观相结合的风景名胜区；利用自然森林或建造突出自然野趣的人工林的森林公园、农业观光园；致力于保护生物多样性、保护珍稀濒危动植物的自然保护区。这些大型游览场所以天然植被为主，结合大手笔的景观改造，确是一种新的种植尝试。

国庆期间天安门广场搭建花坛已是历年国庆庆典中必不可少的装饰。1986年，10万盆鲜花组成花坛装点广场，此后，每年的花坛从设计理念到造型色彩，都力求表现中国日新月异的新面貌，象征祖国的繁荣昌盛。"万里长城""延安宝塔""二龙戏珠"到近年的"万众一心"主喷泉花坛，配以四周立体花坛或东西两幅画卷花坛。主喷泉花坛气势壮观，立体花坛、画卷花坛格外靓丽。"福娃""鸟巢""祈年殿""青藏铁路""布达拉宫""原生态西部自然风光"，50万盆鲜花将整个广场变成花的海洋，人们用这种大规格、高质量的花坛布置形式庆贺共和国的生日。

（4）顺应时代步伐，丰富种植手法

不能否认，古代人民积累了丰富的种植设计手法和经验，但由于现代园林服务对象的改变，必然带来诸多方面的变化，这不仅反映在园林绿化面积的扩大，还表现在形式、风格以及布局手法上的变化。现代园林种植手法受新艺术形式影响，讲究自由流畅，追求简洁明快，风格上博采众长，一定程度上有别于古代园林所刻意追求的意境与含蓄美，诸如大草坪、疏林草地、林缘花境、大地树坪等都呈现出一种疏朗大方的自然气息。

一个出色的种植设计师要善于运用植物的色彩、芳香、姿态、质感、体量等个体特性，调动一切艺术手段，精心搭配。植物景观的创作绝非费尽心机地模拟植物自然群落的种类、结构，而是要对自然群落进行提炼加工，构思立意，然后表现出来，在此过程中创作手法起着至关成败的重要作用。

利用不同植物围合植物空间，运用各类植物空间组织园林景观，这是现代园林有别于古代园林的一个重要手法。现代人们对于园林的感受，已经由单纯艺术上的欣赏而转入对园林空间物质与精神的双重享用。设计者要在有限的面积上创造尽可能深远的空间感，这是造景的一种技巧、手法，并希望游人能最大限度地感受这一空间。因此必须选择一个最佳观赏点加以突出，并运用植物色彩、姿态、质感、体量等的视错觉进行种植。合理运用植物围合空间，选用不同的植物空间，还必须注重人在不同空间场所中的心理体验与感受的变化，从多方面着手，形成疏密、明暗、动静的对比，创造出丰富的一组组虽隔不断、虽阻不堵、虽透不通、似连非连、相互渗透的植物空间。

近年较为流行的"大地树坪"，又称"树阵"，规则式或拟规则式地种植大规格乔木，形成冠下空间，树下设休息坐凳，铺以草坪或硬质铺装，有利于人们休息、活动，这种种植形式简洁、大气，深受人们欢迎。

植物种植离不开色块的运用，近年来南北各地常用紫叶小檗或红花檵木、金叶女贞、黄杨三色灌木按曲线如波浪的动势流线分层次栽植，形成红、黄、绿色彩对比强烈、线条流畅欢快的动势景观，以丰富园林的色彩构图。在很长一段时间内，这种色块应用极为普遍，以至一说色块即认为红黄绿修剪整齐的图案。其实，应用自然姿态、花色艳丽、花期较长的小乔木、花灌木及宿根花卉搭配组成的花径、花丛，开花时节，或金黄一片，或粉花夹道，同样给人留下极深刻的色块印象。

秋冬时节，各色羽衣甘蓝平面造型分区域种植，采用流线型、大色块布置，红、白、黄、粉等色有机组合和搭配，以其鲜艳多彩的叶色点缀秋冬大地，这也是极好的色块运用。绿地中种植色块要把握色块在绿地中的比例大小，尤其那种需定时修剪、管理费工费时、人工痕迹明显的图案色块不能到处滥用。另外，种植色块植物时要注意其集中与连贯性，不能太分散，否则看起来显得凌乱繁杂，达不到整体美感。

大树移植能迅速营造一个景点或布置一处极具气势的绿地，达到绿化、美化城市的效果，是现代城市绿化建设中的一种常用的种植手段。科学的说法，大树移植应当是大规格乔木的栽植，即在苗圃里培育了多年的大规格苗木，苗木胸径一般达到 10 ~ 15cm，这样的大苗处在生命的旺盛期，移植后，恢复生长时间短，成活率高，容易快速形成景观。大树移植不要过分求大、求古，尽可能选择乡土树种，加强研究大树移植的技术及移植后养护管理措施，并杜绝取自山野大树进行绿化种植。

综上所述，中国现代园林由于城市生态环境恶化，城市市民的心态和审美情趣的变化，城市园林绿化服务对象的改变，科学技术的发展及国外先进经验的引进，形成现代园林有别于古代园林的方方面面。现代园林种植设计要继承中国古代植物种植手法，力求创新、发展，强调与环境相协调，强调生态效益，强调人性化设计，秉承传统文化，"师法自然"，顺应自然规律进行适度调整，创作既具时代气息，又体现我们国家和民族历史文脉的后现代主义作品。

"21 世纪是回归自然的世纪"。保护生态环境是全人类的任务。园林绿化是利用绿色植物的生态功能改造环境的宏伟工程，理顺人与绿化同环境间的相互关系，从而实现人与自然"新的和谐"。

（二）西方园林种植设计概况

西方园林与中国园林一样，有着悠久的历史、古老的传统和精湛的造园技术，同样是世界园林艺术中的瑰宝。目前，我们对西方园林的研究多数为历史、风格等方面，而对种植设计这一领域涉猎不深，只在介绍不同时期园林风格的时候，对该时期常用的植物及其培植方法有所提及。金娘在硕士毕业论文中对西方园林中的整形植物、植物凉亭和绿廊、花结坛和刺绣花坛、植物迷宫、花境、野花园、观赏草等 7 种植物种植类型归纳总结其来源、发展、配植手法、营建过程等，以期根据中国国情借鉴应用。

1. 整形植物

通过修剪植物，使植物形成并保持设计造型（如圆形、方形、动物形等）的技术叫植物整形技术，修剪后形成的造型植物叫整形植物。

在古希腊时代，人们认为美是有秩序的、有规律的、合乎比例的、协调的整体，因此，只有强调均衡稳定的规则式园林才能确保美感的产生。植物造型是规则园林极重要的配植手法，古罗马园林受古希腊文化的影响，很重视整形植物的运用，开始只是把一些萌发力强、枝叶茂密的常绿植物修剪成篱，以后则日益发展，将植物修剪成各种几何形体、文字、图案，甚至一些复杂的人或动物形象，常用的植物为黄杨、欧洲紫杉、柏树等。14世纪意大利文艺复兴，植物整形技术得到了进一步发展，不论是在大型园林还是小型园林，不论是整体规划还是单一景点，它都可以栽植应用。整形植物是传统与现代相结合的产物，在当代西方规则式园林中仍应用甚广。

2. 植物凉亭和绿廊

植物凉亭、绿廊的来源可以追溯到古埃及园林，人们为了抵御酷暑，搭建了简易的凉棚，在凉棚旁栽种藤本植物令其上爬，这就是植物凉亭的最早雏形。之后，人们又延伸凉棚将其加长，这样即使行走，也可遮挡太阳，贵族们又在其旁栽种葡萄等植物，慢慢演变成了绿廊。

植物凉亭和绿廊在规则园中常常作为连接几个园子或通道的中介，不仅使布局显得对称，并具遮阴和观赏效果。在自然园中则运用较多简单、朴素的材料，随意自然的造型，布置在路旁、水涧、香花园、月季园、蔬菜园等专类园及各种场合都很适宜。组成植物凉亭、绿廊的植物材料除了用藤本植物缠绕、攀缘外，也可于路两旁适当密植枝叶茂密的乔木树种，若干年后，两旁树木枝条于道路上方交接，经过适度的修剪，形成弧形的空间，这种绿廊也叫树廊，遮阴效果较好，而且形成静谧的氛围，加强观赏效果。

3. 花结坛和刺绣花坛

花结坛和刺绣花坛均属于模纹花坛的范畴，其特指流行于中世纪欧洲，图纹瑰丽，通常对称植坛而组成古典式模纹花坛。

花结坛在英国非常流行，是用矮生绿篱构成复杂图形的花坛，其图案样式，有表现混合的几何形，表现鸟兽、图徽及其他形状，绿篱间或填铺多种颜色的粗砂，或种植一色的花卉，看上去犹如各色彩带。在花结坛的基础上，法国人克洛德.莫莱用花草或小绿篱模仿衣服上的刺绣花边，创造瑰丽的花坛，像在大地上做刺绣一样，称作刺绣花坛，即目前广泛应用的模纹花坛的前身。在17世纪的法国十分流行，几乎形成园林中不可缺少的种植类型，一直沿用至今。英国人将这种种植类型进行创新，他们通过在草坪上镂空的方法来表现花坛精美的图案，也有人直接以草坪为底衬，其上用鲜花布置美丽的纹样，这两种形式的做法都比刺绣花坛容易建植和养护，在现代英法园林中应用甚广。随着花卉品种的不断增多，后来又演变成盛花花坛。盛花花坛在目前应用最广，因为它的做法简单，观赏效果理想，但是从艺术角度来讲，跟模纹花坛的精雕细琢是不可同日而语的。

4. 植物迷宫

植物迷宫始于罗马时期，以后曾因战乱而荒废，中世纪时局稳定，植物迷宫又再度兴起，成为当时王宫贵族常用的娱乐形式之一。植物迷宫成为花园设计普遍特征的主要时期是 16 ~ 17 世纪的欧洲，这一时期的迷宫依旧存在于现代欧洲的园林中。

建造植物迷宫必须有足够大的场地，选用欧洲紫杉或黄杨按设计图案栽植成规则的绿篱即可，绿篱需要定期修剪，道路也要保持良好状态。用草坪代替绿篱也同样引人入胜，它不需要整枝，只要修剪草地。当代美国，玉米迷宫日渐风行，在一望无际的玉米地里，巨大的结构在田野里剪径而建，有的还配有背景音乐，体现古老与现代的乐趣。

5. 花境

花境源于英国古老而传统的私人别墅花园。它没有规范的形式，位置多在道路两旁或墙脚，园中主要种植主人喜爱、又可在当地越冬的花卉，其中以管理简便的宿根花卉为主要材料，随意种植在自家庭园，这种花境在当时非常流行。以后设计者在材料中加入小灌木及球根花卉。第二次世界大战之后，出现混合花境和四季常绿的针叶树花境。随着时代变迁和文化的交流，花境的形式和内容也在变化和拓宽，但其基本形式和种植方式仍被保留下来，而得到广泛的应用。

植物种类丰富、季相变化明显，是花境的一个最突出的特点。花境在自然园中应用极为普遍，把不同种类的花卉栽植成团块状或长带状，再现自然界中多种野生植物此起彼伏交错生长，色彩变化不断的美丽景观。各种植物间的搭配看来极为随意，详细分析，其高矮、花期色彩、每种植物所占面积大小、与周围环境的协调等处理是有一定规律的。花境也是点缀规则园的重要种植手法之一，与自然园不同的是规则园中的花境一般都有整齐的界线，有的用修剪的矮篱，有的用小石块，有的通过切割整齐的草坪，或硬质铺装来限定边界。

6. 野花园

野花园，中世纪人们热爱的草坪上开满野花的植物景观，随着第二次世界大战及战后土地重新开发利用而逐渐消失在人们的视线中。这种古老的种植类型，直至 20 世纪 80 年代，随着"自然园艺"在英国的逐渐流行，又开始重新恢复其面貌，所以野花园的再现发展是近几十年的事，但很快即流传应用开来。

野花园的植物材料应以生长强健、不需精细管理的野生宿根花卉及自播繁衍能力强的一二年生花卉为主，适当应用球根花卉。如今，野花园已经成为大型园林景观中不可缺少的一部分，公园草坪中心或一角、疏林草地上、私家庭园中、城市街道旁，即使荒芜的土地、贫瘠的山坡上都能欣欣然展现它的风姿。

7. 观赏草

随着人们回归自然意识的深化，人们把一些具极高观赏价值的野生草类栽植在庭园或城市园林中，因为它自然而优美、朴实而刚强，深深赢得人们的喜爱，很快在西方园林中，观赏草的应用占有了重要位置。

观赏草以禾本科植物为主，也包括部分莎草科、灯芯草科、花蔺科等植物。其茎秆姿态优美，叶色丰富多彩，花序五彩缤纷，植株随风飘逸，即使在花叶凋零的秋季，它们也可给环境带来无限生机。观赏草对环境有极广泛的适应性，耐干旱、耐水湿、喜阳、耐庇荫、耐高温、耐寒冷，是观赏植物中极为优秀的一个类群。

观赏草在西方国家主要应用于自然式园林中，山坡林缘、园路两侧、水际石畔，可以单种成片栽植，也可与花卉、树木搭配在一起，营造出富有变化的空间。

（三）回顾西方历史，看园林的发展趋势

意大利文艺复兴时期的造园家多为建筑师，他们将建筑学中相关的比例、尺度、均衡、协调等美学原理，以及空间设计、视角处理等手法应用于园林之中，这一时期，植物种植类型有整形植物、花结坛、植物凉亭、植物迷宫等。

17世纪法国古典园林，结合本国自然风貌及时代特点，使园林走出庄园的狭小范围，成为相对独立的艺术形式，进而以园林表现一代君主的权势、威力，凡尔赛宫成为极盛时期法兰西的象征，规则园中常用的植物配置手法在这时期都发展到了极致，整形植物、植物迷宫大量应用，在花结坛的基础上发展了刺绣花坛，工艺之细，令人叹为观止。

18世纪英国自然风景园的产生，是西方园林史上的一次重大变革，它改变了自古希腊、罗马以来1000多年西方园林史上占统治地位的规则式园林风格，首次吸引了众多的文学家、哲学家、诗人、画家的参与。当时植物种植的主要类型有花境、植物凉亭、绿廊等。

20世纪80年代以来，随着"自然园艺"在英国的逐渐流行，野花园和观赏草这两种更贴近自然的植物种植类型逐渐应用于园林。现代公园的景观设计不是以视觉欣赏为主要目的，而是以环境保护和生态平衡为首要任务。因此，设计以植物造景为主，讲究开朗的空间、宽阔的草坪、明净的湖水、欣欣向荣的草木和活泼可爱的小动物，讲究纯天然要素所构成的生机盎然的自然美景，讲究为人类提供一个亲近自然、回归自然、返璞归真的和谐环境，使人们充分享受自然带来的自由、清新和欢悦。

第二节　园林种植设计原则

园林种植设计包含极丰富的内涵，在不同地区、不同场合、地点，由于不同的目的、要求，可有多种多样的种植类型与种植方式。同时，由于植物是有生命的有机体，它具有自身的生物学特性，在不断的生长发育及四季交替中，产生变化万千的观赏效果；它又与生长环境发生千丝万缕的联系，对环境有一定要求又有不同程度的适应性。

园林种植设计不仅是一个科学问题，也是一个艺术问题，还要考虑社会效益、环境效益及经济效益等。因而其是个相当复杂的工作，要求每个设计者具有广博而全面的知识。园林种植设计工作虽然涉及面广，变化多样，但还是有基本原则可循的。

一、生态学原则

近年来由于气候变化、环境污染等原因，人们对生态的重视度不断提高。在这种背景下，园林界提出了园林生态学理论，这种理论以人类生态学为基础，融汇景观学、景观生态学、植物生态学和有关城市生态系统等理论，研究风景园林和城市绿化影响范围内的人类生活、资源利用和环境质量三者之间的关系及调节的途径，并提出了园林生态设计的原则。园林种植设计是园林设计的重要组成部分，是以植物材料来营造具有视觉美感的景观，而具有美感的植物景观首先要符合植物的生态要求。在对环境要求日益提高、对生态效益和环境影响考虑日益增加的情况下，尤其需要把生态学的相关原则和发挥生态效益的思想融入设计中。

植物是园林要素的重要组成部分，它不仅能满足园林空间构成和艺术表现的需要，还可以为人们提供防风、降噪、保持水土、遮阳降温、防火抗灾等功能需求。绿色植物更是生态系统的初级生产者，是园林景观中极其重要的生命象征。在园林种植设计中，一定要以生态学为依据，最大限度地发挥"绿"的效益，具体可表现在以下几个方面。

（一）重视提高绿地比例和绿化覆盖率

现代园林与古代相比，建筑比例下降，绿化比例上升。中国古代园林从殷代的台苑和圃开始，已有 3000 余年的历史。如果是从封建社会的秦汉算起，至少也有 2000 多年的历史。2000 多年前，在我国的西北，人口稀少，天然植被生长茂密，郁郁葱葱，帝王宫阙中出现大量的"台""观"之类，可以居高临下以畅胸怀。由于自然环境的优越，从秦汉时期的文献中略可探知当时对植物并不重视，如果将植物的观赏性与经济性相比，后者还是占据主要地位。

无论早期利用天然环境和植被所设置的大型园囿，还是其后，自魏晋南北朝的分治局面到隋唐的统一，皇家园林以及随后出现的私家园林，均重视园林环境与自然的融合，并通过人工仿造自然，提炼和浓缩自然景观精华，技艺日益发达，达到"虽由人作，宛自天开"的效果。但是，尽管在中国古代园林中讲究"天人合一"，从植物与建筑、山水、铺装等所占面积比例关系来看，绝大多数的园林中植物种植用地面积所占比例较少，这既与当时良好的周边自然环境有很大关系，也与这类园林为满足人们日常生活功能的需求有关。

随着工业化迅猛发展，人类对自然资源进行掠夺性开发，同时城市人口急剧膨胀，造成大量自然景观被破坏，使得人类生存环境日益恶化。同时，随着时代的发展，人们的生活水平逐步改善，精神文化层次也相应提高，人们的审美情趣发生了变化，文化娱乐生活要求多元化，从而对美的认识也较之古代有了较大的变化。古代园林中造景及赏景的标准常注重意境，不求实际比例，着力画意，对园林植物景观常以个体美及人格化为主；而现代人更偏重于欣赏群体美，强调"有量才有美"。园林也由诸多皇家园林和私家园林转变为现代公园，其服务对象也由君王、地主或具有一定经济基础的文人雅士而转变为普通大众。现代公园对所有民众开放，各种公共绿地、游园几乎都遵循"以人为本"的原则，为人们创造出可居、可赏、可游的美学天地。

这种趋势反映在植物景观的营造中，表现为现代园林与古代园林相比，建筑比重在下降：皇家、私家园林中的建筑比例很大，园林中多以建筑来划分园林空间，而现代公园设计都有标准规范：综合性公园按其陆地面积计算，绿化面积≥70%，大型公园绿化面积≥80%。因为现代园林不仅是人们休憩游赏的优美环境，更是缓解人类破坏自然、改善生活质量的重要手段。

（二）注重普遍绿化，重视生态效益

植物是有生命的个体，每一种植物对其生态环境都有特定的要求，在进行种植设计时必须首先满足植物的生态要求。如果植物种类不能与种植地点的环境和生态条件相适应，就不能存活或生长不良，就更不能达到预期的景观效果。在种植的过程中选择与种植地生态条件相符合的植物时还应多考虑以乡土植物为主。因为它们在长期的生长进化过程中已对当地环境有了高度的适应性，这样种植才能发挥其所具有的生态效益，同时它们也是体现当地特色的主要植物材料。

由于快速发展的城市化进程，城市硬质景观不断扩张，导致生态环境恶化，产生热岛效应，而缓解热岛效应以及改善生态环境，必须注重普遍绿化和生态效益。除了合理规划外，最主要的手段就是要加强大面积和大范围内的绿化效应，从而提高整体环境质量。以上海市为例，上海市一直人多地少，1949年人均绿地面积$0.12m^2$，园林局当时既定的方针是"见缝插绿"；经过50余年普遍绿化，人均绿地面积从每人$3\sim4m^2$达到目前的$6.5m^2/$人。而目前既定的方针是"规划建绿"，即有目的地规划绿地建设。如上海建成区内部拆迁扩绿建公园（徐家汇中心公园、黄浦江、苏州河两岸的环境改造等），重要干道两侧的大型绿地林带建设，如城市规划的外环线外侧建100m宽林带，林带外侧（局部内侧）建400m宽的绿带，以此限定城市的无限发展，并结合绿带建设集团式绿地。全长97km的外环绿带在不同地段与城市内部的绿地通过绿色廊道联系，加强了外环绿带与城市内部的联系，起到很好的改善环境作用，沿江两岸结合产业调整，将驳岸码头、深水码头等搬走，加强绿化，形成自然驳岸，市内开辟各种类型服务半径为500m的公共绿地，即居民小区方圆半径500m即可见到一个$3000m^2$的绿地。近年来在市区南部规划海岸线长10km，进深约3km，整体面积约$30km^2$的"碧水金沙"，形成"水清、沙软、林密、景美"回归大自然优美环境的黄金岸线景观。这些变化是从见缝插绿到规划建绿过程中重视普遍绿化的重要见证。

（三）复层混交群落，增加叶面积系数

园林种植设计必然要遵循生态学原理，建设多层次、多结构、多功能的科学的植物群

落。建立人类、动物、植物相联系的新秩序，达到生态美、科学美、文化美和艺术美。种植设计所构建的园林植物景观除了要有观赏性、艺术性，能美化环境，还要改善环境（包括通过植物的光合作用及蒸腾作用，来达到吸收和吸附漂浮物及有害物质，调节小气候，同时利用植物的枝叶减弱噪声，防风降尘），最重要的是，它必须是具有合理的生态结构配置，能够满足各种植物的生态要求，从而形成合理的时间结构、空间结构和营养结构，达到与周围环境组成和谐统一体的目的。

因此，要在改善城市生态环境，在运用生态学原理和技术的基础上，借鉴当地植物群落种类组成、结构特点和演替规律，科学而艺术地进行植物种植。具体而言，就是要做到乔灌草的结合，高中低的搭配，利用植物不同的生态习性，在立面形成丰富的层次，从而在单位面积上有效地提高"绿量"，增加叶面积系数，从而增强改善环境的作用。另外，复层混交结构的群落，不仅能在视觉上形成丰富的变化，还能提供不同生物（动物）的生态位，从而可以形成植物、动物以及人类关系上的和谐。这里强调增加叶面积系数而组成复层混交群落结构，并非在种植设计中全部千篇一律地照此应用。

为满足功能、景观所需，在一个绿地中除了复层混交群落外，还运用植物围合空间，形成疏林草地、林中空地、开阔草坪等满足人们对不同活动空间的需要。从绿化实践来看，北京城市隔离片林中基本以乔木为主，较少有灌木，下层多以野生地被及草坪为主，复层混交做得不够，而上海外环线绿地一般为乔木、中层小乔木、耐荫灌木（八角金盘、洒金东瀛珊瑚、南天竹、十大功劳等）和草本地被互相搭配，在垂直面上植物层次丰富，增加了叶面积系数，改善环境的生态效益显著。

（四）重视生物多样性，尤其是植物种类的多样性

要组成生态健全、景观优良的复层混交群落结构，就要重视生物多样性，尤其是植物种类的多样性，要充分考虑到物种的生态学特性，合理选配植物，避免种间竞争，从而形成结构合理、功能健全、种群稳定的复层结构，以利种间互补，形成具有自生能力、自我维护，能抵抗干扰的生态环境。

中国是"世界园林之母"，既在野生观赏植物物质资源上具有突出的生物多样性，又在城市园林建设中表现出良好的生物多样性，这不仅是园林建设可持续发展、保持园林外貌丰富多彩的物质基础，更是维系城市园林绿地系统长盛不衰的根本保证。

我国的生物多样性丰富而独特。由于国土辽阔，自然条件复杂而多变化，又有较古老的地质史，故而孕育了极为丰富的植物、动物和微生物种类及多种多样的生态组合，成为全球 12 个"巨大多样性国家"之一。中国有种子植物 30000 余种，名列世界第三位（仅次于巴西和哥伦比亚），其中裸子植物 250 种，是全球裸子植物种类最多的国家。此外，中国还拥有 5 个植物特有科，247 个特有属和 7300 个以上的特有种以及众多的珍稀动植物，特称"活化石"，如水杉、银杏、攀枝花苏铁等。中国有 7000 年以上的农业史，我们的祖先利用引种等培育了大量栽培植物和家养动物，境内已知经济树种在 1000 种以上，原

产我国的重要观赏植物（花卉）达 2200 种以上。

中国的多种名花及其品种开遍了世界各国，这是约自 17 世纪起外国人来华搜集、引种栽培的结果。如美国加利福尼亚州有 70% 以上的树木花草原产中国，意大利曾引种中国园林植物 1000 种左右，德国现栽培园林植物的 50% 来自中国，荷兰现有 40% 花木原引自中国。我国观赏植物丰富多彩的遗传资源为世界各国园林做出了杰出的贡献。我国不仅原产观赏植物种类众多，而且是多种名贵花卉的起源中心，如梅花、多种牡丹与芍药、菊花、百合属、山茶属、月季蔷薇类、玫瑰、木兰属、杜鹃花属和珙桐、报春花属等的原产地都在中国，并先后传遍各国。中国不仅原产野生观赏植物种类繁多，而且名花优良品种及其近缘种也丰富多彩，遗传多样性突出。

但是，我国又是一个观赏植物资源多样性受到威胁和严重破坏的国家。虽然在城市园林建设中，自古以来就重视诗情画意、师法自然，注重天人合一，强调宏观上的"虽由人作，宛自天开"，但对细节上的生物多样性，包括植物之复层混交以及地面用植物覆盖等，则一贯重视不够。近数十年来，由于迅速追求园林绿化表面效果，以致珍稀、慢长植物日益罕见，在个体园林乃至整个城市园林绿地系统中，观赏植物种类与品种应用总数增长速度非常缓慢，生物多样性在应用中竟走向了反面。从我国城市园林生物多样性降低的现状及其与国外多样性的对比来看，以北京为例：北京露地常见栽培应用的树木花草总计不过300 ~ 400 种，近年略有增加，但很多新增种类尚无普遍应用。武汉、杭州、南京、大连、西安、沈阳等地情况与北京相似。上海原来园林生物多样性情况也很差，近年不断注意改进，使其城市公私园林绿地植物总数已增至 800 种左右。而据广州公私单位报道和调查，该市城市园林生物多样性表现全国最高，约有 1600 种或更多。附近的深圳等市，园林多样性种数大体与广州相似。

而国外，不论亚洲之新加坡、新德里、东京（日本），欧洲之哥本哈根、巴黎、伦敦、华沙和罗马，美洲的旧金山、华盛顿、洛杉矶和大洋洲之墨尔本等，一般每个城市均应用2000 ~ 3000 种或更多的树木花草。以上只是若干不完全统计和粗略估计，但已对比强烈，触目惊心，足以提醒我们必须迅速给予极大重视。

二、艺术性原则

园林种植设计要具有园林艺术的审美观，把科学性和艺术性相结合。种植设计是一种艺术创造过程，必然在设计中存在着设计者审美观点。由于每个人的生活环境、成长过程、知识水平等方面的差异，往往会造成园林审美观的差异，存在着众口难调的现象。"外行看热闹，内行看门道"，然而，一个好的设计作品，有以下三方面的要求必须遵循。

（一）满足园林设计的立意要求

中国园林讲究立意，这与我国许多绘画的理论相通。艺术创作之前需要有整体思维，园林及其意境的创作也同样如此，必须全局在握，成竹在胸。晋代顾恺之在《论画》中说"巧密于精思，神仪在心"，唐代王维在《山水论》中说过："凡画山水，意在笔先"。即绘画、造园首先要认真考虑立意和整体布局，做到动笔之前，胸有成竹。

由此可见立意的重要性，立意决定了设计中方方面面的构思。不先立意谈不上园林创作，立意不是凭空乱想，随心所欲，而是根据审美趣味、自然条件、功能要求等进行构思，并通过对园林功能空间的合理组织以及所在环境的利用，叠山理水，经营建筑绿化，依山而得山林之意境，临水而得观水之意境，意因景而存，景因意而活，景意相生相辅，形成一个美好的园林艺术形象。意境是由主观感情和客观环境相结合而产生的，设计者把情寓于景，游人通过物质实体的景，触景生情，从而使得情景交融。但由于不同的社会经历、文化背景和艺术修养，往往对同一景物会有不同的感想，比如面对一株梅花，会有"万花敢向雪中开，一枝独先天下春"对梅品格的称赞，也会有"疏影横斜水清浅，暗香浮动月黄昏"对隐逸的表达。同样在另一些人眼里，只不过是花的一种而已。

园林种植设计是园林的重要组成部分，围绕并服务于整个园林设计的立意和主题。种植设计的各种手段，从植物种类的选择、色彩的考虑、植物配置方式的运用及后期的养护管理，都服务于这一主题的实现。为此，在整体意境创造的过程中，要充分考虑植物材料本身所具有的文化内涵，从而选择适当的材料来表现设计的主题和满足设计所需要的环境氛围。

围绕立意和主题展开的种植设计有很多，如北京为中国六大古都之一，历经辽、金、元、明、清等朝代，留下了宏伟壮丽的帝王园林及寺庙园林，在这种背景下，其植物材料的选择也多体现了统治阶级的意愿，大量选用松、柏以体现其统治稳固，经久不衰，如松柏之长寿和常青；选用玉兰、海棠、牡丹等体现玉堂富贵。而私家园林追求的是朴素淡雅的城市山林野趣，在咫尺之地，突破空间的局限性，创作出"咫尺山林，多方胜景"的园林艺术，倚仗于植物花草树木的配置，贵精不在多，重姿态轻色彩。

再如节日广场的花坛设计，植物配置则是以色彩取胜，用色彩烘托节日气氛。为了充分表达节日的欢乐喜庆的氛围，多采用开花植物和色叶植物，色彩使用以黄、红、粉、绿为主的植物来布置，以暖色调为主，同时以不同色彩的花卉混搭，以达到凸现节庆热烈氛围的目的。

而作为纪念性公园或者陵墓等的环境中，植物配置的方式和植物材料的选择则要充分体现所要表达的环境，如烈士陵园庄严肃穆，植物配置多采用对植、列植，树木多采用冷色调树种，如松、柏类等；花木要选择开白花、蓝紫色的等。松苍劲古雅，不畏霜雪风寒的恶劣环境，严寒中挺立于高山之巅，具有坚贞不屈、高风亮节的品格，以表达烈士英魂不朽的设计立意，如上海龙华公园入口处红岩上配植了黑松。再如广州中山纪念堂，主建筑两侧对植白兰花，冠幅达到26m左右，不仅在体量上与建筑达成了协调，而且在立意方面也很好地体现了主题。因为白兰花为常绿树种，四季常青，而且白兰花很香，寓意流芳百世；再者其花为白色，代表哀悼。

再如传统的松、竹、梅即"岁寒三友"配植形式。松树四季常青，姿态挺拔，在万物萧疏的隆冬，松树依旧郁郁葱葱，象征着青春常在和坚强不屈。竹是高雅、纯洁、虚心、有节的象征，碧叶经冬不凋，清秀而又潇洒。梅花为中国传统十大名花之一，姿、色、香、韵俱佳；漫天飞雪之际，独有梅花笑傲严寒，破蕊怒放，这是何等的可爱、可贵！所以松、竹、梅常用来比拟文人雅士清高、孤洁的性格，如西泠印社的植物配置。

再如在岳庙精忠报国影壁前配置有杜鹃花，花色血红，寓意"杜鹃啼血"，以表达对忠魂的悼念，同时墓园中种植有树干低垂的槐树，表示哀悼。这样就很好地表达了纪念性环境气氛，体现了岳庙本身的立意，增加了寄情于景的欣赏价值。

（二）借鉴当地植被，突出地方风格

植物分布受气候带影响，由于受温度、湿度、土壤以及海拔等因素的影响和制约，往往形成不同的植物区域划分，从而在同一植物气候带内既具有共性也具有个性，就是由于这些植物种类的共性和差异性形成不同地方的植物特色。这种特色形成独特的地方风格和浓郁的乡土气息，可以使本地人感到亲切自然，朴素大方；外来人感到新鲜活泼，从新鲜感产生愉悦感和欢乐的思绪和情感，而这些具有鲜明地方性的植被在异地的使用，还可以使人联想到其自然分布地带的风光。

植物种植设计中要重视当地植被的应用，借鉴当地植被的植物层次和群落结构及乡土植物构成，从而可以在设计中体现出地方的风格和特色。在这个基础上适当引用适合本地的外来树种，可以做到喜闻乐见和新颖奇特相结合。

如广州市处于亚热带南端，接近热带北缘，是典型的常绿阔叶及热带雨林季雨林风格，具有木质大藤本、附生和寄生植物、大型藤类、大型叶草本植物以及植物板根现象。植物造景以常绿阔叶林景观为主，从当地植物群落构成特点出发，利用地域特色植物和乡土植物，可创造雨林景观，更加充分地体现出热带风光。

1. 棕榈科植物和竹类的应用

棕榈科植物姿态特殊，具有很强的地方特征，是体现南国风光的重要植物材料。棕榈科中的大王椰子、枣椰子、长叶刺葵、假槟榔都可作为姿态优美的孤立园景树。有些可片植成林，如椰子林、大王椰子林、油棕林、桄榔林；有些可作行道树，如蒲葵、鱼尾葵、皇后葵、大王椰子等，一些灌木，如散尾葵、棕竹、轴榈、软叶刺葵，香桄榔、燕尾棕、华羽棕、单穗鱼尾葵等都可作耐荫下木进行配植。

广州多丛生竹，不同于刚竹属的散生竹类，可片植成竹林，或丛植于湖边，或竹林夹道组成通幽的竹径，或与通透、淡雅、轻巧的南国园林建筑配置。

2. 大花、密花以及繁花、彩叶香花植物的应用

广州花大、色艳具有香味的木本植物比较多，开花植物如凤凰木、木棉、金凤花、红花羊蹄甲、山茶、红花油茶，彩叶植物如洒金榕、红背桂及浓红朱蕉等，都是广州常用植

物种类。

3.体现热带雨林季雨林的效果

热带雨林中的独木成林现象以及板根植物、老茎生花植物以及附生植物丰富，都是体现热带雨林景观的重要素材。独木成林是充分利用榕树，尤其是小叶榕、高山榕具有众多下垂的气根，入土生根后，地上部分经过扶持，可逐渐形成一木多干现象，其最后形成覆盖面广，气生根林立，最终成为支柱根，构成独木成林的景观，而木棉、高山榕都可生出巨大的板根。老茎生花植物有番木瓜、杨桃、树菠萝、大果榕等，这些特点无疑增添了观赏的价值。

附生植物是热带雨林中的常见植物，在一棵树上附生多种植物是热带特有的一种植物景观，这样的景观借用到园林中加以模拟，作为主景，游人将饶有兴趣，予以注目，同时也可开展科普教育。常见的附生植物如龟背竹、球兰、蜈蚣藤、岩姜、巢蕨、气生兰、凤梨科植物、麒麟尾等。

4.复层混交层次多

自然热带雨林中一般有 6 ~ 7 层，还有层间层。由于广州风土条件优越，植物种类丰富，又具有丰富的耐荫植物。如木本耐荫植物有九里香、红背桂、八仙花、毛茉莉、丛生鱼尾葵、散尾葵、燕尾棕等，藤本耐荫植物如长柄合果芋、龟背竹、麒麟、绿萝，草本及蕨类耐荫植物有大叶仙茅、一叶兰、花叶一叶兰、水鬼蕉、虎尾兰、金边虎尾兰、石蒜、黄花石蒜、海芋、广东万年青、肾蕨、巢蕨、苏铁蕨等，故极有条件配植成具有垂直层次丰富、热带景观突出的植物栽培群落。

很多植物在长期的应用中，已经形成地方特色。如一说到古柏、槐树就想到北京，说到雪松、悬铃木就想到南京，一提到白桦就想到万里雪飘的吉林、黑龙江，提到椰树、三角梅就想到迷人的海南岛；谈到牡丹自然就想到菏泽和洛阳：其他如香港的紫荆花、澳门的荷花；一些城市还以植物特色来命名，如广州棉城（木棉）、福州榕城（榕树）、成都蓉城（木芙蓉）、新会葵乡（蒲葵）等。这些具有乡土特色的植物无一不折射出这些地方深厚的文化底蕴和浓郁的地方特色。

（三）创立保持各自的园林特色

没有个性的艺术是没有生命力的。没有特色的公园和景区将是乏味的。根据不同的区域、园林的主题以及植物种植设计的具体环境，确定种植设计的植物主题和特色，形成具有鲜明风格的植物景观。

如杭州具有众多的公园和景点，四季游人如织，对景观的要求是四时有景，多方景胜，既要与西湖整体风景区的园林布局相统一，同时又要具有不同的个性和特点，这样既能具有"主旋律"，又能做到"百花齐放"，个性与共性形成统一。

杭州具有众多以季相景观著称的景区和景点，如体现春季景观的有"苏堤春晓"，苏堤风光旖旎，晴、雨、阴、雪各有情趣，四时美景也不同，尤以春天清晨赏景最佳，间株杨柳间株桃，绿杨拂岸，艳桃灼灼，晓日照堤，春色如画，故有"苏堤春晓"之美名，其配植多为垂柳、桃花和春季花卉；而太子湾公园则是以郁金香为主调的春景景观，同样是春景，植物配植不同效果也不同，体现夏季景观的有"曲院风荷""接天莲叶无穷碧，映日荷花别样红"，以木芙蓉、睡莲，及荷花玉兰（广玉兰）作为主景植物，并配植紫薇、鸢尾等使夏景的色彩不断；体现秋景的有"平湖秋月"，突出秋景，要达到赏月、闻香、观色，在景区中种植了红枫、鸡爪槭、柿树、乌桕等秋色叶树种以观色，再植以众多的桂花，体现"月到仲秋桂子香"的意境，体现冬季景观的有孤山的放鹤亭，孤山位于西湖西北角，四面环水，一山独特，山虽不高，却是观赏西湖景色最佳之地。放鹤亭位于东北坡，是为纪念宋代隐居诗人林和靖而建，他有"梅妻鹤子"之传说。亭外广植梅花，形成冬季赏梅的重要景点。

此外还有灵峰探梅，也是冬季观梅的好去处，这一景点植物配植的关键就是营造一个"探梅"的环境氛围。利用竹林、柏木、马尾松等常绿树形成一个相对郁闭的背景环境，以不同品种的梅花成丛配植，整个环境朴素、大方、古雅，把梅花的艳而不娇表达出来。

此外，利用植物特色而形成的西湖景观区也有许多。如西湖十景之"云栖竹径"，"一径万竿绿参天，几曲山溪咽细泉""万千竿竹浓荫密，流水青山如画图"充分体现了云栖的特色，竹林满坡，修篁绕径，以竹景清幽著称。春天，破土竹笋，枝梢新芽，一片盎然生机；夏日，老竹新篁，丝丝凉意；秋天，黄叶绕地，古木含情；冬日，林寂鸣静，飞鸟啄雪，四季景观也突出。西湖十景之"满垅桂雨"多植桂花（品种丰富），明代高濂《四时幽赏录》中，有一则《满家弄看桂花》，其文写道："桂花最盛处唯南山、龙井为多，而地名满家弄者，其林若塘栖。一村以市花为业，各省取给于此。秋时，策骞入山看花，从数里外便触清馥。入径，珠英琼树，香满空山，快赏幽深，恍入灵鹫金粟世界"。西湖满觉垅一带，满山都是老桂，连附近板栗树上的栗子也带桂花香味，所以，杭州的桂花栗子远近闻名。每到桂花成熟季节，满觉垅的茶农们在树下撑起帐子，小伙子们爬到树上用力摇晃，金黄色的桂花像雨点一样纷纷落下，被称为"桂花雨"。此时，那西湖边上的满觉垅，漫山漫谷，连绵数里的下着"桂花雨"。满垅桂雨也因此得名。像这种以一种植物为主题的公园还有不少，如北京的柳荫公园，以不同品种的柳树为特色，玉渊潭的樱花园以春季赏樱花为主；紫竹院以不同种类的竹子为特色，香山则以"西山红叶好，霜重色愈浓"的黄栌著称。

三、经济性原则

经济性原则就是做到在种植的设计和施工环节上能够从节流和开源两个方面，通过适当结合生产以及进行合理配植，来降低工程造价和后期养护管理费用。节流主要是指合理配植、适当用苗来设法降低成本；开源就是在园林植物配植中妥善合理地结合生产，通过植物的副产品来产生一定经济收入，还有一点就是合理选择改善环境质量的植物，提高环境质量，也是提高了环境的经济产出功能。但在开源和节流两方面的考虑中，要以充分发挥植物配植主要功能为前提。

（一）通过合理的选择树种来降低成本

1. 节约并合理使用名贵树种

在植物配植中应该摒弃名贵树种的概念，园林植物配植中的植物不应该有普通和名贵之分，以最能体现设计目的为出发点来选用树种。所谓的名贵树种也许具有其他树种所不具有的特色，如白皮松，树干白色（愈老愈白），而其幼年生长缓慢，所以价格也较高。但这个树种的使用只有通过与大量的其他树种进行合理搭配，才能体现出该树种的特别之处。如果园林中过多地使用名贵树种，不仅增加了造价，造成浪费，而且使得珍贵树种也显得平淡无奇了。其实，很多常见的树种如桑、朴、槐、楝、悬铃木等，只要安排管理得好，可以构成很美的景色。如杭州花港公园牡丹亭的 10 余株悬铃木丛植，具有相当好的景观效果。当然，在重要风景点或建筑物迎面处等重点部位，为了体现建筑的重要或突出，可将名贵树种酌量搭配，重点使用。

2. 以乡土植物为主进行植物配植

各地都具有适合本地环境的乡土植物，其适应本地风土能力最强，而且种源和苗木易得，以其为主的配植可突出本地园林的地方风格，既可降低成本又可以减少种植后的养护管理费用。当然，外地的优良树种在经过引种驯化成功后，已经很好地适应本地环境，也可与乡土植物配合应用。

3. 合理选用苗木规格

用小苗可获得良好效果时，就不用或少用大苗。对于栽培要求管理粗放、生长迅速而又大量栽植的树种，考虑到小苗成本低，应该较多应用。但重点与精细布置之地区应当别论。另外，当前种植中往往使用大量的色块，需考虑到植物日后的生长状况，开始时不要过密栽植，采用合理的栽植密度，可合理地降低造价。

4. 适地适树，审慎安排植物的种间关系

从栽植环境的立地条件来选择适宜的植物，避免因环境不适宜而造成的植物死亡，合理安排种植顺序，避免无计划的返工，同时合理进行植物间的配植，避免几年后计划之外的大调整。至于计划之内的调整，如分批间伐"填充树种"等，则是符合经济原则的必要措施。

（二）妥善结合生产，注重改善环境质量的植物配植方式

园林植物具有多种功能，如环境功能、生产功能以及美学功能，进行园林种植设计时，

在实现设计需要的功能前提下，即达到美学和功能空间要求的前提下，可适当种植具有生产功能和净化防护功能的植物材料。

结合生产之道甚多，在不妨碍植物主要功能的情况下，要注意经济实效。如可配植花、果繁多，易采收、供药用而价值较高者，像凌霄、广玉兰之花及七叶树与紫藤种子等；栽培粗放、开花繁多、易于采收、用途广、价值高者，如桂花、玫瑰等；栽培简易、结果多、出油高者，如南方的油茶、油棕、油桐等，北方的核桃（尤其是新疆核桃）、扁桃、花椒、山杏、毛楝等；在非重点区域或隙地、荒地可配植适应性强、用途广泛的经济树种，如河边种杞柳，湖岸道旁种紫穗槐，沙地种沙棘，碱地种怪柳等；选用适应性强，可以粗放栽培，结实多而病虫害少的果树，如南方的荔枝、龙眼、橄榄等，北方的枣、柿、山楂等，可以很好地把观赏性与经济产出结合起来，园林的目标之一就是在保证主要功能的前提下，园林结合生产。

在实现美化环境的同时，发挥园林植物自身的各种生产功能，搞各种"果树上街、进园、进小区"，如深圳的荔枝公园，以一片荔枝林为主体植物；用芒果、扁桃作行道树；小区绿化用菠萝蜜、洋蒲桃、龙眼等，既搞好了绿化，又有水果的生产（当然只是小规模的），像南宁的街道上种植芒果、人心果、橄榄等既具有观赏效果又有经济产出功能的树种，达到了园林与生产良好的结合。其他诸如玫瑰园、芍药园、草药园都可以带来一定的经济收益。

还可以合理利用速生树种，以其作为种植施工时的填充树，先行实现绿化效果，以后分批逐渐移出。如南方的楝树、女贞，北方的杨树、柳树，将树木适当密植，以后按计划分批移栽出若干大苗。同时，在小气候和土壤条件改善后再按计划分批栽入较名贵的树种等，这些也是结合生产的一种途径。

当今日益重视环境，人为环境也是一种生产力，良好的环境也是一种重要的经济贡献。而且植物所具有的改善环境的功能，也有很多人对其进行了经济上的核算，不管其具体结果如何，可以肯定的是通过植物的吸收和吸附作用，其改善环境的作用能减少采用其他人工方法改善环境的巨大投入，因此，在保证种植设计美学效果和艺术性要求的前提下，合理选择针对主要环境问题具有较好改善效果的植物，如厂区绿化中多采用对污染物具有净化吸收作用的树种，其实就是一种经济的产出，这也应该是经济原则的体现。

除此以外，在进行园林种植设计的过程中还要综合考虑其他因素。要考虑保留现场，尽力保护现有古书、大树。改造绿地原地貌上的植物材料应大力保留，尤其是观赏价值高、长势好的古树大树。古树、大树一方面已经成才，可以有效地改善周边小环境；另一方面其本身就是设计得历史的缩影，很好地体现了历史的延续性，因此，要尽力保护好场地内现有的古树、大树。同时保留现场的树木可以减少外购树木数量，也是经济性的重要体现。

第三节　园林种植设计方法

在园林发展的历史过程中，人们不断地从经验中总结出许多常能引起游赏者美感的规律，在设计时因地制宜地运用这些规律，造园家通常称为"手法"，一般人则视为一种技法，严格地讲，叫作技法似乎恰当些。为了便于说明各种技法的运用场合以及在美学、心理方面的实质，下面从园林植物的个体特性在种植设计中的应用、种植设计的空间围合、平面布置、立面构图等几方面加以阐述。

一、园林植物的个体特性在种植设计中的应用

（一）色彩

在园林植物的姿态、体量、芳香、色彩和质感等诸多造景因素中，色彩最引人注目，给人的感觉也最为深刻。色彩是对景观欣赏最直接、最敏感的接触。大自然给了我们一个五光十色的世界，四季色彩多变的园林植物，构成了大自然中一幅幅难得的天然画面。在植物景观的创造中，植物不但是绿化的颜料，而且也是万紫千红的渲染手段，我国古人就非常注重对颜色的应用，如苏州留园西部的枫林，从曲溪楼上远眺红于二月花的霜叶，具有"枫叶飘丹，宜重楼远眺"的古意。拙政园的"梧竹幽居亭"，用翠绿的带状的竹叶，与青绿如掌的梧桐叶相配合，形成"梧竹致清，宜深院孤亭"的景观。承德避暑山庄的"金莲映日"，金莲花与日光相辉映如黄金覆地，光彩夺目。康熙曾有诗云："正色山川美，金莲出王台，塞北无梅竹，炎天映日开。"可见色彩之瑰丽。

由于色彩易于被人所接受，因而它是构图的重要因素。因此，绝妙的色彩搭配可以令平凡而单调的景观升华，"万绿丛中一点红"，就是将少量红色突显出来，而"层林尽染"则突出"群色"的壮丽景象。在景观中如要成功地运用色彩就需要对色彩理论和色彩调和有一定的了解。

1. 色彩的属性

色彩的属性包括色相、明度、纯度三个方面。

（1）色相

色相是指色彩的相貌，即物体反射了。日光光源所表现出来的颜色，有色相的色即为有彩色，相反，不显示色相的色就是无彩色。基本的色相有 6 种，即红、橙、黄、绿、蓝、紫，这 6 种色相在人们的心理及生理方面有明确独立的特性。其中红黄蓝为三原色，这 3 种色相不能由其他颜色混合而成。任何两种三原色的等量混合都可以配制出第三种色相，如黄

色和蓝色生成绿色，红色和黄色产生橙色，蓝色和红色生成紫色。所以，橙绿紫为二次色。

（2）明度

明度也称色度，是指色彩的明暗程度。它有两种含义：其一指每个色相都有它的相应明度，如黄色最亮，紫色最暗；其二指同一色相受光后，由于物体发光的强弱不一，产生不同的明暗层次，一般受光面明，背光面暗。不同的明度产生不同的感情效果，因为强烈的光线在对眼睛产生刺激的同时还影响着人们的情感。明亮的物体对人们的心理刺激大，黯淡的物体对人们的心理刺激小。高明度会给人以愉快、高兴的感觉，低明度则给人以朴素、丰富、低沉的感觉。

色彩与明度配合时有以下特点：

① 色相不同，明度相等，配合效果不显著

在植物种植设计中应避免明度近似的植物种植在一起，尤其两种明度低的植物，如绛桃与圆柏间隔种植，早春，绛桃花深红色，圆柏叶暗灰绿，两者明度相近，红花与绿叶虽然为对比色，但暗红的花和暗绿的叶种植在一起，因为明度相差无几，所以没有显著的色彩效果。

② 色相相同，明度不同，配合效果显著

如圆柏与馒头柳间植，暗绿的圆柏与淡绿的馒头柳虽色相相同，明度差别很大，所以，形成鲜明的对比。颐和园谐趣园浅黄绿的绦柳后衬以暗绿的油松，层次分明，色彩效果显著。

（3）纯度

纯度也称彩度、饱和度。它是指色彩本身的纯净程度。太阳光通过三棱镜分光而显示的各种颜色为正色（或称纯色、饱和色），正色中掺入白色，颜色即变浅、变淡，掺入黑色即变浓、变深，这都降低了纯度，也就是日常所说的颜色发灰，如大红就比粉红色含红色多，所以，大红色就比粉色彩度高。也可以说，大红色比粉红色的纯洁程度高，因为粉红色中加入了水或白色使它的红色变淡了。纯度也就是色彩与灰的距离程度，含灰越少，纯度越高。它取决于所含波长单一性的程度。

高纯度色的暗色有前进、狭窄、拥挤等运动感，它会使人有沉重的、压迫的、有力的和慎重的感觉。低彩度色的明色有后退、宽广感，能给人以轻松的、松软的、流动的感觉。

在植物种植时，如果高纯度色的暗色植物用得多，会使人感到空间比实际窄小。为使空间扩大，宜选用低纯色度的明色。

2.色彩的表情

色彩能给人以不同的感受，是指产生一定的表情，即色彩的表情。当我们研究人类思维与广阔世界之间的联系时，颜色成为我们遇到的最深奥的奥秘之一。颜色有增强情感的力量。

（1）色彩的轻重感

首先色彩的轻重感主要决定于明度，其次为纯度，而色相的影响较弱。色彩的轻重感对园林植物的配色影响很大。一般来说，深色植物安排在底层，浅色植物安排在上层，构图稳定；浅色植物安排在下层，深色植物安排在上层则构图活泼，但底层的浅色植物在面积和体量上要与上层的深色植物达到均衡，否则有头重脚轻的感觉。对于建筑的基础种植，若想增加建筑的稳固感，一般应选择色感重的植物材料，如常绿针叶类的圆柏、沙地柏等。

（2）色彩的冷暖感

从色相方面讲，红、橙、黄为暖色；蓝、蓝绿、蓝紫为冷色；黄绿、绿、紫、紫红为中间色。由于明度、纯度不同，色彩的冷暖感觉会发生变化，如绿、紫、蓝在明度高时倾向于冷色，低时倾向于暖色，纯度强时又近于暖色。此外，由于色的对比，其冷暖也可能发生变化，如紫与红并列时，紫色显得冷些，而与蓝并列时，紫色又感到暖些。一般情况下，无彩色比有彩色感到冷些。

在进行种植设计运用色彩时，春秋宜多用暖色花木，严寒地带宜使用暖色调花木；而夏季宜多用冷色花木，炎热地带多用冷色花木，在心理上能起到凉爽的联想。白色具有加强临近色调的能力，又不改变色的冷暖。另外，两个对比的补色配在一起时，冷暖感觉可以中和，如夏末将紫色的荷兰菊和橙色的孔雀草配植，橙色的暖热感降低。

（3）色彩的兴奋和沉静感

红橙黄的纯色运动感强，能给人兴奋感，故称兴奋色。蓝绿、蓝的纯色能给人以沉静感，叫作沉静色。绿和紫既没有兴奋性也没有沉静性，是中间色。

同一色相的明色调运动感强，暗色调运动感弱。同一色相饱和的运动感强，不饱和的运动感弱。互为补色的两个色相组合时，运动感最强烈，两个互为补色的色相共处在一个色相中，比任何一个单独的色相在运动感上要强烈得多。例如，互为补色的黄花与紫花配植后比单纯的黄花运动感要强很多。种植设计中，在文娱活动场地附近或节日的花坛，宜选用兴奋性色相花卉或色相对比强的花卉，以烘托欢乐活跃的气氛；而在安静休息处和休养地段附近，则宜多选用沉静性和对比不强烈的花卉，以免破坏宁静的气氛。

（4）色彩的远近感

暖的色相在色彩距离上，有向前及接近的感觉；冷的色相，有后退及远离的感觉。同一色相纯度大的则近前，纯度小的则退远；同一色相最明色调及最暗色调近前，灰色调则退远。饱和的两个补色配在一起，冷色与暖色的距离感接近。

种植设计中如实际的园林空间深度感染力不够，为了加强深远的效果，作背景的树木宜选用灰绿色或灰蓝色的树种，如毛白杨、银白杨、桂香柳、雪松、白杆等。

（5）色彩的明暗感

色彩的明暗感与明度有关，明度高即亮，明度低即暗。但是，色彩的明暗感不一定只对应于色彩的明度。例如，蓝和蓝绿，尽管蓝绿的明度高，然而却感觉到蓝色比蓝绿色还亮。白、黄与其他色并列时，可以感到黄色更明亮。通常不能给人以亮感的色彩是蓝绿、紫、黑等，相反，不能给人以暗感的色彩是红、橙、黄绿、蓝、白等，绿是中间性的颜色。种植设计中，不要应用过多的紫色叶类植物，如紫叶李、紫叶小檗、紫叶桃等，过多的暗色刺激使人产生不愉快之感。

（6）色彩的疲劳感

纯度高、鲜艳性强的色，对人刺激性比较大，易使人疲劳。一般来说，暖色较冷色疲劳感强，不论是高明度或低明度，色相数过多，纯度过强，或纯度、明度相差不大的组合等，多易使人感到疲倦，而蓝绿色系则易使人消除疲劳。例如，一片枯黄的草坪容易使我们疲劳，而眼睛对于大片的绿色草坪则从来不会感到疲倦。

种植设计中，特别要注意早春或晚秋开花的暖色系花木，如早春的连翘、红碧桃和晚秋开暖色的地被菊等，不要配植在绿色期短的草坪上。

（7）色彩的面积感

运动感强、明度强，呈散射运动方向的色彩，在人们主观感觉上有扩大面积的错觉；运动感觉弱、明度低，呈吸收运动方向的色彩，相对有缩小面积的感觉。

暖色系色相，主观感觉上面积较大；冷色系色相，主观感觉上面积较小。高明度的色彩，主观感觉上面积较大；低明度的色彩，主观感觉上面积较小。色相纯度大的，感觉面积较大；色相纯度小的，感觉面积较小。互为补色的两个纯色配在一起，双方的面积感更为扩大。

种植设计中，可以巧妙地运用色彩的面积感造成某种错觉，例如，在面积较小的园林空间中多用白色和明亮色调的花木，可产生面积扩大的感觉。

此外，色彩还有软硬感、华丽和朴素感、活泼和忧郁感等，皆与园林植物景观设计有着一定的联系。

3. 色彩的心理联想及象征

无论是在自然界还是在人为的环境中，万物自古以来都是通过色彩向人们传达着丰富的视觉信息，自然给了人类丰富的色彩认知经验。如看到红色，人们就联想到了火，看到白色，人们就联想到雪。色彩有一种起源含糊的特殊的心理联想，久而久之几乎固定了色彩的专有表达方式，逐渐建立了色彩的各自的特征，于是对具体的事物与抽象的概念也往往用色彩来进行表达。有时一种色彩在世界范围中有其共同的象征，有时其所象征的东西因民族的习惯、自然环境、信仰、社会制度、文化背景的不同而有很大的差别。了解色彩的心理联想及象征，有助于创造出符合人们心理的、在情调上有特色的植物景观。

（1）红色

红色是血与火的颜色，充满刺激性，令人振奋。它意味着热情、奔放、喜悦、活力。有时也象征恐怖和动乱。红色给人以艳丽、芬芳、甘美、成熟、青春和富有生命力的感觉。纯粹的红色表现出某种崇高性、尊严性和严肃性。红色具有高度的注目性和美感，但它刺激过重，令人倦怠。红色既具有强烈的心理作用，又具有复杂的心理效果，使用时应慎重。

（2）橙色

橙色是秋天的颜色，是光和知识的标志，为红和黄的合成色，兼有赤之火热，黄之光明的性质，象征古老、温暖和欢欣。橙色具有明亮、华丽、健康、向上、兴奋、温暖、愉快、芳香和辉煌的感觉。

（3）黄色

黄色是金子的颜色，是太阳的颜色，是智慧和力量的象征。明度最高，所以给人以光明、辉煌、灿烂、柔和、纯净、希望、活跃和轻快的感受，象征着希望、快活和智慧。黄色又具有崇高、神秘、华贵、威严、素雅等超然物外的感觉。因此，帝王、宗教系统都以黄色作宫殿、家具、服饰等的装饰色。

黄色的性质是明亮、锐利、活泼，缺少重量感。在园林中，明快的黄色有独特的作用。北京的早春，黄色的蜡梅、迎春、连翘次第开放，尤其是街头的连翘在一片灰绿中竞相开放，唤醒了冬天的大地，为人们送来了春天的讯息。当人们行走在幽暗的林中，会有沉闷、紧张、恐怖之感，这时林中配植黄色系的植物会使环境变得明朗活泼，使人们的身心得到放松。但黄色使用面积过大时，则会使人感到闷满和堵塞。

（4）绿色

绿色是大自然中草地、树木的色彩，是象征生命、春天、青春、希望、和平，是充满活力的色彩。绿色能给人以宁静、休息和安慰的感觉。大自然赋予了植物叶色丰富多变的绿色，有嫩绿、浅绿、鲜绿、浓绿、黄绿、赤绿、褐绿、墨绿、灰绿等。不同绿色度的植物搭配在一起，由于色度不同而使群落具有很强的层次感。

植物的花色和秋色叶虽然丰富多彩，但大多数持续时间较短，因此在进行植物种植设计时，不同绿色调的巧妙布局是较为明智的做法。

（5）蓝色

蓝色是天空与海洋的颜色，代表希望、沉静、高洁，表现寂寞、空间感，暗蓝色则"沉如包罗万象的无底的严肃中"，淡蓝色则具有一种安息的气氛。种植设计中蓝色系的植物宜用在安静休息处、老人活动区等。

（6）紫色

紫色是阴影的颜色，是高贵、庄重、幽雅的颜色。明亮的紫色使人感到美好和兴奋。高明度的紫色是光明和理解的象征，它幽雅而含有美的气氛，可以形成舒适、幽雅的环境。低明度的紫色因为与阴影和夜空相联系，富有神秘感。一般情况下，使人产生一种疲劳和忧郁的情绪。

（7）白色

白色象征着纯粹和纯洁，代表和平与神圣。一方面，白色明度最高，故给人以明亮、干净、清楚、坦率、朴素、纯洁、爽朗的感觉。另一方面，它能给人以单调、凄凉和虚无之感。在园林中，白色花卉和花木，在观赏植物中所占的比重比较大。园林景色喜好明快，在暗色调的花卉中混入大量的白花，可以使色调明快起来。在对比度比较强的花卉中，混入大量的白花，可以使强烈的对比缓和而趋于调和。暖色花卉中混入白花不减其暖感，冷色花卉中混入白花不减其冷感。

（8）黑色

黑色对人们心理上的影响有消极和积极两方面的作用。积极方面，黑色可以让人得到休息，有沉思、安静、坚毅、庄重、严肃等感觉，消极方面，有恐怖、忧伤、消极、悲痛、不幸、绝望和死亡的感觉，同时黑色还具有高雅、渊博、超俗等含义。黑色明度最低，在心理上还有沉重、黑暗、凝重感，是面积缩小的感觉。在园林中运用黑色做对比，可使有的颜色更鲜艳。

4. 色彩构成的协调性

园林种植设计的色彩构成要讲究协调。所谓色彩的协调是指当两个以上被组合的颜色作用于人的视觉，在心理上引起的反映。简而言之，色彩的协调就是色彩构成的美感。

（1）同一色相配色协调

同一色相配色，既有色相上的统一基调，又有色彩的冷暖、明暗、浓淡的微弱变化。单色方案感觉单纯、大方、宁静、豪迈而有气魄。但单色方案可能让人很快失去兴致，要求植物的姿态、质感、体量具有变化。如杭州花港观鱼公园的雪松大草坪，为单色组景，由于雪松组群在体量上有变化，又精心安排林缘线、林冠线，使单色方案获得成功。北京植物园的槐树—白杆＋圆柏—沙地柏—草坪，也是单色组景，但借助于各种植物的姿态变化，林冠线起伏，使单色方案获得成功。

（2）类似色相配色协调

在色环上位于 90° 内的两种色相为类似色。类似色配色比单色方案活跃，由于色相相近，容易取得统一和产生安静感，形成宁静、清新的环境气氛。而园林中有一些植物本身就具有富于变化的类似色，在配色中必须注意其很微妙的变化，很好地混合运用。如紫菀类有各种不同的紫色和紫红色，鸢尾类有深浅不同的紫色及蓝紫色，地被菊有橙、红、黄、紫、紫红等深浅不同的颜色，合理地选择配色就能得到极佳的效果。绿色草坪上散植金针菜、苦卖菜、蒲公英、二月兰、马蔺等，这种绿与黄、绿与蓝的配色使人舒心、清新。大草原上镶嵌成片的油菜花或成丛的马蔺，所产生的豪迈、清新的感觉也会让人精神为之一振。

（3）邻补色相配色协调

在色环上大于 90°，小于 150° 的两种色相为邻补色，如红和黄、橙和紫等。这类色相有明显差异，但容易调和处理。邻补色相配置突出表现出色彩的丰富性，配色效果有节奏起伏和韵律变化，构成绚丽多彩、活泼愉快的画面。凡同时开花，金黄与大红。大红与蓝、橙与紫的花卉，都是邻补色对比的花卉。品种多的花卉，如月季、大丽花、唐菖蒲、郁金香等植物本身就能找到邻补色对比的品种加以配色。每年国庆节，人们都常用一串红和黄色的菊花组成图案欢庆节日，以红和黄配色营造绚丽、活泼的节日气氛。北方春日，连翘和榆叶梅组景，这种黄与粉的配色成为北方春天的色彩特色之一。

（4）补色色相配色协调

三原色中，任一原色与其余两原色混合的间色，互称为补色或对比色。如红和绿，橙和蓝、紫和黄。在十二色相环中，互相对应的两色为互补色。补色相配，因色相对比强烈，给人的感受是兴奋突出、运动性大，是一种极富有表现力和动感的色彩配合。补色相配使得各自的色彩更加浓艳，相同数量补色对比的花卉较单色花卉在色彩效果上要强烈得多。

在受光的亮绿色草地，浅绿色受光落叶树前面，栽植红花橙木，可得到鲜明的对比。例如，草地上栽植红碧桃、绛桃、紫叶桃、山茶、贴梗海棠、倭海棠、大红的郁金香等，都能得到很好的对比效果。但是，大红花卉如果与暗绿色的常绿树配植，或与背光的草地与树丛结合，最好加上大量的白花，才能使对比活跃起来，否则因为明度相近，对比效果不显著。

补色相配若运用不当，会引起强烈的刺激感，甚至落于庸俗。补色配色的关键在于掌握面积比例，不能大小相等，在明度与纯度方面不可相同，既要有深浅之分，又要有鲜艳程度的不同。互补两色不能分庭抗礼，否则易产生主次模糊、呆滞感，失去协调美，因此，补色配色应面积各异，深浅不同，鲜艳有别。此外，为使强烈对比色更好地取得统一，还可用白色花卉加以分隔，使之协调。

另一种补色配色的方法是分离式互补色。所谓分离式互补色，即在一个三色相结合之中，两个色相是第三个色相的补色的邻色。这种配合可以是红、黄绿、蓝绿；黄、蓝紫、紫红，以此进行配色，再通过色彩明度和彩度的变化，可获得配色协调效果。如大片蓝紫、紫红色花极易使人陷入忧郁的情绪中，一小片黄花使景观明亮、活泼。

（5）无彩色与有彩色配色协调

无彩色系由黑、白、灰组成，是一种能高度吸引人的色彩。在园林环境里，黑色的树干，灰色的山石、铺装、建筑，白色的雪，白色的花均可看作无彩色。白色明亮、纯净、高雅，黑色深沉、凝重，灰色安静、柔和、抒情、朴质、大方。无彩色系与有彩色系的组合既可构成五彩色与有彩色的彩度差异性，形成对比，又具有不排斥有彩色系的高度随和性，既可避免浓重色彩配色的喧闹，又可避免无彩色的过分沉寂、平静，从而构成色彩对比协调，获得明朗、生动、艳丽的格调。暗红色月季在暗绿色圆柏篱前，色调不够明快，对比又过于强烈，这时栽植大量白色月季，则能使对比趋于缓和，色调也明快起来。

5. 色彩在种植设计中的运用

植物的色彩应在设计中起到突出植物的尺度和形态的作用。如一株植物以大小或姿态作为设计中的主景时，同时也应具备夺目的色彩，以进一步引人注目。鉴于这一特点，在设计时，北方地区一般多考虑夏季和冬季的色彩，因为它们占据时间较长。花朵的色彩和秋色叶虽然丰富多彩，令人难忘，但其寿命不长，仅持续几周。因此，对植物的取舍和布局，只依据花色或秋色叶来布置植物是极不明智的，因为这些特征极易消失。

在夏季树叶色彩的处理上，最好是在布局中使用一系列具色相变化的绿色植物，使其在构图上有丰富层次的视觉效果。另外，将两种对比色配置在一起，其色彩的反差更能突出主题。此外，深绿色还能使空间显得恬静安详，但若过多地使用该种色彩，会给室外空间带来阴森沉闷感。而且深色调植物极易有移向观赏者的趋势，在一个视线的末端，深色似乎会缩短观赏者与被观赏者景物之间的距离。同样，一个空间中的深色植物居多，会使人感到空间比实际窄小。

此外，浅绿色植物能使一个空间产生明亮、轻快感。浅绿色植物除在视觉上有飘离观赏者的感觉外，同时给人欢欣、愉快和兴奋感。当我们在将各种色度的绿色植物进行组合时，一般来说深色植物通常安排在底层，使构图稳定，与此同时，浅色安排在上层使构图轻快。在有些情况下，深色植物可以作为淡色或鲜艳色彩材料的衬托背景，这种对比在某些环境中是有必要的。

在处理设计所需要的色彩时，应以中间绿色为主，其他色调为辅。这种无明显倾向性的色调能像一条线，将其他所有色彩联系在一起。绿色的对比表现在具有明显区别的叶丛上。各种不同色度的绿色植物，不宜过多、过碎地布置在总体中，否则整个布局会显得杂乱无章。另外，在设计中应小心谨慎地使用一些特殊色彩，诸如青铜色、紫色或带有杂色的植物等。因为这些色彩异常的独特，极易引人注意。在一个总体布局中，只能在特定的场合中保留少数特殊色彩的绿色植物。同样，鲜艳的花朵也只宜在特定的区域内成片的大面积布置。如果在布局中出现过多、过碎的艳丽色，则构图同样会显得琐碎。因此，要在不破坏整个布局的前提下，慎重地配置各种不同的花色。

假如在布局中使用夏季的绿色植物作为基调，那么花色和秋色则可以作为强调色。红色、橙色、黄色、白色和粉色，都能为一个布局增添活力和兴奋感，同时吸引观赏者注意设计中的某一重点景色。事实上，色泽艳丽的花朵如果布置不当，大小不合，就会在布局中喧宾夺主，使植物的其他观赏特性黯然失色。色彩鲜艳的区域，面积要大，位置要开阔并且日照充足。因为阳光下比在阴影里可以使其色彩更加鲜艳夺目。不过另一方面，如果慎重地将艳丽的色彩配置在阴影里，艳丽的色彩会给阴影中的平淡无奇带来欢快、活泼之感。如前所述，秋色叶和花卉色彩虽鲜丽多彩，其重要性仍次于夏季的绿叶。

园林景观设计中还非常强调背景色的搭配。中国古典园林中常有以白墙作纸、以红枫为画的妙景，即为强调背景的优秀例子。任何有色彩植物的运用必须与其背景取得色彩和体量上的协调，现代绿地中经常用一些攀缘植物爬满黑色的墙或栏杆，以求获得绿色的背景，前面相应衬托各种鲜艳的花草树木等，整个景观鲜明、突出，轮廓清晰，展现出良好的艺术效果。

6.色彩设计应注意的问题

（1）忌杂，各种不同色度的绿色植物，不宜过多、过碎地布置在总体中。一个布局中不应该出现过多、过碎的艳丽色彩。

（2）应小心地使用一些特殊的色彩，诸如青铜色、紫色或带有杂色的植物，这些颜色的长久刺激会令人不快。

（3）不要使重要的颜色远离观赏者，任何颜色都会由于光影逐渐混合，在构图中出现与愿望相反的混浊。

（3）色彩分层配置中要多用对比（在色相、明度、纯度三方面），这样更能发挥花木的色彩效果。

（二）芳香

一般艺术的审美感知，多强调视觉的感受，唯园林植物中的嗅觉更具独特的审美效应。花香在园林中属于一种极不稳定的因素，它飘忽不定，但对人的感受却起着很重要的作用。

古人对花香的感受极尽描绘之能事，留下了丰富的花香文化内容。芳香在中国人的赏花文化中占有非常重要的地位，被学者誉为"花卉的灵魂"。中国人在花卉审美中"意"重于"形"或"形""意"并重，不仅注重视觉上的，更喜欢视觉和嗅觉的双重享受。

1.园林芳香植物的种类

芳香植物是兼有药用植物和天然香料植物共有属性的植物类群，其组织、器官中含有香精油、挥发油等，因此，具有芳香的气味。这类植物主要有芸香科、樟科、唇形科、桃金娘科、杜鹃花科、蔷薇科、木兰科、柏科、百合科等，著名的香花植物有茉莉、九里香、梅花、丁香、玉兰、素方花、金银花、桂花、米兰、含笑、玫瑰、月季、依兰、白兰花、香荚迷、华北紫丁香、黄兰、鹰爪花、蜡梅、薄荷、姜花、兰花、迷迭香、百里香、紫罗兰、兰香草等，另外侧柏、香柏、香樟、阴香、月桂、花椒等树体中含有挥发性的芳香物质也属于芳香植物的范畴。

2.芳香植物的作用

（1）美化和香化作用

园林中常借植物抒发某种意境和情趣，不但从视觉角度，而且还从嗅觉等感官方面来充分表达。

"疏影横斜水清浅，暗香浮动月黄昏"，道出了玄妙横生、意境空灵的梅花清香之韵。苏州留园的"闻木樨香轩"道出了"虽无艳态压群目，却有清香压九秋"的桂花之香。园林中很多景点都是体现花香的，如虎丘的冷香阁，在阁前植蜡梅数株，当万木萧瑟落叶的寒冬，阵阵蜡梅的清香迎面而来，充满生气。网师园中部山水大空间之南，选用"桂树丛生兮山之幽，偃蹇连卷兮枝相缭"的词意，将此轩命名为"小山丛桂轩"，桂树间杂以海棠、蜡梅、南天竹、孝顺竹等，一方面使其"枝相缭"，另一方面又丰富了冬春景色。

荷花香远益清，出淤泥而不染，在拙政园远香堂中则可领略到淡而清的荷花香。茉莉则"燕寝香中暑气清，更烦云鬓插琼英""一卉能熏一室香，炎天尤觉玉肌凉"。随着社会的发展，人们更加注重生活质量的提高，所以，很多香花植物也成为居家美化和香化的材料，以此来提高自己的居住环境，创造适宜的氛围。一瓶瓶插的蜡梅，开花时不仅可观其黄色的花朵，而且一屋香气，顿使满室生辉。

芳香植物能提升园林景观的文化底蕴，把独特的韵味和意境带给园林。芳香植物创造了清香悠远的园林，反映了自然的真实，让人感受到自然是可以捉摸的，是亲切和悦的。园林中如果建筑、植物和山石代表实的话，那么芳香则象征着虚，而虚所产生的意境给人更为广阔、悠远的遐想。正如李渔所说"幻境之妙，十倍于真"。

（2）保健作用

芳香植物的药理作用很早就为人们所认识，我国早在盛唐时期，植物香薰就成为一门艺术，后传入日本，即为日本"香道"的起源。《神农本草经》等医学专著有"闻香治病"的记载，据现代科学研究发现，芳香植物对预防和治疗疾病大有裨益，通常是通过心理和生理两个方面起作用的，如桂花的香气有解郁、清肺之功能；菊花的香气能治疗头痛、头晕；丁香的香气对牙痛有一定的镇痛作用；薄荷具有祛痰止咳的功效等，茉莉花的花香能消除疲劳，兰花的幽香能消除烦闷和忧郁，玫瑰的香味能给人以愉快的感觉，松、柏类植物的挥发性物质则能提神、醒脑等。如现在国外比较流行的"芳香疗法""花香疗法"等，就是利用植物治疗或预防各种疾病，苏联巴库是世界上第一个用花香来治疗疾病的地区，在香花医院里治病不靠昂贵的设备和药物，而是四季开放的鲜花，我国近年出现的"香枕疗法"也是花香治疗的一种。

（3）净化空气的作用

有些芳香植物能减少有毒有害气体，如米兰能吸收空气中的 SO_2，桂花、蜡梅能吸收汞蒸汽，松柏类植物有利于改善空气中的负离子含量等。因此，在进行植物种植设计时，适当地选用一些芳香植物，可使空气质量得到有效的改善。

（4）驱除蚊虫的作用

薰衣草、薄荷、迷迭香、菊花等植物的芳香对驱除蚊虫也有一定的功效，对预防疾病有一定的作用，同时可给人带来舒适感。

3. 芳香植物在种植设计中的作用

（1）布置芳香园

芳香植物的种类很多，很多种类本身就是很重要的观赏植物，所以，编排好香花植物的开花物候期，配植成月月芬芳满园、处处馥郁香甜的香花园是园林种植设计的一个重要手段。开阔的草地中可种植高大的乔木树种，如白兰花、玉兰、香樟等；在游人停留驻足处，可种植香气较浓的植物，如春天的梅花、香荚迷、玉兰，夏天的栀子花、玫瑰，秋天的桂花，冬天的蜡梅等；在小园路边可种植低矮的灌木和芳香的草花植物，如鼠尾草、百里香、薰衣草、迷迭香等，水中可种植荷花、菖蒲。芳香园中还可适当种植一些具有芳香气味的果树或蔬菜类，如柑橘类、杨梅、苹果、薄荷、茴香、紫苏、茼蒿等。总之，在进行芳香园设计时，除了选择芳香植物外，还要考虑四季景观和色彩的变化等。

（2）植物保健绿地

随着生活质量的提高，人们越来越注重自己所处的环境条件，因此，植物保健绿地应运而生，成为区域内的"绿肺"。在绿地中可种植能分泌杀菌素的植物，如侧柏、圆柏、雪松、柳杉、黄栌、盐肤木、大叶黄杨、月桂等。据计算 1hm2 的圆柏林于 24h 内，能分泌出 30kg 杀菌素，对美化环境、净化空气起到很好的作用。欧美一些国家现在很流行森林浴，森林中种植分泌杀菌素的树木，由小木屋、石凳等组成各种小景区，既能陶冶心情，又有野趣，很有游赏性。同时，在植物保健地还可种植对治疗疾病有一定疗效的芳香植物，如桂花、茉莉、丁香等，可提高人体免疫力，利于人们放松心情，使人产生精神愉快的效果。

（3）布置夜花园或盲人园

由于芳香不受视线的限制，所以芳香植物也常常成为夜花园或盲人园的主要植物，以嗅觉来弥补视觉的缺憾，从而达到引人入胜的效果。在夜花园中，常常选用浅色、具有芳香的植物，如月见草、晚香玉、玉簪、夜来香、茉莉、白丁香、栀子花、含笑、桂花等。而在盲人园中，由于盲人群体的特殊性，不必考虑色彩因素，可适当布置一些对盲人身心健康有利的香花植物，通过嗅觉使盲人能够感觉到植物的存在，并能使身心有所放松。

4. 芳香植物在应用中应注意的问题

（1）注意功能性问题

芳香植物在园林中虽然有它的独到之处，但在应用时首先应考虑绿地的功能性。据有关资料报道，心理学家、医生针对 260 多种带有各种气味的物质对 5000 多人进行测试，发现气味对人的情绪产生强烈的影响，以此把气味分为四大类：

①使人感到清新、平静、温和，如水仙。

②能起到积极刺激，使人轻松、舒适，如茉莉。

③使头脑过于兴奋而眩晕，甚至反应迟钝、麻木，如暴马丁香。

④给人带来愉快的感觉，使人产生抑制不住想获得的愿望，如玫瑰、柠檬、橙子。

种植设计师了解这些就能更科学地种植，如科研所、学校等地办公楼、教室的窗前不宜于种植暴马丁香一类的植物，而儿童活动区应少用玫瑰、橙子、柠檬等植物。安静休息区应选择香气能使人镇静的植物种类，如紫罗兰、薰衣草、侧柏、水仙等，在娱乐活动区可选择茉莉、百合、丁香等能使人兴奋的植物种类。

（2）注意香气的搭配

芳香植物的种类众多，香气复杂，在同一花期可确定 1 ~ 3 种为主要的香气来源，避免出现多种香气混杂的状况。

（3）注意控制香气的浓度

在露天环境下，空气流动快，香气易扩散而达不到预期的效果，因此，可通过人为措施创造小环境使香气能维持一定的浓度和时间，如把植物种植在低凹处。同时还应把芳香植物种植在上风口，对于一些香气特别浓重的植物，如暴马丁香，则不宜大片种植，否则易使人出现兴奋过度而眩晕、胸闷等身体不适。而在室内由于空气流动性差，选择的香花植物一定要慎重，不能选择香气过浓，或香气对人体有害的植物。

（三）姿态

大自然的植物千姿百态，各种植物各具其姿，或亭亭玉立，或横亘曲折，或倒悬下垂，或柔和或古拙。植物的姿态是园林植物的观赏特性之一，它在植物的构图和布局上，影响着统一性和多样性。

植物的姿态是指植物从整体形态与生长习性来考虑大致的外部轮廓。它是由一部分主干、主枝、侧枝和叶幕决定的，它用于表明二维（只具备长和宽的形状）和三维（具备长、宽、高）形状。在完成一个种植设计的时候，园林设计师最主要是从三维形状来思考。在进行植物种植设计时，如果姿态变化小，有统一性，但缺乏多样性；如果姿态变化多，多样性有余，统一性又不足。同时植物的大小也是种植设计布局的骨架，一个布局中植物的姿态和大小，能使整个布局中显示出统一性和多样性。

姿态相似的植物在视觉上常常趋向于一个整体，它们自身或与整个群体相互协调共同构成和谐的种植设计作品。在一个设计中采用某一种占主导地位的植物姿态可以使整个种植设计达到统一的效果。多种植物姿态的综合运用可以创造、限定、提升、塑造外部空间，同时也可起到引导观赏者感受设计空间方式的作用。在以姿态作为园林设计要素中，园林设计师应当不拘泥于单株植物（单一姿态），而应运用植物群（组合姿态）来达到种植设计的目标。选择一种占支配地位的姿态能建立起外部空间的全面特征，若与其他设计要素组合，将决定整个种植的质量。

1. 姿态的类型和表情

植物的姿态千变万化，其基本类型为：纺锤形、圆柱形、水平展开形、圆球形、尖塔形、垂枝形和特殊形。不同姿态的植物有不同的表现性质，称之为"姿态的表情"，这种理解和提法，实际上是尊重人的视觉和心理的需求。人在欣赏植物景观时，总爱把个人的感情与植物相联系，从而体验不同的心理感受。人类对植物的情感是人类与大自然全面融合的体现，并形成一种文化。探索植物姿态的表情有助于更好地应用植物创造对人类来说更为符合视觉、心理需求的景观。

人们对植物的姿态赋予感情化时，是按照植物生长在三维空间的延伸中得以体现的。所以我们在设计中应突显植物的姿态特征，引导人们的视线，把植物的这种空间表达与人们的情感相融通。姿态的表情同"方向"这个要素关系极为密切，所谓方向，即各种姿态由于它的高、宽、深三个向度的尺度不同，而具有的方向性。上下方向尺度长的植物为垂直方向植物，前后、左右方向尺度比上下尺度长的为水平方向植物；各方向尺度大体相等，没有显著差别的为无方向植物。依此，植物的姿态可归入以下几类。

（1）垂直方向类

圆柱形、笔形、尖塔形、圆锥形和扫帚形，具有此类姿态的植物具有显著的垂直向上性，可归入此类。常见的具有强烈的垂直方向性的植物有：圆柏、塔柏、铅笔柏、钻天杨、水杉、落羽杉、雪松、云杉属等。

一般来说，常绿针叶类乔木多具有垂直向上性。这类植物具有高洁、权威、庄严、肃穆、向上、崇高和伟大等表情。它的另一面表情是具有傲慢、孤独和寂寞之感。此类植物通过引导视线向上的方式，突出空间的垂直面，它们能为一个植物群和空间提供一种垂直感和高度感。如果大量使用该类植物，其所在的植物群体和空间会使人有一种超过实际高度的幻觉，当与较低矮的展开类或无方向类（特别是圆球性）植物种植在一起时，其对比非常强烈，垂直向上类的植物给人一种紧张感，而圆球形植物或展开类植物会使人放松，一收一放，从而成为视觉中心。垂直向上型植物犹如一"惊叹号"惹人注目，像地平线上的教堂塔尖。由于这种特征，故在种植设计时应谨慎使用，如果用得过多，会造成过多的视线焦点，使构图跳跃破碎。

这类常绿针叶植物宜用于需要严肃静谧气氛的陵园、墓地、教堂，人们从其富有动势的向上升腾的形象中，充分体验到那种对冥国的死者哀悼的情感或对宗教的狂热情感。一些落叶阔叶树，如新疆杨、钻天杨栽植于小学、少年儿童活动室周围，就能产生"好好学习，天天向上"的效果。

（2）水平展开类

偃卧形、匍匐形等姿态的植物都具有显著的水平方向性，可归入此类。需要指出的是，一组其他姿态的植物组合在一起，当长度明显大于宽度时，植物本身特有的方向性消失，而具有了水平方向性。绿篱即一个典型的例子。

常见的具有强烈水平方向性的植物有：矮紫杉、沙地柏、铺地柏、平枝枸子等。这类植物有平静、平和、永久、舒展等表情，它的另一面表情是疲劳、死亡、空旷和荒凉。水平方向感强的水平展开类植物可以增加景观的宽广感，使构图产生一种宽阔感和延伸感，展开形植物还会引导视线沿水平方向移动。

该类植物重复地灵活运用，效果更佳。在构图中，展开类植物与垂直类植物或具有较强的垂直性的灌木配置在一起，有强烈的对比效果。

水平展开类植物常形成平面或坡面的绿色覆盖物，宜作地被植物。展开类植物能和平坦的地形、开展的地平线和水平延伸的建筑物相协调。若将该类植物布置于平矮的建筑旁，它们能延伸建筑物的轮廓，使其融汇于周围环境之中。

（3）无方向类

园林中的植物大多没有显著的方向性，如姿态为卵圆形、倒卵形、圆球形、丛枝形、拱枝形、伞形的植物，而球形类为典型的无方向类。

①圆球类

圆和球具有单一的中心点，圆和球依这个中心点运动，引起周围等距放射活动，或从周围向中心点集中活动。换言之，圆和球吸引人们的视线，易形成重点，它在空间内的活动因不受限制，所以，不会形成紊乱；又由于等距放射，同周围的任何姿态都能很好地协调；这种植物既没有方向性，也无倾向性，因此，在整个构图中，随便使用圆球形植物均不会破坏设计的统一性。圆球形植物外形圆柔温和，可以调和其他外形较强烈形体，也可以和其他曲线形的因素相互配合、呼应，如波浪起伏的地形。园林中的植物天然具有球形姿态的较少见，更为常见的是修剪为球形的植物，例如黄杨球、大叶黄杨球、枸骨球等。馒头形的馒头柳、千头椿等也部分地具有球形植物的性质。圆球类植物有浑圆、朴实之感，这类植物配以和缓的地形，可以产生安静的气氛。

②一般类

姿态为卵形、倒卵形、丛生形、拱枝形的植物，没有明显的方向性。此类植物在园林中种类最多，应用也最广泛。该类植物在引导视线方向既无方向性，也无倾向性，因此，在构图中随便使用不会破坏设计的统一性。这类植物具有柔和平静的性格，可以调和其他外形较强烈的形体，但此类植物创造的景观往往没有重点。

（4）其他类

①垂枝类

垂枝类植物包括狭义的垂枝植物，如垂柳、绦柳、照水梅、垂枝桃等，也包括枝条向下弯的植物，如迎春、连翘等。它们都具有明显的向下的方向性。

垂枝类植物具有明显的悬垂或下弯的枝条，与垂直向上类植物相反，垂直向

上类植物有一种向上运动的力，而垂枝类植物有一种向下运动的力。

这类植物具有明显的下垂的枝条，在设计中它们能起到将视线引向地面的作用，不仅可赏其随风飘洒、富有画意的姿态，而且下垂的枝条引力向下，构图重心更稳，还能活跃视线，如河岸边常见的垂柳。

②曲枝类

这类植物明显的特征是枝条扭曲，如龙桑、曲枝山桃、龙游梅等。具有横向的力，枝条向左右两边延伸，可引导人的左右方向的视线，并使整体树冠趋向圆整。

③棕榈形

主要是指棕榈科的植物，这类植物形态独特，能很好地体现热带风光，如椰树、假槟榔、棕榈等。这类植物均为常绿植物，质感上偏向粗质感，给人的感觉是比较粗犷的。

④特殊形

特殊形植物有奇特的造型，其形状千姿百态，有不规则的、多瘤节的、歪扭式的和缠绕螺旋式的。这种类型的植物通常是在某个特殊环境中已生存了多年的成年老树。除了专门培育的盆景植物外，大多数特殊形植物的形象都是由自然力造成的，如风致形、悬崖形和扯旗形便是特殊形植物的代表。

这类植物具有不同凡响的外貌，通常用于视线焦点，最好作为孤植树，放在突出的设计位置上，构成独特的景观效果。一般说来，无论在何种景观内，一次只宜置放一棵这种类型的植物，这样方能避免杂乱的景象。

2. 姿态的特性

（1）可变性

① 随季节的变化

植物的姿态会随着季节的变化而变化，很多树种在不同的季节，体现的姿态是有差别的。如龙爪槐，在早春发芽之后，枝繁叶茂的时候，树木姿态基本呈现半圆形，但是在冬季则清晰可见其垂枝，类似的树种还有绦柳、垂枝桃、垂枝桦等。

② 随年龄的变化

植物姿态随着年龄改变，在其生长过程中青年期、成熟期、老年期呈现出完全不同的姿态。

③ 随种植类型的变化

某些姿态由于种植类型的不同，而使其姿态有所改变，如合欢孤植时能很好地体现其伞形的姿态，而当其群植时则伞形变得不那么明显。

（2）重量感

不同姿态的植物给人不同的重量感，圆柱形的植物给人厚重、沉稳的感觉；而垂枝形的植物则给人轻盈、飘逸的感觉，特别是当微风吹过时枝条随风舞动，让我们禁不住为大自然之美而赞叹。如栽植于河岸边尖塔形的水杉显得稳重而坚固，而河岸边的绦柳则更显清逸。

3. 植物姿态在种植设计中的作用

（1）为了增加小地形的起伏，可在小土丘的上方种植垂直方向类的树种，在山基栽植矮小、无方向类或水平展开类的植物，借姿态的对比与烘托来增加地形的起伏，同时使林冠线更加丰富。如果要减弱地形的起伏则在高处种植低矮的植物，在低处种植高大的植物，以此来减弱地形的起伏。

（2）不同姿态的植物经过妥善的种植与安排，可以产生韵律感、层次感。

（3）姿态的巧妙利用能创造出有意味的园林形式。如国外的墙园，利用藤本植物创造出丰富的立体景观，对于一些耐修剪的植物可通过人为措施修剪成各种姿态，如动物、建筑、人物等，增加园林的观赏情趣。这种形式在自然式园中较少应用。

（4）特殊姿态植物的单株种植可以成为庭园和园林局部的中心景物，形成独立观赏的景点。例如，黄山的迎客松，上千年来以其独特的姿态迎接着各方的游客。

4. 种植设计中姿态的配置原则

姿态是植物造景中的基本要素，不同姿态植物的组合关系，是种植设计成败的又一方面。但是什么样的姿态是美的呢？能使主观产生美感的植物景观有什么规律呢？

（1）简单化

在特定的条件下视觉刺激物被组织得最好、最规则（对称、统一、和谐）和具有最大限度的简单明了往往给人的感觉是极为愉悦的，不会引起任何紧张和憋闷的感受。

在园林种植设计中，要求植物姿态种类不宜太多，或为同一种姿态植物的大量应用，要有体量上的变化；或为少量几种姿态的组合，组成简约合宜的景观。最忌一小块绿地中，多种姿态的植物拥挤在一起，显得杂乱无章。如杭州的云栖竹径，大片的毛竹林创造出曲径通幽的感觉，景观上符合人的视觉要求简洁的天性。

（2）有意味

在大多数人眼里，那种稍微偏离一点和稍微不对称的、无组织性（排列上有点凌乱）的图形，似乎有更大的刺激性和吸引力，更有意味。在植物景观设计中，非规则对称的、出人意料的、非正常生长的植物姿态的利用常常使景观有较强的艺术吸引力。如海南海边倾向于水面的椰树，比笔直的椰树更有可赏性。

（3）有秩序

有秩序是指园林种植设计中姿态组合的韵律、节奏、均衡、秩序等，将各具特征的姿态进行组合时，要使之有规律，忌杂乱无章。

（4）模拟自然，高于自然

种植设计是一门十分复杂的艺术，最根本的途径是向大自然学习。大自然中的植物景观显示的是自然天趣，是高等艺术产生的源泉，各种姿态的植物配置若能模拟自然、显示出自然天成，但又高于自然就是成功的配置。

5.种植设计中姿态的组合要点

（1）单一姿态的植物组合

单一姿态的植物组合在种植设计中虽不常见，但是只要搭配得当，依然可以取得特殊的、良好的景观效果。例如，昆明植物园裸子植物区的日本花柏大草坪，就是一个单一姿态植物群落的优秀典范，整个半开敞空间完全由日本花柏构成，由垂直面来控制视线，宽阔的草坪使得高大、挺拔的日本花柏更多了几分俊秀，简洁的种植设计十分宜人，创造引人驻足的空间，使人心旷神怡。在进行单一姿态组合时，为了使林冠线能有高低错落的变化，可以采用不同年龄段的植物进行组合，也可通过地形的改造来突出林冠线的变化。

（2）多种姿态的植物组合

姿态的类型很多，在进行种植设计时，要根据具体情况选择姿态进行组合。垂直向上型植物在设计中通过引导视线向上的方式，突出了空间的垂直面，当垂直向上型植物与较低矮的无方向型和水平展开型植物配置在一起时，对比十分强烈，惹人注目。水平展开的灌木，圆球形的黄杨，使整个构图水平展开，和谐伸展。而几棵尖塔形的圆柏，巧妙地点缀于整个布局中，形成向上引导视线的元素，同时，也使整个画面看起来更灵动、更自然。

水平展开形植物与圆锥形植物相配植，水平展开形植物在整个构图中作为水平方向联系的主要因素更显其开展的特性，而圆锥形植物也在水平展开形植物的衬托下更具突出作用。

无方向性植物外形圆柔温和，可以调和其他外形较强烈的形体。整个植物群落全由圆球形植物组成，依然抑扬顿挫，有张有弛，可见，在布局中圆球形植物应占有突出位置。

特殊形植物具有奇特的造型，其形状千姿百态，通常是在某个特定环境中生长多年的老树，这类植物最好作为孤植树，放置于显著的位置，形成独特的景观效果。为了避免杂乱景象，在景观中一处只宜放置一棵这一类型的植物。

（3）力

垂直方向类植物将人的视线引向高空，通常成为人们的视觉焦点，给人垂直感和高度感。水平方向类植物横向引导人们的视线，在景观中给人一种展开感和外延感，引导人的视线水平方向移动。此类植物向两侧伸展，使人的视线也随着这些植物水平方向外延。无方向类植物在引导人们的视线方面，既无方向性，也无倾向性。所以，无方向类植物也是最易与其他类型植物和其他园林要素相搭配种植的植物姿态类型。其他类型植物力的作用各不相同，垂枝形植物向下引导人们的视线，特殊形植物常常成为视觉焦点。

各种姿态的植物都在传达力的作用，例如，垂直方向类的植物有一种向上运动的力；垂枝类的植物有一种向下运动的力等。各种姿态植物所表现的力的秩序性，对于一组植物景观的艺术生命力来说是至关重要的，在植物景观中，各种力的相互叠加和相互抵消而构成整体的平衡。

（4）各种姿态植物与其他园林要素的搭配

① 与园林建筑的搭配

园林植物与建筑的配置是自然美与人工美的结合。园林建筑是园林设计中一个不可或缺的要素，但是它坚硬的质感、笔直的线条、清晰的轮廓线，使其在园林中难以与周围环境相协调，这便迫切地需要植物的柔化和调和。植物有丰富的自然色彩、柔和多变的线条、优美的姿态和风韵，能增添建筑的美感，使之产生出一种生动活泼而且有季节变化的感染力，是一种动态的均衡构图。植物与建筑配置得当，可使建筑与周围环境更为协调。

通常，水平展开形植物能和低矮水平的建筑物相协调。若将该植物布置于平矮的建筑旁，它们能延伸建筑物的轮廓，使其融汇于周围环境之中。同时，无方向性植物也宜配植于建筑旁，可以柔化建筑的坚硬质感。有时为了突出环境，还可利用对比的方法来强调，也能起到较好的观赏效果，如杭州花港观鱼的牡丹亭旁的植物材料的应用，为了能让游客在远处看到牡丹亭，植物的选择主要用的是一些无方向性的卵圆形姿态的阔叶树，而不是垂直向上的针叶树，形成明显的对比，使游人在远处就能发现牡丹亭。

不同性质的建筑，所需的植物材料也不相同。对于皇家古典园林，为了反映帝王至高无上、尊严无比的思想，加之宫殿建筑体量庞大、色彩浓重、布局严整，应选择垂直方向类或一些特殊形植物，如油松、侧柏、白皮松等树体高大、四季常青、苍劲延年的树种作基调，来显示皇家的江山兴旺不衰、万古长青。如北京的颐和园就以油松、侧柏、白皮松等树种居多。对于一些以欧式建筑为主的园林，种植设计时则应以开阔、略有起伏的草坪为底色，其上配置一些圆球形、圆锥形、尖塔形等一些姿态较为美观、可爱的植物。

例如，雪松、龙柏以及月季、杜鹃花等色彩较为鲜艳的花灌木，或孤植或丛植。而一些纪念性园林中的建筑，其植物配置与皇家园林中比较相似，多衬托建筑的庄严、稳重，常用松、柏类植物来象征革命先烈的高风亮节和永垂不朽的精神，也可种植一些枝条下垂的植物，如垂枝榆、龙爪槐等，以此表达人们对先烈的怀念和敬仰，种植时多采用规则式。

② 与园路的搭配

园林道路，一般都自然流畅，路边植树，不仅能增添园林景观，还能为游人遮阴。与园路联系最紧密的植物便是园路树。园路树宜和园路协调一致，园路曲线自然流畅者，树形宜自然随意，多以无方向类植物为主；平坦笔直的主路两旁，可用规则式配置，通常使用垂直方向类植物。园路树最好植以观花乔木，并以花灌木作下木，丰富园内色彩。垂直方向类植物作园路树时，给人一种积极向上、庄严肃穆的感觉，但是，其树冠狭长，不能起到良好的遮阴效果。无方向类植物通常冠大荫浓，夏日茂密的枝叶给人带来阵阵凉爽，而寒冷的冬季，阳光则能透过枝干给人们带来丝丝暖意。

而在园路的转角处通常宜配植一棵姿态优美的树木，还可适当地点缀山石，形成良好的景观，同时还起到引导游人的作用。天坛公园中使用高大的常绿针叶树作为园路树，从进入园门便使人感受到皇家园林的肃穆和威严，给人强烈的崇高感。然而，正如前文所述，垂直方向类植物没有密实的树冠，不能起到良好的遮阴效果，所以，在自然的园路旁尽量少用或不用此类植物作为园路树，除非为了达到其特殊的效果。在蜿蜒曲折的次级园路，以自然式的配置为最好，通常还可选用一些姿态特殊的高灌木。如颐和园后山的丁香路和连翘路让人仿佛在花廊中行走。

③ 与地形搭配

不同姿态的植物适于搭配不同的地形。水平展开类植物能和平坦的地形及平展的地平线相协调；无方向类植物则可以和波浪形起伏的地形相互配合、呼应；垂枝形植物通常可种于一泓水湾之岸边，配合其波动起伏的涟漪，以象征水的流动。

6. 姿态在具体种植时的注意事项

（1）植物的姿态并不是一成不变的，落叶植物在落叶后，姿态变得较不肯定。另外，有的植物在不同的生长发育时期姿态有所不同，例如油松，老年与中年、幼年不同，愈老愈奇特，老年油松姿态婷婷如华盖，在设计时要考虑到这些姿态的可变性，合理运用。

（2）不同姿态的植物给人的重量感是不同的。视觉艺术心理学的研究表明：凡是规则的形体，其重力就比那些不规则形状的重力大一些；物体向中心聚集的程度也影响重力等。比如那些修剪成规则形状或球形的植物，在感觉上就重些，在构图时应加以注意。

（3）当植物是以群体出现时，单株的形象便消失，它的自身造型能力受到削弱。在此情况下，整个群体植物的外观便成了重要的方面。例如，地被植物就是同一种姿态的植物以群体出现，个体的姿态消失了，此时应考虑的是整体的姿态，而不是单体的效果。

（4）在进行植物景观设计时，不要应用太多不同姿态的植物，以免成为大杂烩，应有主体姿态部分，其他姿态作为配景。

（四）质感

植物的质感是植物重要的观赏特性之一，却往往不被人们重视。质感不像色彩引人注目，也不像姿态、体量为人们所熟知，但它却是一个能引起人们丰富的心理感受，在植物景观设计中起着重要作用的因素。

植物质地是植物材料可见或可触的表面性质，是某种物质材料组成的排列、结构的性质。如植物叶子是纸质、膜质、革质等。而植物质感，是人们对植物质地所产生的视觉感受和心理反应。例如，纸质、膜质的叶片呈半透明状，常给人以恬静之感；革质的叶片，具有强烈的反光能力，由于叶片较厚，颜色较浓暗，故有光影闪烁的感觉，至于粗糙多毛的叶子，则给人粗野的感觉。

一般来说，我们从粗糙不光滑的质地中感受到的是野蛮的、男性的、缺乏雅致的情调；从细致光滑的质地中感受到的则是女性的、优雅的情调。总之，植物质感有较强的感染力，从而使人们产生十分复杂的、丰富的心理感受。

植物的质感由两方面因素决定：一方面是植物本身的因素，即植物的叶片大小、叶片表面粗糙程度、叶缘形状、枝条长短与排列、树皮外形、植物的综合生长习性等；另一方面是外界因素，如植物的观赏距离、环境中其他材料的质感等因素。

质感对于一个种植设计作品来说是能增加尺度、变化、趣味的设计工具。质感可定义为物质表面的触觉和视觉特征，它取决于植物组成单元的形态、尺寸和总体。在近距离内，单个叶片的大小、形状、外表以及小枝条的排列都是影响观赏质感的重要因素。当从远距离观赏植物的外貌时，决定质感的主要因素则是树干的密度和植物的一般生长习性。质感除了随距离而变化外，也要随季节而变化。

植物景观中植物质感会影响许多其他的因素，其中包括布局的协调性、多样性、视距感、空间感以及一个设计的情调、观赏情趣和气氛等。有特征的质感具有较强的艺术感染力，能给人以视觉和触觉上的美感，给景观增加趣味。例如，绒柏的整个树冠有如绒团，具有柔软、秀美的效果；而枸骨则具有坚硬多刺、剑拔弩张的效果；地肤茎叶细密、娇柔，颜色黄绿。在种植设计中巧妙地利用植物的质感，会使景观更加丰富。

1. 植物质感类型

根据植物的质感在景观中的特性及潜在用途，可将植物质感大致分为三类：粗质型、中质型及细质型。

（1）粗质型

粗质型植物通常由大叶片、疏松而粗壮的枝干（无小而细的枝条）以及松散的树冠形成。粗质型植物给人以强壮、坚固、刚健之感，其观赏价值高，泼辣而有挑逗性。将其植于细质型植物丛中时，粗质型植物就会"跳跃"而出，首先为人所见。

因此，粗质型植物可在景观设计中作为焦点，以吸引观赏者的注意力，或使景观显示出强壮感。与使用其他突出的景物一样，在使用和种植粗质型植物时应小心适度，以免它在布局中喧宾夺主，或使人们过多注意凌乱的景观。由粗质型植物组成的园林空间比较粗放，缺乏雅致的情调。

粗质型植物有使景物趋向赏景者的动感，从而造成观赏者与植物间的可视距离短于实际距离的错觉。如果一个空间粗质型植物居多，会使空间显得小于其实际面积，而使空间显得拥挤。因此，粗质型植物的这一特征极适合运用在超过人们正常舒适感的现实自然范围中，即面积较大的空间，但在狭小空间布置粗质型植物，就须小心谨慎。如果种植位置不合适，或过多地使用该类植物，空间会被植物"吞没"。

在许多景观中，粗质型植物在外观上显得比细质型植物更空旷、更疏松、更模糊。粗质型植物通常还具有较大的明暗变化。鉴于该类植物的这些特性，它们多用于不规则景观中，极难适应那些要求整洁的形式和鲜明轮廓的规则景观。例如，立交桥绿地多为规则式绿地，粗质型植物则较少选用。

具有粗质型的植物有栲树、欧洲七叶树、二乔玉兰、广玉兰、核桃、火炬树、棕榈、凤尾兰、木棉、鸡蛋花等。

（2）中质型

中质型植物是指那些具有中等大小叶片，枝干中粗以及具有适度密度的植物。同为中质型植物，在质感上也有粗细的差别。例如，紫松果菊就比矢车天人菊粗壮，银杏比刺槐粗壮，而在植物大家族中它们都可归入中质型。

在景观设计中，中质型植物往往充当粗质型和细质型植物的过渡成分，将整个布局中的各个部分连接成一个统一的整体。多数植物属于中质型。例如，水蜡、女贞、槐、海棠花、山楂、紫薇等。

（3）细质型

细质型植物具有细小叶片和微小脆弱的小枝，并具有整齐密集而紧凑的特性。细质型植物给人以柔软、纤细的感觉，在景观中极不醒目，它们往往最后被人们所见，具有一种"远离"观赏者的倾向、动感，从而造成观赏者与植物间的距离大于实际距离的错觉，在景观中起到扩大视线距离的作用，当大量细质型植物植于一个空间时，它们会构成一个大于实际空间的错觉，故适宜用于紧凑、狭窄的空间。

由于细质型植物长有大量的小叶片和浓密的枝条，因而它们的轮廓清晰，外观文雅而密实，宜用作背景材料，以展示整齐、清晰规则的特殊氛围。

属细质型的植物有榉树、鸡爪槭、北美乔松、菱叶绣线菊、馒头柳、柽柳、珍珠梅、珍珠花、地肤、文竹、苔藓等。修剪后的草坪也多属于细质型。

根据上面的分析，可得出如下的结论：在种植设计中最理想的是均衡地使用这三种不同类型的植物，这样才能使设计令人悦目。质感种类太少，布局会显得单调，但若种类过多，布局又会显得杂乱。对于较小的空间来说，这种适度的种类搭配十分重要。而当空间范围逐渐增大，或观赏者逐渐远离所视植物时，这种趋势的重要性也逐渐减小。另一种理想的方式是按大小比例配置不同的质感类型的植物，如使用中质型植物作为粗质型和细质型植物的过渡成分。不同质感植物的小组群过多，或从粗质型到细质型的过渡太突然，都易使布局显得杂乱无章。此外，鉴于尚有其他特性，因此在质感的选取和使用上都必须结合植物的大小、姿态和色彩，以便增强所有这些特性的功能。

2. 植物质感的特性

（1）可变性

可变性是指某些植物的质感会随着季节和观赏距离的远近而表现出不同的质感。如某些落叶植物在夏季呈现轻盈细腻的质感，而在冬天落叶后而呈现出与夏季完全不同的质感。例如，皂荚属的植物的质感会随季节而发生惊人的变化。在夏季，该植物的叶片使其具有精细通透的质感；而在冬季，无叶的枝条使其具有疏松粗糙的质感。

另外，植物的质感还随距离而变。在近距离内，单个叶片的大小、形状、外表以及小枝条的排列都是影响质感的重要因素。当从远距离观赏植物的外貌时，决定质感的重要因素则是枝干的密度和植物的一般生长习性。例如，火炬树，近观时，其叶片柔软、薄而半透明，有细致的感觉；远观时，枝干粗壮、稀疏，有粗壮的质感。有些植物近观时，美感度高；远观时由于质感的变化，美感度降低，例如，虞美人，花瓣膜质，有轻盈的美感，不适宜远观，相反，木芙蓉等则宜远距离观赏。

（2）相对性

植物质感的相对性是指受相邻植物、周围的建筑物等外界因素的影响，植物的质感会发生相对的变化。例如，万寿菊与质感粗壮的凤尾兰种植在一起，具有细质感，而与地肤种植在一起，又具有粗壮感。孔雀草种植在大理石墙前显得粗壮，而种植在毛石墙前，又有纤细的质感。

3. 植物质感的调和

同色彩调和一样，质感调和的方法也要考虑统一调和、相似调和、对比调和。

（1）统一调和

同一质感易达到整洁和统一，质感上也易调和。例如，草坪上的地被植物，选用同一种植物时，在质感上容易调和，感觉比较单纯。

（2）相似调和

有明显的不同，又有某些共性。相似的质感搭配比同一质感搭配要丰富，而且由于质感相似，搭配起来容易取得协调，给人的感觉是舒适、稳定。如杭州花港观鱼的牡丹园在卵石铺装旁种植阔叶沿阶草，卵石与沿阶草有显著的不同，但又有共性，卵石铺装有一种细致感，阔叶沿阶草有一种纤细感，在质感上达到了统一，显示出细腻美。

（3）对比调和

对比调和是提高质感效果的最佳办法。就是根据质感的对比，使各种素材的优点相得益彰，达到突出的效果。例如，苔藓与石头的配合，由于质感的对比强烈，比草坪和石头的对比更为优越，石头的坚硬强壮的质感与苔藓的柔软光滑的质感对比，在不同的质感中产生了美。质感的对比有粗糙和光滑、坚硬与柔软、沉着与轻盈、规则与杂乱、有光与无光的对比。

4. 种植设计中质感的组合要点

（1）根据空间大小选用不同质感的植物

在选用不同质感的植物时，要考虑与周围环境之间及空间大小的协调。空间大小不同，不同质感植物所占比重应不同。大空间可选用粗质型植物，可使空间显得粗糙刚健，而有良好的配合，小空间细质型的植物居多，则显得整齐而愉悦，而且可使空间有放大的感觉，不致拥堵。

（2）不同质感的植物过渡要自然，比例合适

空间和空间的过渡与相连处采用质感相近的材料做过渡与衔接，使景观相互交融。不同质感植物的小组群过多，或从粗质感到细质感植物过渡太突然，都易使布局显得凌乱。

（3）善于利用质感的对比来创造重点

有时为了突出重点，达到突出景物的效果，可以利用质感的对比。如在林缘，由近至远依次是凤尾兰、小叶女贞、山茶、香樟，这样质感的强烈对比，突出了凤尾兰的粗质质感，拉开了景观层次。又如，苔藓的光滑柔软与石头的坚硬强壮的配合，由于质感的对比效果，比草坪和石头的对比更优越，从而在质感对比中创造了美。

（4）均衡地使用不同质感类型的植物

质感种类少，布局显得单调，但若种类过多，布局又会显得杂乱。对于较小的空间来说，这种适度的种类搭配十分重要，而当空间范围逐渐增大，或观赏者逐渐远离所视植物时，这种趋势的重要性也逐渐减小。这样才能使一个植物景观赏心悦目。

（5）在质感的选取和使用上必须结合植物的特性

如果一个构图中，如要突出某种植物的姿态或色彩，那么其他个体宜选用质感较为纤细、在景观上不过分突出的植物种类作为衬托。

总之，在种植设计中要有效地运用植物质感。园林植物的质感组合要遵循异同整合原则。"异"即植物质感的相互区别和对比关系；"同"即植物质感的相同与近似关系，"整合"即整体的相辅相成关系。也就是说既要服从整体统一原则，又要积极地发挥对比，做到统一而不乏味，对比而不杂乱，质感同样对于观赏者有某种心理和生理上的影响。质感从粗糙到细腻的顺序变化能扩大景观，使它显得距离比较远，而从细腻到粗糙则会使距离显得比较近。还应当记住的是细腻的质感比粗糙的质感能反射更多的光线，这使细腻的质感显得更加明亮。

（五）体量

植物的体量与植物色彩、芳香、姿态、质感一样，也是植物重要的观赏特性之一，在景观设计中与周围环境相互协调，营造空间合理、比例协调的优美环境，因此体量在景观设计中起着极重要的作用。

1.体量的定义

植物的体量即指植物的大小。在为种植设计选择植物材料时，应首先考虑其体量，因植物的体量直接影响着空间范围、结构关系以及设计的构思与布局。

2.体量的类型

植物的体量可分成大型、大中型、中型、中小型及小型五种类型。

（1）大型

大型体量主要是大中型乔木种类，大乔木在成熟期其高度可超过20m，而一般乔木可达9～12m。这类植物代表种有雪松、悬铃木、香樟、广玉兰、枫香、榕树、凤凰木等。

依大小以及景观中的结构和空间来看，最重要的植物便是大型类乔木，它在空间的划分、围合、屏障、装饰、引导、美化方面都起到很大的作用。大型类乔木是构成园林空间的基本结构和骨架。因此在设计时，应先确立大型类乔木的位置，它们的配植将对园林空间结构与外貌产生决定性的影响。同时由于其体量高大，所以当大型类乔木居于较小植物之中时，它将占有突出的地位，在园林景观中易形成视线的焦点。如果在应用时结合花好姿美者，如榕树、凤凰木、合欢等，将起到单体点景或成林景观的效果。

（2）大中型

大中型是指高度一般在4～8m之间的小乔木，这类植物有桃、海棠、樱花、紫叶李、山楂、水石榕等。这类植物的高度最接近人体的仰视视角，故成为城市园林空间中的主要构成树种。常用于景观分隔、空间限制与围合、视线焦点与构图中心。

大中型类小乔木从垂直面和顶平面两方面限制小空间。该空间的封闭度受小乔木分枝点高低的影响，当其树冠低于视平线时，会在垂直面上完全封闭空间；当视线透过这些小乔木树干和枝叶时，人们即可感受到空间的深远感；树冠极低的小乔木可以形成很好的隔离层。总而言之，小乔木适合于受面积限制的小空间，或设计要求较精细的地方。

大中型类小乔木也常作为构图中心与视线焦点，除了因为体量优势外，其春花、秋叶、夏绿、冬姿等观赏特性都是其他植物所无法比拟的，选择何种风格的小乔木，主要取决于它的功能、大小、姿态、色彩和质感。按其观赏特性，常置于视线的焦点或被布置在那些醒目的地方，作为主景或引导视线之用，如园林入口附近、道路尽头、转弯处、突出的景点上。

（3）中型

中型是指高度一般在3～4m的高灌木。例如，桂花、垂叶榕、珊瑚树、山茶、金银木等。

与小乔木相比，灌木不仅较矮小，而且最明显的特点是灌木叶丛几乎贴地而长，而小乔木则有一定的高度，从而形成树冠。在景观中自然型或人工型的高灌木犹如一堵堵围墙，能在垂直面上构成空间围合。

高灌木也可以用来营造屏障和私密的氛围。在有些地方，人们并不喜欢规则式的硬质围墙和栅栏，而是需要绿色的屏障。但是，在运用高灌木营造屏障和私密氛围时，必须注意对植物材料的选择和配植，应着重考虑如何把不同个性、不同姿态、不同生态习性的植物，根据不同的空间特点进行组合，做到"景到随机"。否则，它们就不能在一年四季中都发挥其观赏作用。

当在低矮灌木的烘托下，高灌木成为构图焦点时，它便能从环境中脱颖而出，它们在以低矮灌木为背景的环境中显得特别高耸，因此首先吸引人们的视线。其形态越狭窄，色彩越明显，则效果就越突出。

高灌木在垂直面上围合空间、屏蔽视线、组织私密性活动空间上效果最佳，如珊瑚树，常用于屏蔽园林中的厕所、垃圾桶等物件及分隔园林中的不同景区。

（4）中小型

中小型是指高度在 0.3 ~ 2m，如月季、牡丹、杜鹃花、金丝桃、连翘、南天竹等。这类植物的空间尺度最具亲近性。其高度与视线平齐或以下，在空间设计上具有形成矮墙、篱笆以及护栏的功能。所以，对作用在空间中的行为活动与景观欣赏有着至关重要的影响，而且由于视线的连续性，加上光影变化不大，从功能上易形成半开敞式空间。

中小型类植物在园林中广泛应用，如种植在人行道或小路两旁的小灌木，具有不影响行人视线，又能将行人限制在人行道上的优点。而中灌木可与其他高大物体形成对比，从而增强高大物体的体量感。中小型植物还可在设计中充当附属因素，它们能与较高的物体形成对比，或降低一级设计的尺度，使其更小巧、更亲密。因其尺度矮小，故应大面积使用，才能获得较佳的观赏效果。如果使用面积小，其景观效果极易丧失。但过多使用许多琐碎的中小型植物，就会使整个布局显得烦琐、零碎而无整体感。

（5）小型

小型是指高度在30cm以下的植物，常称为地被植物，如金山绣线菊、微型月季、麦冬、扶芳藤、美国地锦、长春蔓、常春藤、酢浆草、白三叶、蝴蝶花等。

地被植物的空间功能特征是：对人们的视线及运动不会产生任何屏蔽及障碍作用，能引导视线，暗示空间边缘，可构成空间立面和平面上自然的视线连续和过渡，将两个或多个孤立的因素联系成一个统一的整体。

地被植物尤其是色叶植物或开花草本，可以提供观赏情趣，能形成一些独特的平面构图。大部分草本花卉的视觉效果通过图案的轮廓及阳光下的阴影效果对比表现。因此，该类植物在应用上重点突出体量上的优势。

地被植物还为那些不宜种植草皮的地方提供下层植被，如陡坡或草坪草难以生存的阴暗角落。另外，地被植物的养护少于同等面积的人工草坪，与人工草坪相比，对大面积地被植物的养护节约养护所需的资金、时间和精力。

3. 体量的特性

（1）重量感

不同体量的植物给人带来迥异的感受。大型植物往往显得高大、挺拔、稳重；中型植物却姿态各异，会因姿态不同给人不同的重量感受，叶色深、枝条浓密、圆球形的给人一种厚重感，如黄杨、大叶黄杨等，而叶色浅、枝条稀疏的则显得轻盈飘逸；小型植物由于没有体量优势，而且在人的视线之下，通常不容易引起人们的关注，几乎无重量感可言，除非其镶嵌着美丽的小花，或者具有独特的色彩。

（2）可变性

植物体量主要伴随其年龄的增长而发生变化。大部分植物的生长都经历着由种子或者小苗渐渐长大的过程，这期间植物体量都发生着不断地变化。另外，对于一些落叶树种，不同季节所呈现的体量也不同，落叶后体量相对变小。

4. 种植设计中体量的组合要点

（1）体量在种植设计中的作用

① 围合空间

不同体量的植物能围合不同的空间。大型乔木能从顶平面和垂直面上封闭空间，通常成为室外空间的"天花板和墙壁"，形成冠下空间，这是夏日人们通常最喜欢停留的空间。

大中型小乔木依然从顶平面和垂直面来限制空间，当人的视线能透过树干和树枝时，这些小乔木好像前景的一个漏窗，形成一个有较大深远感的冠下空间，而当其树冠低于人的视线时它将形成一个垂直面上的封闭空间。

中型的高灌木好似一堵墙，在垂直面上使空间闭合，形成一个个竖向空间，顶部开敞，有极强的向上的趋向性。高灌木还能构成极强烈的长廊型空间，将人的视觉和行动直接引向终端。如果高灌木属于落叶树种，那么空间的性质就会随季节而变化，而常绿灌木能使空间保持始终如一。

中小型的矮灌木在不遮挡视线情况下限制或分隔空间。由于其没有明显的高度，因此它们不是以实体来分隔空间而是以暗示的方式来控制空间，要构成一个四面开敞的空间，可以在垂直面上使用小灌木。

小型的地被植物同样也可以暗示空间的边缘。当地被植物与草坪或铺道相连时，其边缘构成的线条在视觉上极为有趣而且能引导视线，范围空间。

② 遮阴作用

大型乔木庞大的树冠在景观中还被用来提供阴凉，尤其是炎热的夏季，人们就会对阴凉之处非常渴望，而有数据显示，林荫处的温度将比空旷地低 4.5℃左右。在进行种植设计时，首先要考虑的是以人为本，在游人比较集中的地方，在园路边，要适当栽植能遮阴的乔木树种。为了达到最大的遮阴效果，大型乔木应种植于空间或楼房建筑的西南面、西面或西北面。

③ 防护作用

大型乔木在园林中可遮挡建筑西北面的阳光，同时还能阻挡西北风的作用，在绿地的西北角多种大中型乔木树种，下层种植灌木，可形成密林，有效地阻挡西北风，为绿地创造小环境，并能为其他植物的生长创造良好的小环境。

（2）体量在种植设计中的组合要点

① 植物本身的体量组合

进行种植设计时会组成各种各样的种植类型，如树丛、树群、树林、绿篱、花境、花丛等，这些种植类型的组成，有时是单一体量的组合，有时是不同体量的组合。

单一体量的组合，如绿篱，同一树种的树丛、树群，纯林等。它们体量相同或相似。组成的林冠线平直无起伏，表现出或单纯或壮观的艺术效果。

多种体量的组合，即多数种植由多种体量组合形成。由于种类不同、体量不等，林冠线高低起伏，形成有韵律、有节奏的自然风景景观。

当多种体量组合在一起时，不能等同地运用各种体量植物，要以一种体量为主，配合其他体量的植物组景。如草坪的一角，大片的连翘和平枝枸子，烘托出圆柏的高耸，这强烈的体量对比，形成极好的效果。

② 植物体量与园林其他要素的组合

植物与园林其他要素组合时，需与周围环境、空间大小相协调，遵守比例与尺度的原则。

例如，北京四合院内树木种植一般是正房前的庭院内左右相对各植一株海棠或丁香；有的在正房两侧各植一池牡丹，水下养育金鱼；有的院内设一架紫藤。所用植物多为玉兰、海棠、石榴、丁香、牡丹、紫藤等，而街道胡同内常植槐树。这些种类的选择除了体现庭院与植物相配的内在意境外，还由于这些树木的体量与空间大小的协调，庭院空间较小则适用小乔木、灌木，而胡同空间大而深，则可用槐树这类大乔木。

又如，公园绿地中黄杨球直径一般 1 ~ 1.5m，绿篱宽度 0.5 ~ 0.8m，而天安门前花坛中的黄杨球直径 4m，绿篱宽 7m，这么巨大的体量是与广场、城楼的体量相协调的。另如，杭州平湖秋月景点，西湖湖面极大，建有大规格的亭，于大水面边多种植香樟等大体量植物。曲院风荷景点水池面积较小，多植垂柳、乌桕、红枫、木芙蓉、桂花等大中型、中型植物。灵峰探梅的小水面边则多植梅花、羽毛枫、紫薇、南迎春等体量娇小、姿态优美的植物。

③ 注意植物近期与远期体量变化的造景难题

植物是活的生物体，随着年龄增长其体量也随之增大，这给近期与远期的植物景观的营造带来一定的难题。诚然，我们可以用栽种填充树解决近期与远期的景观效果，但是在某些局部，填充树却解决不了这一问题。

如窗外一株桂花，比例恰当，每到秋季，闻香观色，好不惬意，但随着岁月递增，植株体量加大，打破了原有的比例，也遮挡了光线，这是每个种植设计师都应关注的问题。如亭旁植树，根据亭子的体量种植相应体量乔木，中近期效果极佳，但由于乔木的不断生长，远期长成参天大树，就显亭子的矮小而不成比例。

要解决这些问题，要求设计者除了了解植物的生态习性外，还必须了解植物的生物学特性，尤其是植物的生长速度及美学构图原则。前一个例子，除了桂花栽植点要距窗一定距离外，切不可栽树于窗正中，可偏于一旁，利用侧枝横生点缀窗景，既含蓄又不影响色、香的发挥；后一个例子则应选择与亭子比例相当的慢长树种，这样就能够减缓矛盾的加剧。

（六）其他

1. 声响

园林并不仅仅是一种视觉艺术，对园林的审美还涉及听觉。

园林植物可以与风、雨巧妙配合，生动地表现出风雨、的声响魅力，这在我国古典园林中有着淋漓生动地体现。计成在《园冶》中将其归纳为"瑟瑟风声""夜雨芭蕉""鹤声送来枕上""梵音到耳"四种。书中提到"晓风杨柳""夜雨芭蕉"的典型现象，表明在古典的园林中就已意识到植物有表现风雨，借听天籁的特殊作用。

具体通过植物塑造声景的传统手法有以下两种；

（1）风与植物塑造声景

某些植物在风的作用下会发出声音，如松林的涛声，杨树等大叶植物的婆娑之声。因此，选择好植物，利用风作为创造声景的方法，无论是在我国古典园林还是现代园林均有大量运用。

如拙政园的听松风处，该景点位于中部小沧浪的东北方向，亭子的东部种植松树。得名的原因：取自《南史·陶弘景传》："特爱松风，庭院皆植松，每闻其响，欣然为乐。"在此处，尤其是夏季，松声响起，会有一丝凉意。

如果说苏州园林内的听松风处为小家碧玉，那么承德避暑山庄的"万壑松风"则是大家闺秀。在参天古松的掩映下，壑虚风渡，松涛阵阵，形成一个极其寂静安谧的小环境，是批阅奏章、诵读古书的佳境，乾隆幼时曾在此读书。故其楹联题道："云卷千峰色，泉和万籁吟。"长风过处，松涛澎湃，如千军万马大显声威，壮人心胆。

（2）雨创造声景

雨景最佳的欣赏方式莫过于聆听了，古人云："听风听雨日又斜"，但这需要在植物的辅助下才可达到听雨的效果。苏州留园北部，有一个亭子的匾额上写着："佳晴喜雨快雪"，借助梧桐来达到听雨的效果。"扬州八怪"之一郑板桥平生非常爱竹，在他著名的《竹石图》里写道："一方天井，修竹数竿，石笋数尺，其地无多，其费亦无多也，而风中雨中有声，日中月中有影，诗中酒中有情，闲中闷中有伴，非唯我爱竹石，即竹石亦爱我也。"

古人在造园时，有意识地通过在亭阁等建筑旁栽种荷花、芭蕉等花木，借来雨滴淅沥的声响，为我所用。杭州西湖十景之一的曲院风荷，就以荷叶受风吹雨打、发声清雅的"千点荷声先报雨"的意境为其特色。韩愈十分欣赏荷叶的音响美："从今有雨君须记，来听潇潇打叶声。"

刘颁也有类似诗句："东风忽起垂杨舞，更得荷心万点声。"声音所创造的这一类高雅、淡泊的情趣和意境，是吸引游客的重要因素之一。

芭蕉，其叶硕大如伞，秀色可餐，雨打芭蕉，如同山泉泻落，令人涤荡胸怀，浮想联翩；杜牧曾写有"芭蕉为雨移，故向窗前种；怜渠点滴声，留得归乡梦"的诗句；白居易也曾写有"隔窗知夜雨，芭蕉先有声"的诗句。

如拙政园的听雨轩在轩前一泓清水，植有荷花，池边有芭蕉、翠竹，轩后也种植一丛芭蕉，前后相映。芭蕉、荷叶均是绿叶肥硕，雨滴滴在落叶上，滴答有声。人靠窗栏边、漫步屋檐下，静听雨声，细细观景，这个环境，最适合品茶下棋了。在室内也正好有一张红木棋桌，应唐代李中的"听雨入秋竹，留僧复旧棋"而得来的。宋代的杨万里在《秋雨叹》中云"蕉叶半黄荷叶碧，两家秋雨一家声。"也指明了雨景是在植物的配合下形成的，因此，该屋子也得名"听雨轩"。

又如留听阁，位于拙政园的西部，隔水与东南放主建筑卅六鸳鸯馆相望，西面跨小路有民林修竹，环境及其消幽。园主别出心裁，依据李商隐《宿骆氏亭寄怀崔雍崔衮》的后半首："秋阴不散霜飞晚，留得枯荷听雨声。"这是诗格与配植直接相关的一句。秋雨滴落在残荷之上，依然滴答有声，因此，该阁取名为"留听阁"。秋天是欣赏雨景的最佳季节，秋天是忧愁的季节，秋风秋雨秋声最引人深思。在这里因借雨滴达到因景生情，情景交融的境界。

2. 光影

自然光投照于物体上，会产生不同的景观效果和意境，计成《园冶》中所言的"梧荫匝地""槐荫当庭"和"窗虚蕉影玲珑"等都是对植物阴影的欣赏。在日光或阳光之下，墙移花影，蕉荫当窗。以竹为例，则有："日出有清荫，月照有清影"，突出了"清"的美感。

张先的诗"云破月来花弄影"，将影子写活了。以这种敏锐的视觉感悟去欣赏园林中的植物，在形、色、香之外，又增添了一道风景。苏州留园"绿荫轩"，临水敞轩，西有青枫挺秀，东有榉树遮日，夏日凭栏，确能领悟明代高启"艳发朱光里，丛依绿荫边"的诗意。

东岳泰山普照寺旁的筛月亭即为欣赏月影的景点。亭旁有一棵六朝古松，虬枝弯曲如蟠龙，每当皓月当空，朗朗月光透过茂密的松针洒向地面，光怪陆离，如同筛月，故名，遂成为泰山赏月佳处。月行中天，丝丝缕缕的月光，从枝繁叶茂的缝隙中筛落而下，骤然间，掠过几丝晚风，树梢一阵沙沙地颤动，摇落的月光，似片片雪花，使人通体生凉。待定神看时，杳无踪迹，树影又恰似凝住了。虬枝、枝丫、针叶，各具其态；从繁枝茂叶的缝隙中筛落的月光，静时"丝丝缕缕"，动时"似片片雪花"；忽而"摇落的月光"使人通体生凉，忽而"片片雪花"杳无踪迹。

二、园林种植设计的空间设计

（一）空间的类型

1. 空间及园林植物空间的定义

空间是物质存在的一种客观形式，由长度、宽度、高度表现出来，是物质存在的广泛性和伸张性的表现。在中国古代并不把它简单当作物质实体之间的空隙，而是赋予它更深的精神意义，甚至关乎宇宙、自然、社会和人生哲理。经过儒教与道教等的不断发展，形成虚实相生、阴阳对立而辩证统一的空间观，它深刻地影响着人们的生活态度、审美观点和艺术创作。

园林植物空间是指园林中以植物为主体，经过艺术布局，组成适应园林功能要求和优美植物景观的空间环境。园林植物构成的景观由两部分组成，一个是植物元素构成的实体景观，另一个是由这些植物实体围合、限制所形成的空间。

一组好的园林植物空间景观，结合时空的渐进，赋予植物群体诗一般的韵律感，给游客以无限的美的享受。在种植设计的方法中注重空间结构和景观格局的塑造，强调空间胜于实体的设计概念，对我们的设计来说显得尤为重要。

2. 园林植物种植空间营造的基本手法

运用植物来营造空间的基本原理实际上是利用植物塑造类似建筑的三维空间感。在一定范围内可以利用相应的植物材料塑造出室外的"建筑空间"，如类似建筑的墙面、天花板和地板等，都可以用植物来体现。一般用来营造植物空间的方法有以下几种。

（1）围合与分隔

要营造一个有效的植物空间，最基本的方法就是围合——利用植物将空间的垂直面进行围合，起到类似建筑墙面的作用。而围合所用植物材料的质地、色彩、形态、规格决定了创造出空间的特征。植物围合出的空间的尺度变化可以很大，从小尺度的庭院到大尺度的公园中的疏林草地，它们都有特定的功能并满足使用者的需求。根据选择的植物材料和种植密度可以形成植物虚空间和实空间。虚空间围合种植密度低，利用稀疏的枝叶形成隐约的空间感，实空间树木紧凑，枝叶繁密，视线被局限在所围合的空间里。围合的程度又决定了创造出的是 1/4 围合空间、半围合空间、3/4 围合空间还是全围合空间。然而，无论创造的是怎么样的围合空间，这种类型的空间总是能够给人带来一定的安定感和神秘感。而且只有为满足一定功能而营造的围合空间才有意义。

利用植物材料不仅可以围合形成一定功能的园林空间，而且也可以在景观构成中充当像建筑物的地面、天花板；墙面等界定和分割空间的因素。植物在园林中以不同高度和不同种类的地被植物或灌木丛来分隔空间，起到类似建筑屏风的作用，在一定程度上限制游人视线，达到引导游人游览的目的。在垂直面上，植物特别是乔木的树干如同外部空间中建筑物的支柱，以暗示的方式限制着空间，其空间封闭程度随着树干的大小、疏密以及种植形式的不同而变化。植物枝叶的疏密度和分枝高度又影响着空间的闭合感。

（2）覆盖

围合空间是空间垂直面上的围合，而覆盖则是运用植物材料进行平面上的界定，包括地平面及顶平面两种形式。在地平面上，植物以不同高度和不同种类的地被植物来暗示空间的边界，一块草坪和一片地被植物之间的交界处，虽不具有实体性的视线屏障，却暗示着空间范围的不同。在顶平面上，围合空间通常顶平面与自由的天空相连接，然而覆盖空间的顶平面是绿色植物。顶平面覆盖的形式、特点、高度及范围对它们所限定的空间特征同样产生明显的影响。园林里最常见的亭子、楼阁、大棚、廊架是一种利用构筑物形成覆盖的方法，而植物材料覆盖一方面可以选择攀缘植物借助廊架和构筑物的构建来形成，另一方面可以选择具有较大的树冠和遮阴面积的大乔木孤植、对植、丛植，群植来形成。这时的植物犹如室内空间中的天花板或吊顶限制了伸向天空的视线，并影响着垂直面上的尺度。

（3）辅助

在园林绿地中，植物元素只是构成空间的因素之一，其他因素如地形、构筑物、道路等可以辅助植物形成更加丰富多样的空间类型。园林中的地形因素常常与植物配置不可分割，两者之间的配合设计对构成的空间有着增强或者减弱的作用。高处种高树，低处种矮树，可以加强地势起伏的感觉，反之，就减弱和消除了原有地形所构成的空间。又如植物辅助道路边界的界定，无论在城市道路还是园林道路，边缘处种植行道树或者用灌木、花境镶边，既起到强化道路边界的效果，又可以分隔空间和构成空间，两旁行道树形成垂直空间或覆盖空间，对于旁边的绿地形成开放或围合的游憩空间。

3. 园林植物空间的类型

园林植物组成的空间按照其组成形式、与游人视线控制的关系，可以分为以下几种类型。

（1）开放性空间（开敞空间）

园林植物形成的开放性空间是指在一定区域范围内，人的视线高于四周景物的植物空间，一般在地面上种植低矮的灌木、地被植物、花卉及草坪而形成开敞空间，这种空间没有私密性，是开敞、外向型的空间。游人在此种空间活动时，是完全暴露的状态。另外，在较大面积的开阔草坪上，除了低矮的植物以外，有几株高大乔木点缀其中，并不阻碍人们的视线，也为开放性空间。但是，在庭园中，由于尺度较小，视距较短，四周的围墙和建筑高于视线，即使是疏林草地的配置形式也不能形成有效地开放性空间。开敞空间在开放式绿地、城市公园等园林类型中非常多见，像大草坪、开阔水面等，视线通透，视野辽阔，容易使游人感觉心情舒畅，产生轻松自由的满足感。

（2）半开放性空间（半开敞空间）

半开放性空间是指在一定区域范围内，四周不完全开敞，而是某些部分用植物阻挡了游人的视线。根据功能和设计需要，开敞的区域有大有小，其共同特征是在开放的范围中种植低矮的植物材料，而封闭的范围中种植高大的植物材料，并在垂直方向上起到遮挡及封闭视线的作用。从一个开放性空间到封闭空间的过渡就是半开放空间，这种空间具有一定的私密性，游人在景观中处于半暴露的状态，即不同方向上的通透与遮蔽状态。当然，半开放性空间也可以植物与其以外的园林要素如地形、山石、小品等相互配合，共同完成。半开敞空间的封闭面能够抑制人们的视线，从而引导空间的方向，达到"障景"的效果。如从公园的入口进入另一个区域，设计者常会采用先抑后扬的手法，在开敞的入口某一朝向用植物、小品来阻挡人们的视线，使人们一眼难以穷尽，待人们绕过障景物，进入另一个区域就会豁然开朗，心情愉悦。

（3）冠下空间（覆盖空间）

冠下空间通常位于树冠下方与地面之间，通过植物树干的分枝点高低、树冠的浓密来形成空间感。高大的常绿乔木是形成覆盖空间的良好材料，此类植物不仅分枝点较高，树冠庞大，而且具有很好的遮阴效果，树干占据的空间较小，所以无论是几株、一丛，还是成片栽植，都能够为人们提供较大的树冠下活动空间和遮阴休息的区域。游人的视线在此类空间中水平方向是通透的，但垂直方向是遮蔽的。此外，攀缘植物利用花架、拱门、木廊等攀附在其上生长，也能够构成有效地冠下空间。

（4）封闭空间

封闭空间是指在游人所处的区域范围内，四周用植物材料封闭，垂直方向用树冠遮蔽的空间。此时游人视距缩短，视线受到制约，近景的感染力加强，景物历历在目，容易产生亲切感、宁静感和安全感。

小庭园的植物配置可以在局部适当地采用这种较封闭的空间造景手法，而在一般性的绿地中，这样小尺度的封闭空间，私密性最强，视线不通透，适宜于年轻人私语或者人们独处和安静休憩。

（5）竖向空间（垂直空间）

用植物封闭垂直面，开敞顶平面，就形成竖向空间。分枝点较低、树冠紧凑的中小乔木形成的树列，修剪整齐的高树篱等，都可以构成竖向空间。由于竖向空间两侧几乎完全封闭，视线的上部和前方较开敞，极易产生"夹景"效果，以突出轴线景观，狭长的垂直空间可以起到引导游人行走路线，适当的种植具有加深空间感的作用。公园、校园的入口处，常以甬路的形式出现；道路两旁种植高大圆锥形树冠的乔木来加强纵深感。而在纪念性园林中，园路两边常栽植松柏类植物，使游人在垂直的空间中走向轴线终点瞻仰纪念碑时，会产生庄严、肃穆的崇敬感。

通常在一个园林中，往往会有以上各种空间围合形式。根据各类植物空间具有的不同特性，可在不同功能分区中加以应用。如儿童活动区不需要有太多的私密性，要方便家长的看管、寻找、关注，多应用开放性空间；小型建筑亭、榭、廊等具有观景、聊天等功能，多置于半开放空间中；老人活动区、休闲广场、停车场多采用冠下空间，既满足人们的活动需求，又可以起到遮蔽烈日的作用；恋爱角由于私密性较强，而多用封闭性空间以满足青年人谈恋爱所需要的环境氛围；园路、甬道则多用竖向空间，以加强指向性。

（二）空间的组合

植物作为构成园林景观的要素，是构成空间的弹性材料，是极富变化的动景，增添了园林的生机和野趣，丰富了景色的空间层次，起着划分景区、点缀景观、创造园林空间的作用；即使园林中的地表也可以不同高度和不同种类的植物来暗示空间的边界。如果没有花草树木，园林中的山水、建筑仅以空阔的蓝天作为背景，就会显得过分开敞、暴露，毫无园林情趣。用植物作背景，包围某一个景区，笼罩某一个景象，则使其在建筑与山水周围产生尺度宜人、气氛幽静的空间环境。在园林设计中，可根据设计目的和空间性质（开旷、封闭、隐蔽等），相应地选取各类植物来组成开敞空间、半开敞空间、覆盖空间、完全封闭空间等不同的空间组合。高大树木、绿荫华盖，不仅创造幽静凉爽的空间环境，还创造富有变化的光影效果，那"梧桐匝地，槐影当庭，墙移花影，窗映竹姿"的景象使人抒发某种意境和情趣。浓郁的树木，可以形成建筑与山水的背景，而树冠的起伏层叠，又构成园林空间四周的丰富变化。层次深远的林冠线，打破或遮蔽了由建筑物顶部与园林界墙所形成的单调的天际线，使园林空间更富于自然情调。

1. 空间的阶层顺序和连续顺序

园林中的空间不是一成不变的，在各个空间之间必须存在一定的关系。

（1）阶层顺序

即一种空间出现的顺位秩序。比如，依照公园的各个设施、景点的顺序，而产生了与之配合的空间顺序。有时可以落实为一种空间的表象顺序，空间是外向的→半外向的→内向的；写实的→折中的→抽象的；封闭的→半封闭的→开放的等。

阶层顺序的主要内容是对各个空间规定性格的顺序，从视觉上形成各个空间的交替作用。在园林中这种空间的交替，使之分成若干段落的方法有很多，可以采用建筑、小品、水体、地形等园林要素来进行分隔，例如，园林中的门、栅栏、台阶、牌坊、地形高差改变、水体等。也可采用植物种类、种植方式转换进行分隔，例如，北京植物园桃花园与丁香园之间的空间转换。在实际范例中，常常植物与其他要素配合使用，来达到设计目的。

（2）连续顺序

连续顺序像电影中将很多个镜头连接在一起，使之成为一个连贯画面。把空间的阶层顺序连接起来就成了连续顺序。长距离单一的空间，容易使游人在游览时产生乏味的感觉。在种植中利用园林要素，巧妙改变空间的方向、类型，变更园林要素的材质等，都能得到优美的连续顺序。如能很好地利用园林要素，则可起到加强空间的丰富性和趣味性的作用。

2.空间过渡

植物用来组织空间，能够构成相互联系的空间序列，这时植物就像一扇扇门、一堵堵墙，引导人们进出和穿越一个个不同空间。可以取得似隔非隔，使相邻景象空间相互渗透的效果。浓郁的树木或竹丛，有时可以完全遮挡视线，使空间得到划分。景观发生变化的位置，称为转折过渡区域，转折过渡区域有时以点的形式存在。在一个景区空间的结束处，点缀几株植物，可以对另一个景区空间起到引导与暗示作用，所谓"山重水复疑无路，柳暗花明又一村"的效果就显现出来。

那么，这几株植物组成的树丛，形成空间过渡的转折点，起到了连接过渡点两侧空间的作用。同时植物可以用在园林内外空间交接处，起到拓展园林空间感的效果。例如，有些面积较小的园林，人们在园内漫步，园林边缘的界墙，往往就在视线范围之内，使人觉得园林空间过分局促，感到索然无味。如果用浓郁的树木加以遮挡，使界墙在人们的视线中消失，这种心理上的局促感就消除了。所谓"围墙隐于萝间"，使人感到在竹丛、树木之后还有园林空间的延伸。

这种园林内外的过渡，既是空间的变化，又是不同空间之间的交流。在种植设计中对园边界的处理，也要注意空间过渡和变化，使园内的游人到达园边界却还有景可观，而园外的行人又能被园内透出的景色所吸引。例如，北京植物园月季园的南边界，也是北京植物园边界的一部分。它的种植就考虑了园景透绿的要求，通过园边界处的小地形与植物种植的变化，营造出丰富的景观，使游人身处边界，却还感觉有无限风景在前方。

3.空间组合

在组成景观空间的过程中，不同植物空间通过不同排列与过渡的形式可以创造出不同的景观空间。游人在欣赏景观的过程中，会不自觉地按照一定的次序在运动与驻足观赏中断续进行。因此种植设计是要充分考虑游人驻足观赏、停留的空间，否则设计只能产生道路效果，游人穿行其中不能停歇。根据游览形式不同，可以将空间组合分为线性排列空间、簇空间及包含空间等几种形式。

（1）线性排列空间

线性排列空间指在一系列前进过程中的空间，仅有一条交通依次穿过不同的空间或各个空间沿着行进路线依次平行排开，每个空间有独立的出入口。行进的方向可以是直线、折线、曲线或不规则线，但整个游览线路连续并具有起点和终点。在线性排列空间组合中出现的每个独立空间可以相似，其平面大小、形状和封闭.性也可以根据位置及功能的不同而变化。在这个线上的起点和终点空间由于标志着开始和结束而具有特殊的重要性，中间各个空间的重要性决定于它们在整个序列中的位置，或者决定于它们的大小、形态和主景元素。

线性排列空间组合可以根据游览线地穿行方式不同，分为游线内穿式和游线外穿式两种类型。

①游线内穿式线性空间

指游览线从各植物围合空间内部穿越，把各空间按照一定顺序一个接一个地连起来。这种空间组合形式的各个空间直接连通，不仅它们之间关系紧密，而且具有明确的顺序和连续性。一条游览线路从每个独立的空间中穿过。种植设计时在每个独立空间的营造上，可以选择不同主题植物搭配形成一定的围合空间，可以采用片植手法，注意围合所形成空间的内边缘效果，使游人在空间内部能够观赏到丰富的景观层次，而在相邻的两个空间的连接处，注意树种的变换，以起到示意空间转换的目的。在整个游览线路上选择一致的植物材料，采用等间距或变化间距的列植形式，以达到统一、自然的效果。在空间转折处可以选择种植特殊景观的观赏树，提醒游人空间将要发生的变化。

②游线外穿式线性空间

指每个独立空间之间没有明显的直接连通关系，各个植物围合的空间直接与道路相接，道路位于各空间的外缘，空间和交通明确分开。这种游线的设置，在一定程度上保证了各个空间的相对独立性，使之相对安静和私密。道路将各空间连成一体，使它们保持必要的功能联系。每个空间有独立的出入口，出入口在道路两侧依次排开。这样的空间布置要点与内穿式基本相同，只是由于具有单独的入口，因此，在空间入口处采用孤植、对植、丛植园景树的方式作为独立空间的标志。

这种线性排列空间主要用于重要建筑或场所前，对其前面引导序列进行细致设计，使整个行进过程充满预期、兴奋和到达感。

（2）簇空间

簇空间群构成了另一种不同的空间组合方式。在这种组合方式中，组成的空间的相关性主要取决于它们之间的接近距离或距离道路或入口的远近。对称可以作为组合这种空间的一种方式，如果不是实的对称轴线，这种虚轴更多的是一种联系它所分隔空间的视线或感知的轴线。

簇空间有多种交通组织方式。如果一个空间仅引向另一个，这就类同于压缩到一起的线性空间。常用的组织方式是根据各个空间的功能和重要性，形成道路网络加以连接。主要道路引导进入主要空间，通过其他过渡空间或次级路进入其他空间。另一种方法是营造一个大型的聚会和分散场所，类似于城市广场或演艺区，尽管是非线性静态的，却能与它相邻的周边空间有方便的交通联系。由于其在整个构图中的位置及其与其他空间良好的交通，这个聚集空间通常是最大和最重要的因素。

簇空间的组织方式适用于需要相对独立范围，同时又具有相似或相关活动的空间。一个常见的例子就是居住区内的私人庭院、公共空间和街道、游戏区和街区公园的关系。交通系统应该允许居民或参观者选择进入或不进入某些场地，这一点与线性排列空间仅提供一条预先设计好的序列一样。这种复杂多变的簇空间形式可以在中国传统园林中见到，室内、室外、过渡、覆盖等空间都集中在封闭的院墙内。

为形成以上的空间，通过采用对植、列植和丛植、群植的方式，形成引导、封闭、围合出符合空间序列和空间功能要求的场地。

（3）包含空间

一个或多个空间完全包含于一个大的围合空间。被包含空间可以完全封闭并与包含的空间相隔离，或仅仅部分空间封闭，但仍然拥有与其包含空间明显不同的领域。一个包含空间序列理论上可以有两层（一个空间在另一个空间内）、三层、四层等，但实践中包含空间序列很少会有三层以上，在包含空间内的任何一层可以由不止一个空间组成。

包含空间序列可以是同心的，或者被包含空间根据交通和其他使用需求而不对称分布。与线性空间序列和簇空间不同，包含空间序列的功能决定于组成空间的相对尺度大小。如果被包含空间与包含空间相比很小，它就会具有明显视觉特征，并作为一个大空间内的主景，这个被包含空间会被认为是一个大空间内的实体而不是可以进入和游赏的空间。

在另一方面，如果被包含空间太大，则包含空间没有足够的领域范围就会失去其独立性和主导特征。在这种情况下，这两个空间的边界简单地相互强化形成双边界，或在边界间形成线性空间，最后成为一条环形道路。

包含空间序列给人以深刻、积极地进入边界，逐渐接近构图中心的感觉。任何组成包含序列空间的影响效果是由其相对大小、封闭程度和对视觉的吸引力决定的。通常而言，主导空间是那些最大或最内部的空间，因为这个才是构图的中心。其他附属空间起到辅助、增加多样性、分隔空间或为最内部空间提供缓冲或作为前奏的作用。

空间组合中出现的不同空间应该在满足功能的前提下富于变化。空间组合的起点和终点一般要求有标志性的设计，可以通过不同的配植手法，如利用树形、体量或者色彩等的对比来形成主体。在一些重点表现的空间需要设计者通过前景、中景和背景以及树丛的林缘线的较多层次变化来表现空间的进退和大小，用其精彩的设计作为整个空间组合的景观高潮。这样使游览者在欣赏景观时，能够感受到景观丰富度的不同，并在不同功能、大小、形式各异的空间中找到适合自己的空间进行一系列游憩活动。游人在顺序游览的过程中，空间围合、变化一定要丰富，否则使之长时间在某种或明或暗的光影效果空间中行进，会产生厌倦的感觉。在平面上，空间要有大小、形状的差异，在空间的光影效果上要表现为明暗的交替、郁闭度的变化。

（三）园林种植设计中空间设计要点

1. 园林静态空间布局

园林静态空间布局是指在视点固定的情况下所感受的空间画面。这与绘画具有很大的共同性，这时只有视线所及的四周景物，才对空间布局有用，在视线以外的景物可以不予考虑。在以上所说的线性排列空间、簇空间以及包含空间中，一般说来在每个空间的入口或者空间中某些需要游人停留的地方往往需要考虑静态空间的配置和景点的安排。园林静态空间布局一般需要考虑以下要素。

（1）风景透视与视角。视距的关系

在园林中不同视距、不同视角，会使游人形成不同的风景感觉。适宜的视距、视角可以起到更好渲染气氛的作用。一般正常视力的人，在距离景物25cm处，能够看清各种细节，属于最明视的距离。在距离植物250～270m的距离时可以辨别出花木的类型。正常的眼睛在静止时最大能看到垂直方向视角130°，水平方向160°范围的景物。

景物最适视域为：园林中的主景，如建筑、小品、园景树、树丛等，最好能在游人垂直视场30°和水平视场45°的范围内。所以，在此范围内，应该安排游人停留、休息、欣赏的空间。例如，在草坪中安排雪松作园景树，则要安排出一定的视距范围，才能让游人不用仰头，直接可以看到雪松优美树姿的全景。而不能在小范围空旷草坪中安排较大的园景树，这样游人不能一目了然地观赏树姿，影响了其观赏效果。在园林中，有时为了营造景物特殊的感染力，还可以把主景树安排在仰视或俯视条件下来观赏。平视时，游人头部比较舒适，此时的感染力是静的、安宁、深远的，没有紧张感，所以在安静休息处应该注意树丛与休息点的距离，空出足够空间，甚至营造非常开敞的空间，使游人视线延伸到无穷远的地方。当游人与景物不断接近，仰角超过13°时，为了较完整欣赏景物必须使头部微微仰起；如果继续接近，景物映像不能进入垂直视场26°范围时，

必须抬头仰视：仰角超过30°时，显示出愈来愈紧张的感觉，可以突出所观景物的高耸感，这种手法常常用来突出建筑的高大感。当游人视点位置高，景物展开在视点下方时，不得不俯视观察。由山顶俯视山谷，景物位置愈低，就显得愈小，给游人一种"登泰山而小天下"的英雄气概，征服自然的喜悦感。在中国自然风景当中，常有这种俯视景观，如黄山清凉台和峨眉金顶等。我们称之为俯视景观或鸟瞰画面。在园林中，可以巧妙创造这种视觉景观与空间，尤其是大型园林和风景林，要很好地利用自然地形的起伏，营造各种空间，形成富于变化的仰视、俯视和平视风景。如杭州宝石山的宝傲塔、玉皇山顶等都是很好的仰视和俯视风景。而平湖秋月、曲院风荷、柳浪闻莺等是很好的平视风景。

（2）透景与透景线、障景、夹景、框景等处理

特别需要注意的是，无论哪种视角，在种植时一定要注意布置透景线。透景线两边的植物在景观上起到对景物的烘托作用，所以不能阻隔游人视线，不能在透景范围内栽植高于视点的乔木，而要留出充足的空间位置以表现透视范围的景物。规则式园林在安排透景线时，常与直线的园路、规则的草坪、广场、水面统一起来；自然式园林常与河流水面、园路和草坪统一起来安排，从而使透景线的安排与园林的风格一致，同时可以避免降低园林中乔木的栽植比例。在非常特殊的场合下，如风景区森林公园，原有树木很多，通过周密的安排，可以疏伐少量衰老或不健康的树木，以达到开辟透景线的作用。

在园林种植设计的过程中应该使园内外的美景互相透视，这种手法被明代造园家计成称为"借景"。他认为："借者，园虽别内外，则景则无拘远近，晴峦耸秀，绀宇凌空，极目所致，俗则屏之，嘉则收之。"在借景的过程中需要注意游人观赏点周围的种植与所借风景如何融为一体，不能出现比例上不和谐的问题。

出现局部景色不调和的问题时，常用的手法是"障景"。很多公园绿地用障景的手法变换空间，达到欲扬先抑的目的。比如花港观鱼公园东入口的种植，就采用树丛种植屏障游人视线，使他们不能入园后一览无余，造成空间明暗的变化，使树丛后的草坪空间显得更加开阔。

夹景，当远景在水平方向上很宽，其中部分景色并不动人，可以利用树丛、地形或建筑等把不动人的景色屏蔽掉，而只留合乎观赏的远景。

框景，就是利用类似画框的门、窗、门洞等，把真实的自然风景"框"起来，从而形成画意。植物种植中可以利用树丛、灌丛，甚至乔木枝干等形成框景。

2. 园林动态空间布局

园林静态空间在园林中并不是孤立的，而是相互联系，从而形成一种动态变化的空间过渡与转折。游人视点移动，画面立即变化，随着游人视点的曲折起伏而移动，景色也随着变化，就是我们经常所说的"步移景异"。但这种景色变化不是没有规律，而是必须既有变化，又要合乎节奏的规律，有起点、高潮、结束，这就要考虑动态空间的布局。以上所说的三种空间组合形式，每一个空间具有其静态空间，但从整个游线来说，其为一种动态的空间布局，随着游线的展开，视觉画面会随着植物种类、色彩、季节等发生着有节奏的变化。动态空间布局主要注意以下三方面。

（1）变化与节奏

游人在行进间两侧的景物不断变化，这种连续的风景是有始有终，是有开始有高潮有结束的多样统一的连续风景。在这个连续的风景营造中，对比和变化的使用，可以营造出一种多样性的统一，从而产生节奏感。具体手法有：

① 断续

连续风景是需要具有轻重缓急节奏的，否则就会变得单调乏味。所谓"密林稠林，断续防他刻板"，就是这个道理。连续不断的同一个景物延续下去，尤其在空间营造中林带的延续，就会产生刻板、不生动，即缺乏节奏；反之，如果林带有断续，就可能产生节奏。

② 起伏曲折

起伏有致，曲折生情。通过起伏和曲折的变化，来形成构图的节奏。园林中河流及湖岸，则用曲折来产生节奏，例如，颐和园苏州河两岸的土山和林带，富于曲折和起伏，林带由油松构成的林冠线有起有伏，河流两岸的林缘线也有曲折变化，因而沿苏州河走去，感觉构图有动人的节奏。

③ 反复

连续风景中出现的景物，不能永远不变，也不能时刻不停地变化，这就要求有些景物在行进间反复出现，既打破了单调产生变化，又不致太杂乱无章，失去重点。反复有三种。

A. 简单反复

就是同一个体连续出现，如行道树种植等。

B. 拟态反复

就是出现的单体具有细微的差别，基本感受一样，但形态或色彩等方面会有少许变化。如一个花丛为玉簪、萱草和紫花鸢尾；另一个花丛为玉簪、射干、黄花鸢尾，以射干代替萱草，产生形态的变化，同时以黄色鸢尾代替紫花鸢尾，也产生色彩的差异，但这两个花丛相似度很高，其反复轮流出现就构成了"拟态反复"。

C. 交替反复

就是差别很大的单体反复出现。如一个花丛为玉簪、萱草和紫花鸢尾；另一个花丛为宿根福禄考、景天和漏斗菜。在自然式林带设计中，以不同树种构成的树丛，就可以采用以上方式进行种植。

④ 空间开合

游人在园林中行进，有时空间开阔，有时空间闭锁，空间一开一合，可以产生节奏感。如颐和园苏州河两岸，不仅林冠线有起有伏，林缘线有曲折变化，同时河流本身有弯曲，这样河流宽度也会发生宽窄变化，因而沿河行空间时而开阔，时而闭锁，产生空间开和节奏感。

（2）主调、基调与配调

在连续布局中必须有主调贯穿整个布局，拥有统率全局的地位，基调也必须自始至终贯穿整个布局，但配调则可以有一定变化。整个布局中，主调必须突出，基调和配调必须对主调起到烘云托月、相得益彰的作用。如颐和园苏州河两岸的林带，以油松、桃花、平基槭、栾树、紫丁香等树种组成的树丛为基本单元，把这个基本单元不断地进行拟态反复。两旁的林带，春天以粉红色的桃花为主调，以紫花的丁香、平基槭、栾树嫩红的新叶为配调，以油松为基调；秋季则以红叶的平基槭为主调，油松为基调，其余为配调；冬季则以油松为主调，其余均为配调；其中油松、平基槭、桃花三个树种，必须自始至终贯穿在整个苏州河两岸。

（3）季相交替变化

园林植物随着季节的变化而时刻变换着外貌和色彩。植物作为园林空间构图中的主题，由于季相变化，也就引起园林空间面貌的季相变化。对于这种季相的变化，是与园林的功能要求以及艺术节奏相结合的，从而做出多样统一的安排，这就是季相构图。季相变化不仅仅考虑植物的荣枯，还要考虑其叶色、花期、果期、展叶期、落叶期等多方面的生物学特性，从而合理安排植物在所需营造空间中的季相特征。

园林植物从开花到结果，从展叶到落叶，随着时间的推移而不断变化，从色彩、光泽和体形都随着时间而不断变化，正是这种变化，在保证基本空间功能的基础上，赋予空间以更多的色彩和体验。在季相变化的构图中，不论是大型的风景区，还是小型的花园，从大型密林疏林到小型花坛花境的植物搭配，都要做到不能偏荣偏枯，一年四季要做到有序曲、有高潮、有结尾。每一个园林空间，每一种种植类型，在季相布局上，应该各有特色、各有不同的高潮。有的可以以春花为高潮（如牡丹、樱花、梅花等主题景区），也可以以秋实为高潮（如石榴、柿树等）。

三、园林种植设计的平面布置

（一）两株、三株、四株、五株的平面布置

1. 两株树的种植

在构图平面上两株树的种植要符合多样统一的原理，使两株树达到既相同又有不同的境界。它们是对立的统一体，所以两株差别过大的树木种植在一起，会因差异过大而不够调和。例如，一株雪松与一株毛白杨种在一起；一株圆柏与一株女贞种在一起，一株高大的乔木和一株灌木搭配或一株常绿树与落叶树相搭配，都会因为对比过于强烈而达不到好的效果。所以，两株树的平面布置应选用相同树种，但是两株同样大小的同种树搭配在一起，显得过于一致而呆板。所以相同树种的两株树的搭配最好在姿态、动势、大小上有较显著的差异，这样才能使两株树的搭配既有对比又能统一，显得生动、活泼。

2. 三株树的种植

三株树的种植，在透视外观上形成比较稳定的画面。最好三株为同一个树种或者外观相似的两种树种来搭配。如果选用外观差别十分大的两种树来配合，在感觉上形成两个树丛。比如采用两株雪松和一株樱花搭配。三株配合中，如果用不同树种，为了保持比较的一致性，最好同是常绿树，或同是落叶树；同为乔木或同为灌木。如果选用三个不同树种（同科同属，相似树种除外）搭配成三株一丛，看起来会显得纷乱。

三株树的种植，种植点忌在同一直线上，也忌成等边三角形。三株树的种植点最好形成不等边三角形。尤其三株树为同一树种，在树木的规格大小、姿态上都要有对比。如果三株为两种不同树种时，在平面布置上需要注意对比与均衡。首先，两个树种大小相差不能太大。最好距离较近的两株树为不同树种，其中不等边三角形中距离较近两点上的树种为不同树种。

在具体种植搭配中，如果在一株高大乔木之下，种植两株灌木，如一株毛白杨搭配两株榆叶梅；或者在两株高大乔木之下，配植一株灌木，如两株悬铃木搭配一株麦李，都会由于体量差异太悬殊，对比过于强烈，而显得不调和，产生了构图不统一的问题。这三株植物虽然位置上在一起组成三株的小组，但是不能调和在一起。

3. 四株树的种植

四株树的种植，最好为同一树种，最多为两种不同树种，而且必须同为乔木或灌木。如果应用三种以上的树种，或体量大小悬殊、乔灌木混用，则不宜调和；但如果是外观极相似的树木，则可以超过两种以上。

当四株同为一个树种时，在体量、姿态、大小、株距等方面要有所变化。并可以把四

株树分为两组，成为 3 ∶ 1 的组合，并且单独的一树种在四株中不能最大，也不能最小，它必须与其他一树种组成三株混交树丛。四株树种植，不能两两分组，更不要有任何三株树排成一条直线。其基本平面应为不等边四边形或不等边三角形。

4. 五株树的种植

如果五株同为一个树种，可以同为乔木、同为灌木，同为常绿树、同为落叶树。每株树的体量、姿态、大小等都要不同。在五株种植中最理想的分组方式为 3 ∶ 2 的三株和两株组成两组。

总之，树木的种植，株树越多越复杂，但分析起来，孤植一株和两株丛植是基本单元，数量增多后可以不断拆分成简单单元。三株由两株和一株组成，四株由三株和一株组成，五株则由一株和四株或三株和两株组成。由此类推，数量更多的树丛、树林也可以在种植过程中拆分、简化，其关键是在调和中要求对比和差异，差异太大时又要求调和。所以，种植数量越少，树种越不能多。树种数量随着种植数量的增多而缓慢增加。

七株树丛：理想分组为 5 ∶ 2 和 4 ∶ 3，树种不要超过三种以上。

八株树丛：理想分组为 5 ∶ 3 和 2 ∶ 6，树种不要超过四种。

九株树丛：理想分组为 3 ∶ 6 及 5 ∶ 4 和 2 ∶ 7，树种最多不要超过四种。

需要注意树丛的配植，在 10 ~ 15 株以内时，外形相差较大的树种，最好不要超过五种以上，但外形近似的树种可以适当增多。

（二）树丛、树群的平面布置

1. 树丛

树丛是指丛植的树木构成的一组树，是城市园林中最普遍的植物种植方式。一个树丛可由二三株至八九株同种或异种树木组成，其树种的选择、数量与间距，主要根据立意的要求，也包括使用功能和审美要求，并结合周围环境而定。因此，树丛的应用方式较为多样，如庇荫功能的树丛、观赏为主的树丛、视线诱导或者遮挡的树丛、配合建筑用来丰富立面形象的树丛等。属于观赏为主的树丛，可考虑将不同树种的乔木和灌木进行混交，也可以与宿根花卉相搭配，要注意不同树种在不同季节的形态、色彩的搭配关系以及层次背景的艺术构图等。属于庇荫为主的树丛，大多数全由乔木树种组成，宜采用单一树种。庇荫树丛的林下，用草坪覆盖土面，树下可以设置天然山石作为坐石，或安置座椅。树丛之下，一般不得通过园路，园路只能在树丛与树丛之间通过。

丛植由于是其群体作为.一个单元来对待，所以丛植和孤植既有相同之处也有不同之处。丛植与孤植相同之处在于都要考虑个体美，就是构成树丛的树木也要具有良好的姿态和好的观赏价值，不同之处则是丛植要考虑好株间、种间关系，要统筹群体美与个体美，总体来说个体美要服从于整体美的要求。

树丛的平面设计中要应用两株、三株等树木配植的要点，使得构成树丛的树种要相互穿插，其平面树冠投影线要具有进出和所围空间大小形态的变化。对于观赏功能树丛来说，要注意留出观赏空间，就是在树丛的四周，尤其是主要方向，要留出足够的观赏距离，通常最小距离为树高4倍以上，在这个视距以内，要空旷，但这只是最小的距离，还应该让人能够离得更远去欣赏它，主要面最远能在高度的10倍距离内留出空地是比较理想的。作为主景及对景的树丛，要有画意，在岛屿上，作为水景焦点的树丛，色彩宜鲜艳，以多用红叶树及花木为宜。

在道路交叉口、道路弯曲部分，作为屏障的树丛，既要美观，又要紧密，因而选用生长繁茂的常绿树为宜。树丛的高度必须超过视点，树枝较密，可以有效地阻挡视线。

在自然式园林的进口或园林的局部进口两侧，在不对称建筑的门口两侧，也可用树丛对植，以诱导游人。

（1）屏障树丛

屏障树丛一般安排在公园内广场终点，作为障景，目的是阻挡游人视线，不让园内景物一览无余地展现出来，达到欲扬先抑的效果。

①立意

屏障视线

②树种选择

圆柏、毛白杨、锦带花（连翘、紫薇）、丰花月季、马蔺、草坪。

③作图

主景树安排：九株圆柏错落有致地植于树丛边缘，可以3：3：3组合，或以3：3：1：2组合，绝不能等距离列植。

背景树设置：为增加层次，可于主景树后列植叶色较浅的毛白杨或绦柳。

配景树点缀：配景树的点缀有多种选择，可于主景树前种植几株低矮的花色亮丽、花期较长的花灌木，如锦带花或连翘或紫薇等，也可以在草坪边缘栽植丰花月季或时令花卉形成花带，而在草坪一侧埋小块卧石，石旁植以马蔺点缀。

④效果分析

背景为屏，主景连贯，前景统一，常绿中有花木色彩，草坪空间留出观赏视距，简洁大方。

（2）观赏树丛

观赏树丛常于草坪边、树林外缘、园路交叉口等地布置，游人近距离观赏，树丛的季相美、树种的个体美及组合成丛的群体美都是考虑之要点。

①立意

春光明媚。

②树种选择

油松、龙须柳、碧桃、连翘、平枝枸子、草坪。

③ 作图

主景树：四株龙须柳以 3 ∶ 1 布置点题。七株碧桃左二右五栽于外围全光下，点题。

配景树：油松三株放于中心位置，增加冬季景观。

连翘八株、平枝枸子 14 株连接于乔木之间，形成整体，再次点题。

④ 效果分析

突出一季，兼顾三季，高低错落，疏密有致，春光明媚，色彩宜人。

2. 树群

树群是指由二三十株以上七八十株以下的乔灌木组成的人工群落，可以分为单纯树群和混交树群两类。单纯树群由一种树木组成，混交树群是指由两种以上的树种组成的树群，在树群中可用阴性宿根花卉为地被植物。混交树群是应用的主要形式。

树群主要表现为群体美，像孤立树和树丛一样，是构图上的主景之一，因此树群应该布置在有足够距离的开阔场地上，例如，靠近林缘的大草坪上，宽广的林中空地，水中的小岛屿上，有宽广水面的水滨，小山山坡上，土丘上。在树群的主要立面的前方，至少在树群高度的 4 倍、树群宽度的 1.5 倍以上距离，要留出空地，以便游人欣赏。

树群在构图上的要求是四面空旷，树群内的每株树木，在群体的外貌上都要起一定的作用，也就是每株树木，都要能被观赏者看到，所以树群的规模不宜太大。规模太大，在构图上不经济，因为郁闭的树群的领地内是不允许游人进入的，许多树木互相遮掩难以看到，对于土地的使用也不经济，所以树群的规模一般其长度和宽度在 50m 以下，特别巨大乔木组成的树群可以更大些。树群一般不作庇荫之用，因为树群内部采取郁闭和成层的结合，游人无法进入，但树群的北面，开展树冠之下的林缘部分，仍然可供庇荫休息之用。

树群组合的基本原则：从高度来讲乔木层应该分布在中央，亚乔木层在外缘，大灌木、小灌木在更外缘，这样可以不致互相遮掩，但是其任何方向的断面，不能像金字塔那样机械，应该像山峰那样起伏有致，同时在树群的某些外缘可以配置一两个树丛及几株孤立木。

对树木的观赏性质来讲，常绿树应该在中央，可以作为背景，落叶树在外缘，叶色及花色华丽的植物在更外缘，主要原则是为了互不遮掩，但是构图仍然要打破这种机械的排列，只要能够做到主要场合互不遮掩即可，这样可以使构图活泼。

树群外缘轮廓的垂直投影，要有丰富的曲折变化。其平面的纵轴和横轴切忌相等，要有差异，但是纵轴和横轴的差异也不宜太大，一般差异最好不超过 1 ∶ 3。树群外缘，仅仅依靠树群的变化是不够的，还应该在附近配上一两处小树丛，这样构图就格外活泼。

树群的栽植地标高，最好比外围的草地或道路高出一些，能形成向四面倾斜的土丘，以利排水。同时在构图上也显得突出一些。树群内植物的栽植距离也要各不相等要有疏密变化。任何三株树不要在一直线上，要构成不等边三角形，切忌成行、成排、成带的栽植，常绿、落叶、观叶、观花的树木，其混交的组合，不可用带状混交，又因面积不大，也不可用片状、块状混交。应用复层混交及小块状混交与点状混交相结合的方式。小块状是指

2 ~ 5 株的结合,点状是指单株。

现在许多城市园林中的树群通常中央是乔木,周边就围一圈连续的灌木,灌木之外再围一圈宽度相等的连续的花带。这种带状混交,其构图不能反映自然植物群落典型的天然错落之美,没有生动的节奏,显得机械刻板,同时也不符合植物的生态要求,管理养护困难。因此,树群外围栽植的灌木及花卉,要丛状分布,要有断续,不能排列成带状,各层树木的分布也要有断续起伏,树群下方的多年生草本花卉,也要呈丛状或群状分布,要与草地呈点状和块状混交,外缘要交叉错综,且有断有续。

树群中树木栽植的距离,不能根据成年树木树冠的大小来计算。要考虑水平郁闭和垂直郁闭,各层树木要相互庇覆交叉,形成郁闭的林冠。同一层的树木郁闭度在 0.3 ~ 0.6 度较好。疏密应该有变化,由于树群的组合,四周空旷,又有起伏断续,因此边缘部分的树冠仍然能够正常扩展,但是中央部分及密集部分形成郁闭,阴性植物可以在阳性树冠之下时,树冠就可以互相垂叠庇覆。

以北京树群设计为例,第一层大乔木为阳性的青杨,最高可达 30m,4 月初最先发叶。第二层亚乔木有 3 种:平基槭,半阴性,秋季红叶;白碧桃、红碧桃,4 月中下旬开花,喜温暖小气候,阳性;山楂,半阴性,6 月开白花,10 月果红。第三层为落叶灌木:重瓣榆叶梅,4 月上旬开红花,阳性;忍冬,阴性,常绿藤本灌木,6 ~ 7 月开黄白花,有芳香;紫枝忍冬,落叶灌木,5 ~ 6 月开紫红花。其中的白皮松近期作为第三层的常绿灌木应用,20 余年后,可以上升为第二层的小乔木,至 80 余年后与平基槭同为第一层大乔木,而青杨及其余小乔木与灌木已全部衰老,需要全部更替,树群下的草本地面覆盖植物,阴性的有玉簪、金针菜、荷包牡丹,阳性的有芍药、荷兰菊。这样,整个树群自春至秋,季相荣落交替。

(三)园林种植设计中平面布置的要点

(1)注意主体景物的布置

主体景物从画面中突出出来的方法有:居于少数而且比较集中;独特姿态、质感或色彩;主体景物是个精心配置的植物群丛。主体景物不一定只有一组,可以两三组并存;但它们的体量和形态不能相同相等,要有主有次。

这些主体景物可以安排在透视线的终点或交叉点上、成片树林的边缘、大片草坪的适当地段、林间空地四周或河湖沿岸等地。植物形态和色彩会随季节的推移产生很大的变化,最醒目的植株相继交替。因此,最好的设计是把各个季节的精彩景物汇于一处,而不是在一处景区只在一个时期丰盛美丽。注意主体景物也可以是由植物装点的池沼、溪谷、小径或佳木环绕的草坪。但若水面或草坪的面积很大,则在这些景物之中还要再设主体景物。有些主体景物也可以由植物与建筑或山石、雕塑作品等有机结合。

与主体景物相对应的一般林木可以由单一树种组成,也可以由多种植物混合而成。对它们的要求主要是在观赏主体景物的同一季节里没有引人注目的突出目标以致喧宾夺主。

如果主体景物的界限轮廓鲜明，其他树木就应轮廓散淡而相互交融；如果前者质地浓密，后者就应该疏朗，如果前者色彩艳丽，后者应均匀淡雅。

（2）植物布置不能平均而分散

要注意成组成团进行布置，做到疏密变化的平面关系，植物种植过于分散而平均会形成单调而缺乏变化的空间，在视觉和体验上都没有美感，其根本原因是这种布置缺乏对比和突出重点。而当植物配置做到疏密关系的变化时，平面和空间上就会产生对比变化，从而扩大空间的体验，同时，利用这种疏密的对比关系，也容易体现出设计的重点。

（3）植物布置不能过分线形化

要形成一定群体以及厚度，带状或线性的种植方式适合于特定的环境，如线性的道路、河流两侧较窄地段的种植，而对于园林绿地来说，种植一定要体现出群体效果，也就是在空间上一组植物材料要组成具有厚度的种植群体，形成一定的体量感。具体而言就是植物的配置要在前后左右四个方向上展开，而不是仅仅在左右方向上延展。湖岸边植树，仅就一排柳树绕湖一周，虽简洁整齐，但显得单调，如果增加树种，有常绿落叶、乔木灌木的高低变化，还显单薄，那么变一排为多排，并相互交错，形成具有厚度的整体，效果必定显著。

（4）不同植物种类宜以成组布置，并相互渗透融合

同种植物应该形成相对集中的组团，然后不同组团之间相互融合、相互渗透，这样在既产生秩序的同时，又能够产生配植上不同植物立面变化和其他观赏特性的变化，这一点在自然界中也可以观察到，就是在一片自然林中往往同种植物相对集中，不同植物种类成片相交，在其相交边缘地带，可以进行适当的混交，产生种间过渡。

林缘线布置要有曲折变化感

从而形成变化的围合空间设计园林植物空间的创作是根据地形条件，利用植物进行空间划分，创造出某一景观或特殊的环境气氛。而植物配植在平面构图上的林缘线和在立面构图上的林冠线的设计，是实现园林立意的必要手段。相同面积的地段经过林缘线设计，利用曲折变化的林缘线可以划分成或大或小，或规则或多变的空间形态；或在大空间中划分小空间，或组织透景线，增加空间的景深。林缘线的曲折变化可以有效地加强景深，增加空间的神秘感。在林缘线设计中如果仅是简单地处理成整齐线性，将会使得空间缺乏前后的变化，也会形成呆板的景观效果。

（四）园林种植设计的立面构图

园林种植设计成功与否，除了空间上安排合理、平面上布置精细外，还要求植物景观"立"起来以后的立面效果优美如画，使人产生美感。要做到立面构图优美如画，就应遵循一些美学原则。

1. 立面构图的美学原则

（1）统一与变化

园林种植设计立面构图中应用统一的原则是指种植设计中的植物，其树形、体量、色彩、线条、形式、质感、风格等，要求有一定程度的相似性或一致性，给人以统一的感觉。由于一致性的程度不同，引起统一感的强弱也不同。十分相似的一些植物组成的园林景观产生整齐、庄严、肃穆的感觉，但过分一致又觉呆板、郁闷、单调。所以园林中常要求统一中有变化，或是变化中有统一，这就是"多样统一"的原则。纪念公园、陵园、墓园、寺庙等场所，常在主干道两旁种植成列的松柏树，使人肃然起敬，产生一种庄严的统一感。如北京天坛东门入口甬道，卧佛寺山门外都是如此。至于其他性质的公共园林就不需要过多的形式统一，而要求变化中的统一。

种植设计可以通过以下方式来创造统一感。

① 树木种类的统一

在种植设计之初就要决定采用何种树种作为基调树，是槐树，还是枫杨，或是两种树的结合，这样在整个大的种植区域中，树木形成统一的基调。

② 树种观赏性的统一

选择树形相同或相近的树种形成观赏立面；或者选择同属不同种类，甚至不同品种的材料种植成的树丛；花色相同的植物材料组成的观赏立面等都符合观赏性统一的范畴。

变化是统一的反面，在统一的基础上变化才不致零乱。变化程度过大就会失去统一。北京郊区永定河上著名的卢沟桥，石栏杆上刻有变化丰富的各种不同大小石狮子，它的材料统一、高矮统一、柱头上一个大狮子也是统一的，可以变化的范围是大狮子周围小狮子的数量、位置和姿态等，匠师们极尽职巧，使每个柱头上大小狮子的造型变化无穷，在坚持统一中求变化的原则下，创作出十分惊人的艺术品，受到中外人士的高度评价。种植设计中绝对的统一，一般是指选用同一树种进行配植，所以前面所指的观赏性统一，很大程度上是相对而论。树形相同，可以种类不同，进而带来观赏性的差异，玉兰、望春玉兰同是木兰科、木兰属的植物，树形很近似，但是花色不同而且花期有先后，花后叶片形状不同，用以上两种植物材料组成观赏树丛，就是一种有变化的统一。

园林中的变化是产生美感的重要途径，通过变化才使园林美具有协调、对比、韵律、节奏、联系、分隔、开朗、封闭……许许多多造型艺术的表现手法，都符合这些原则和方法，所以说"统一变化"的原则是其他原则的理论基础，在种植设计立面构图中，一定要让各要素在某些因素统一的前提下，进行一定程度的变化，这样才能组成丰富的植物立面效果。

种植设计时，园中的植物材料有几十种、上百种，以达到春花、夏叶、秋实、冬干。各景区景观各异，丰富多彩，特色鲜明，变化多端，但它们都统一在园子的基调树种下，如颐和园各殿堂中植有海棠、玉兰、牡丹、龙爪槐、楸树、竹等，但都统一于松柏。紫竹院公园植物材料更为丰富，草坪、疏林、密林、树丛、树群变化多样，但还是统一在竹的特色树种上。

（2）协调与对比

协调是指事物和现象各方面相互之间的联系与配合达到完美的境界和多样化中的统一。在园林种植设计中协调的表现是多方面的，如植物体量、色彩、姿态、质感等，都可以作为要求协调的对象。植物景观的相互协调必须相互关联，而且含有共同的因素，甚至相同的属性。

① 协调

协调又分为相似协调和近似协调。

A. 相似协调

形状相似而大小或排列上有变化称为相似协调。当一个园景的组成部分重复出现，如果在相似的基础上变化，即可以产生协调感。例如，一个大圆的花坛中排列一些小圆的花卉图案和圆形的水池等，即产生一种协调感。如每年天安门国庆中心花坛就有这种效果。两种体形不同而重复出现的结果，虽显得变化丰富而要形成协调就要进行适当的源头处理。

B. 近似协调

两种近似的体形重复出现，可以使变化更为丰富并有协调感。如方形与长方形的变化，圆形与椭圆形的变化都是近似协调。

以上两种比较起来，后者更为常用而且富于变化。自然式的园林中蕴藏着许多美景，如果细加分析，其中确有许许多多近似的协调，植物叶片之间大同小异，本身就是一个近似协调的整体，枝条的开张度和匀称的分布形成整个树冠的体形轮廓，它与附近的同种树木又形成近似的协调。一片松林、竹林为什么如此引人入胜，主要是存在着令人悦服的协调感。再加上小河蜿蜒，与它嵌合的小路迂回地伴随，也使人陷入协调的美感之中。

园林种植设计运用植物的色彩、姿态、质感、体量进行设计时，都可以用同一色相、类似色相、相似姿态或近似质感、体量来达到协调，体现简洁、大方、朴素的艺术效果。丁香专类园中，选择大量不同种类、品种的丁香属植物，尽管它们在叶形、株型、叶大小、株高矮等方面各有不同，但其素雅的花色、优美的花序、花形，达到了整体的相似和一致，这就是协调的极好体现。

② 对比

对比的形成是差异大的变化结果，由于差异大而失去了协调，走向了另一个极端而成对比。所以，从协调到对比是不同程度的变化。

园林中可以从许多方面形成对比，如体形、体量、方向、开合、明暗、虚实、色彩、质感等，都能在园林设计者的笔下形成园景的对比，虽然如此，对比的手法却不能多用。

对比的作用一般是为了突出表现某一个景点或景观，使之鲜明、显著、引人注目。其他艺术理论中常提醒人们"对比手法用得频繁等于不用"，种植设计也不例外。对比引起的感觉是激动、强烈、浓重、兴奋、突然，崇高、仰慕等。园林树丛中的主景树，必须用对比的手法加以突出而明确主题，但如果同一视野范围内产生的对比太多，反而不能使游人感到激动、兴奋或惊奇，因为对比太多，使人无暇感受，最终结果是平淡的效果，所以对比手法不便过多使用。

A. 种植设计立面形成对比的常用手法

烘托的手法——利用植物烘托植物容易得到较好的效果。中国古诗中所谓"万绿丛中一点红"的意境经常用常绿树作背景衬托花灌木，体形色彩均能产生对比，尤其以常绿树衬托常年红色叶植物（如圆柏与红枫搭配）或开红花植物效果很好。以植物烘托建筑的手法也很常用，其中包含着人工与自然的对比，质地的对比，线条、色彩的对比等，烘托得效果极好。

优势的手法植物群落中，被突出的景物树种常称主景树，其他树种称为配景树，这二者必定有一方占有绝对优势，显著地突出才能获得对比的效果。但优势主体树不一定以面积和数量来表现，如果色彩鲜明或位置高耸也可能形成优势。作为配景树的一方，它的树形或色彩等内容要有最大限度的统一。内部协调，才能隽永地为主景树服务。例如，松、竹、梅岁寒三友的树丛配植，以梅花作为主景，松、竹为背景和配景，这两种植物皆为常绿树种，在冬季以绿色来衬托出梅花的美感。

B. 树丛立面构成中构成对比的因素

在树丛立面构成中能够构成对比的因素有很多，常被使用的有：

姿态对比的手法姿态对人的视觉影响很大，而不同的树种具有不同的姿态。一般而言，姿态有12种，大体可分为有方向性和无方向性两大类。有方向性的如圆锥形、圆柱形、伞形、垂枝形；无方向性的如圆球形、曲枝形等，由于姿态给人的视觉影响面比较大，可以利用不同姿态的组合，如通过钻天杨的竖向与合欢的横向对比，圆柏的尖塔形与沙地柏等水平展开的对比，从而可以达到突出主题或者改善视觉景观的目的。

体量对比的手法体量是一个物体在空间的大小和体积。植物的体量决定于植物的种类，乔木体量最大，而地被类则体量较小。由于体量在一个空间中往往给人以重要印象，因此，在种植设计中，往往把具有不同体量的植物以对比的方式来形成视觉中心。如一条蜿蜒曲折的园路两旁，路右若种植一株高大的雪松，则邻近的左侧须植以数量较多，单株体量较小的成丛花灌木，以求均衡。

色彩对比的手法——色彩构图中红、黄、蓝三原色中任何一原色同其他两原色混合成的间色组成互补色，从而产生一明一暗、一冷一热的对比色。它们并列时相互排斥，对比强烈，呈现跳跃新鲜的效果。用得好，可以突出主题，烘托气氛。如红色与绿色为互补色，黄色与紫色为互补色，蓝色和橙色为互补色。我国造园艺术中常用"万绿丛中一点红"来进行强调就是一例。

质感对比的手法质感是由植物枝条的粗细、叶的大小、生长的密度、干的光滑与粗糙等所给人的综合感受。植物有粗质、中质、细质之分，不同质地给人以不同的感觉。不同质感的植物搭配对空间的大小及主题的表达也有影响，合理运用质感间的对比和调和及渐变是设计中常用的手法。枝干纤细、叶片细小等植物所形成的质感是细腻、亲切，从而有一种拉近人的距离的感受；而叶片粗大、枝干粗壮的植物则给人以粗犷感、距离感。当具有不同质感的植物材料在设计中出现，如南方的八角金盘粗大叶片和小叶女贞的柔软、细小的质感配植在一起，能形成视感的冲击。

当然，以上所列手法经常混合使用，如常绿植物圆柏、黄杨、沙地柏等组成的树丛，同时具有形态尖塔形与圆球形、匍匐形的对比，又具有叶色的对比如翠绿与暗绿以及体量的对比（高大的乔木与灌木），使树丛立面效果达到协调、对比的高度统一。

（3）动势与均衡

动势是一种物体自然或机械的动作或状态。一幅构图通常是由几个焦点甚至以单个焦点组成，所有其他因素在视觉上都与这些焦点发生某些联系，使视觉点与所视焦点之间处于一种静态因素与动态因素之间的状态，这里似乎存在着一种"动"与"静"之间和谐的共处关系。动势的营造是调动游人视觉趣味的有效手段之一。

园林种植设计中植物的动势有两种情况。一种以具有柔软枝条的植物，如垂柳，当风吹过时，枝条舞动，产生动态美感。另一种，在更多情况下，植物种植以后不会有明显的位置移动，但由于视觉心理的作用，在某种情况下，特定状态的植物也会产生某种动势，给人某种动的感觉，包括动势的方向感、力量感等，从而影响构图的形式美。比如水岸边所植树木，经过若干年的生长总会产生一定的向水性，其枝干自然而然向水面倾斜，从而形成一种动势的感觉。

对于种植立面组合的多株植物而言，较小植物所处的位置，即这组植物的动势指向，如果沿着这种指向在较小植物个体前再种植一株更小的植物，这种动势就会更加强烈，形成一边倒的动势形式；如果在指向的方向种植一株较大植物，则会使这种动势有所抵消，从而构成某种动势的均衡或平衡。

均衡是体现物体形式美感的重要特征，是指物体的各部分在左右、上下、前后等对应两方面的布局，其形状、距离、质量、大小、价值等诸要素的总和处于对应相等的状态。均衡就是平衡和稳定，在种植设计立面构成中影响均衡的主要因素有物体体量的大小、质感的粗与细、色彩的色相及其浓与淡等因素。均衡在园林的整体、局部空间中立面的构成上都存在。它有两种形式，一种是对称。对称在自然界中有两种形式，一是两侧对称，如植物的对生叶、羽状复叶等；二是辐射对称，如菊花头状花序上的轮生舌状花等。引起对称感的实体常为一对相同属性的物质，给人的感觉是具体的、严格的，甚至是生硬的，这种同属性物质造成的对称有时又称为平衡或均衡。如中国古典园林大门口立面布置一对狮子再对植槐树等。另一种是非对称的平衡（均衡），不是由于种类、大小、数量等严格对称而形成的平衡，它是通过人的心理，对不同物体的大小、形态、质感、多少等因素进行综合形成的平衡感，是一种感觉上的均衡。

形成均衡的要点：

①必须有一个视点或视点连成的轴线

在这个点或线上欣赏才能感到对称均衡的美，这一条线可能是一条道路，或一个透视夹景，也可能是一条虚无的视线。

② 对称的景物两者必须保持一定的距离

恰在视点或轴线的左右。这两组景物的形象、色彩、质感分量，无论是集体或个体，要给人以基本相等的感觉才算是成功的对称均衡。

③ 相互对称的两组景物质感与量感完全相同

即"绝对对称"，它给人以庄严、肃穆、稳定、整齐的感觉，但在植物材料上必须要通过对同种植物的整形修剪来达到。另一种方式是两组景物的外表轮廓相似，而内容和实质并不相同，远望有平衡感，近看并不一样，在整体上用了虚实不同的手法达到平衡感的产生。如天安门广场上人民大会堂与历史博物馆就是属于"相对对称"的实例。种植设计立面中可以用同样姿态、体量的近似种或同种的不同品种，形成立面的相对对称。

④ 一个单体的景物给人孤赏

如一组假山、两个雕像、一组景墙等，也要讲求均衡，如果在视轴上欣赏，左右的成分相同，是近乎绝对对称引起的平衡感，又称为"对称平衡"，效果虽庄严但可能呆板。另一种虽不对称但也给人以平衡感。这在雕塑艺术中是一个很高的要求，称为"不对称的均衡"。在整形式园林中大量出现对称均衡的立面构成，如西方的模纹花坛，文艺复兴时代曾风靡一时，在自然式园林中则讲求不对称均衡，又称"神秘的平衡"。以不同的景物给人以平衡的感觉，这种空间构图要求有较高的艺术性。

⑤ 综合形成平衡感的手法

这种均衡感的形成是包括姿态、质感、色彩、体量等多种性质综合形成的感受。一块顽石可以平衡一个树丛，体形上的差异虽然很大，但人的感知上却觉得平衡，这是因为人们经验上都熟悉石头很重，对石头有一种重量感；一丛树木枝叶扶疏给人以轻快感，本来石与树丛是不平衡的，但经过园林艺术家的权衡运筹之后，石头不多放，树木成丛种植，结果感觉上的分量均衡的。再如自然式园林中起伏的地形与山石树木组合在一起形成视觉上的平衡，这是不同景物相互间的平衡，需要设计师细心安排。这一类权衡轻重的复杂艺术常称为"综合均衡"。人们在不知不觉中感到眼前的图像有一种自然的均衡感，那就十分成功了。

对称是最容易形成平衡的方法，由两个因素组成（如两个狮子），它们之间必定保持着一定的距离，但两者之间仍保持着相互的引力和张力，关系上既密切又强烈，暗中结成一体，它们之间的空间也被吸引在一起。如果单独欣赏其中一半似乎是平静的，其实相互之间是紧张而活跃的，因为这一半要靠另一半才能形成对称，两者之间有一个统一的关系，缺一不可。为了便于加深认识对称的运用，需注意下面事项：

第一，自然式园林中只能应用不对称的平衡，这是难度比较大的布置艺术。人工美不能离开真实，模仿自然就必须采用自然物，将树木山石组合在一起。但由于质感与量感是错综复杂的，而且人们看自然界中的自然物并不处处去衡量，也很少注意眼前的景物是否左右平衡。不平衡是经常的现象，平衡是偶然的。所以人工布置一个理想的有对称平衡感的景物也不必过多，仅在必要的景点上和游人可能停留的地方加以推敲。一个景物的个体美（如一株古拙的松柏）不一定十分对称，需要配上其他的景物加以均衡，才形成一组景物的综合平衡。这种组合的线条与色彩也不能失去统一协调的原则，其中的画意就非笔墨所能阐述了。

第二，画家或风景艺术师们具有的鉴赏力，使他们很容易在对称景物的空间中捕捉到这种对称美。反之，一般游人很可能视而不见。所以，帝王园林为了显示威严，将对称的景物总是安放在大门口、入口道路两旁、桥头等先入为主的地方。除此之外，设计师又想出一些方法，引导游人注意力去欣赏对称的序列。例如，用浓重的背景衬托对称的景物；用封闭或环抱而后豁然开朗的方法凸显对称景物，用列植树木形成夹景，将对称景物放在端头的方法等，这些都需要我们要以古为今用的精神取其精华。

第三，游人的欣赏能力十分复杂，设计者精心构思的一些景观，未必能引起游人注意。尤其自然式园林，只能各取所需，在较大的空间想要得到局部的对称平衡十分困难。中国画论中"六法"的一法为"经营位置"，指画面上的安排，这是静观情况下看画的评论标准。但园中游人对景物的欣赏有视点的远近、质感的强弱、色彩的浓淡等，每个人的感受不同。总而言之，自然景观的对称与平衡值得注意推敲，但质量与效果是难以满足每一个游人的审美需求的。

第四，一个信步游览的人，并没有要求视觉的平衡，园内也不可能到处都给人以平衡感，平衡只能是偶然的、局部的。所以自然式园林中不对称的设计应占绝大部分。这些不对称的景物可能更接近自然，因为这里摆脱了人为的、生硬的、机械的对称，到处都能发挥自然风景的特点，游览者十分自由，视线可以到处"扫描"，不受对称或平衡的约束，远远胜过定点定线去欣赏那些呆板的对称。

据国外的调查资料，许多闻名世界的大教堂广场就不对称，如威尼斯的圣马可广场。中国的圆明园被西方造园学家认为是举世无双的不对称的典型。总而言之，对称与平衡无疑是一种园林艺术的造型原则，但应用上只能在建筑物附近，为了显示严整、肃穆、雄伟、豪华而少量点缀一下是可以的，有时也是不可少的。目前世界上的趋势是，对称与平衡在园林中应用已经不太受到重视。

（4）节奏与韵律

自然界和人类生活中普遍存在着节奏，人类有着自觉和天生的对节奏的审美需求和审美能力。例如，诗词要有韵律，音乐要有节奏，"节奏""韵律"在原来的希腊文都是一个字即rhythmos，西方文字也都差不多是同一个字。它的原意是指艺术作品中的可比成分连续不断交替出现而产生的美感。节奏产生有两个基本条件：一是对比或对立因素的存在，二是这种对比有规律的重复。节奏有快速、慢速及明快、沉稳之分。当序列中的节奏产生变化，且有一定规律，又符合审美规律时，便产生了韵律。韵律是节奏的较高级形态，是不同的节奏和序列的巧妙结合。节奏与韵律是多样统一这个原则的引申，除诗和音乐之外，已广泛应用在建筑、雕塑、园林等造型艺术方面。

　　至于园林艺术的韵律，更具有十分复杂的内容，设计者要从许多方面来探索韵律的产生，从而引起人们的韵律感。所谓"韵律感"有些是可见的，如两个树种交替使用的行道树，还有些是不可见的，在可比成分比较多，互相交替并不十分规则的情况下，其中的韵律感像一组管弦乐合奏的交响乐那样难以捉摸。如山水花草树木组成的风景就是如此，其中复杂的韵律感是十分含蓄的。

　　植物景观是获得植物有机体组成的立体画面，恰当地运用植物材料进行合理的配植，可形成丰富而含蓄的韵律感，使人产生愉悦的审美感觉。"杭州西湖六吊桥，一枝杨柳一枝桃"就是讲每当阳春三月，苏堤上红绿相间的垂柳和桃花排列产生出活泼跳动的"交替规律"。把植物按高低错落作不规则重复，花期按季节而此起彼落，让人们全年欣赏，而高低、色彩、季相都在交错变化之中，就如同演奏一曲交响乐，韵律无穷；在大面积树丛、树林的种植中，其本身在平面上有高有低的林缘线，再加上富有变化的林冠线，这样才更能突出表现起伏曲折的韵律美。园林景物中连续重复的部分，作规则形的逐级增减变化还会形成"渐变韵律"，如植物群落布置逐渐由密变疏、由高变低，色彩由浓变淡可获得调和的韵律感。

　　还需注意在种植立面中，韵律节奏不能有过多、过快的变化，变化过多必然产生杂乱，这一点又服从于统一变化的美学原则。

　　一种树等距离排列称为"简单韵律"，此排列比较单调且装饰效果不大，两种树木相间排列称为"交替韵律"，此排列略显活泼，尤其是一种乔木及一种花灌木的相间排列。如果三种植物或更多一些植物交替排列，会获得更丰富的韵律感。人工修剪的绿篱可以剪成各种形式，如方形起伏的城垛状、弧形起伏的波浪状，平直加上尖塔形半圆或球形等，如同绿色的墙壁，形成一种"形状韵律"。在杭州用倒卵叶石楠作绿篱，春秋两季嫩梢变红，这种随季节发生色彩的韵律变化，称为"季相韵律"。

　　另外，花坛的形状变化，其中还有植物内容的变化、色彩及排列纹样的变化，结合起来是花园内最富有韵律感的布置。欧洲文艺复兴时期大面积使用图案式花坛，给人以强烈的韵律感。另外一种称为"花境"，植物的种类不多，按高矮错落作不规则的重复，花期按季节而此起彼落，全年景观不绝，其中高矮、色彩、季相都在交叉变化之中，如同一曲交响乐，韵律感十分丰富。还有一种灌木花境，是用比较大型的、以灌木为主的丛植法构成的"灌木花境"，其中有各种不同的灌木，互相衔接密植，但有高矮错落，如同材料丰富的"花境"一样，其中可以点缀少数小乔木。依视线的方向，矮灌木在前、高灌木在后，小乔木在最后作背景，形成层次。其特点是突出以群体美为主的成片灌木，这种集中栽植往往沿着道路或墙垣延长下去。地面不留空隙，给人以一种局部有节奏、韵律又成整体的感觉。

　　水岸边种植木芙蓉、夹竹桃、杜鹃花等，倒影成双，一虚一实形成韵律。一片林木，树冠形成起伏的林冠线，与青天白云相映，风起树摇，林冠线随风流动也是一种韵律。植物体叶片、花瓣、枝条的重复出现也是一种协调的韵律，园林植物产生的丰富韵律取之不尽。

（二）园林种植设计立面构图的方法与要点

1.立面构图的方法

（1）立面衬托法

树丛的设计，纳尔逊（W.R.Nelson）提出"立面衬托法"。此方法主要是先画出一定比例尺的平面设计，然后在资料中查明每个树种成长后的高度和冠幅，以同一个比例画出方块状立面图，按排列的次序前后遮掩的实际情况表示出层次来。所取得的立面是对着主要的视线来源方面，也可以将两侧及反面都画成立面图，再结合平面图，这个树丛的效果就可以从五个方面的图纸来观察调整。在立面的方块图上用简单的代号注明植物的质感和颜色，可以一目了然。例如，质感（指叶片构成的整体外观）的代表符号：C—粗糙的，F—细致的，M—中等的，凭视觉的评价，如果有中间型的用MF、MC等表示。

叶的颜色(指各种程度的绿色)种类较多,如EG—艳绿色,YG—黄绿色,GG—灰绿色,BG—墨绿色,RG—红绿色,BIG—蓝绿色。以上各种绿色如果有光泽前面加l（light），如lYGg即代表亮黄绿色。如果颜色发暗，前面加D字，如DBG即表示暗墨绿色。不光不暗的中间型即加M。以上的质感与颜色均写在方块的上方如MF/DEG，即表示该树的质感为中等细致，颜色为暗艳绿色，这样的表示方法，全部称为"立面衬托法"。

该方法的优点：

①比较简单。

②人的视觉对立体或立面的感觉非常敏感，从一般的平面图上不容易发现问题，有了这个方法便于考核设计的效果。

③利用这种图解法立即可以看出，在主要视点上能否达到树木不多，但有层次感、互不遮掩、高矮有序的要求。

④从简单的代表字母可以知道色彩及质感，也便于评价这个树丛的设计。

但是这种方法要备有大量资料，提供成年后树木的高矮及冠幅等，否则这张图难以制成。

（2）设计具体方法举例

要求利用新疆杨、元宝枫、山楂、平枝枸子、沙地柏设计一个观春秋景色为主的树丛。

① 根据立意或主题选择主景树

分析树种的姿态、体量、色彩、质感等观赏特性。这些树种中以乔木元宝枫最能表现春秋的季相变化，同时树体比较高大，所以，用它作为树丛的主景树。

② 对其他树种进行安排

主景树已经确定，要按照平面布置中所提到的原则进行布置。新疆杨树形圆柱形，可以用它打破元宝枫浑圆的树形，达到变化效果，可作为背景树或配景树适当布置在主景树的后方及侧后方。山楂为观春华秋实的小乔木，树形与元宝枫近似，作为配景树布置在元宝枫前面，丰富圆球树形的大小及枝叶的质感、色彩变化。最后安排平枝枸子、沙地柏。这两种低矮的木本地被植物适当密植并成片穿插在不同树种之间，起到联系的作用，使整个树丛整体感更强，同时也增加景物的层次。

总之，乔灌木混交时以少数突出的乔木为主，灌木在附近烘托。动笔设计时，要先考虑乔木的树种和位置，后考虑灌木。乔灌木混交的结果，不仅体形、高矮、色彩、线条、质感等富于变化，而且花期、果期错开更具有较长的观赏期，但种类不能太多，多则零乱难以协调。

树丛给人以丰富的美感，但往往因为不掌握树木成长后的体形大小，以致初期看起来过密，后期形成拥挤，生长竞争的结果会失去应有的体形。再则不注意树木的生态习性与生长的快慢，配好以后觉得十分合乎艺术要求，但是过几年快慢相争，喜阴喜阳相争，乃至人工无法控制，树形紊乱；失去章法如同一堆杂木林，这些问题的发生，设计者确应负有主要的责任。

2. 立面设计要点

（1）林冠线设计

林冠线是指树林或树丛空间立面构图的轮廓线。不同高度的乔灌木所组合成的林冠线，决定着游人的视野，影响着游人的空间感觉。高于人眼的林冠线可以形成封闭、围合或者阻挡的作用；低于人眼的林冠线则会形成开阔的空间感。

林冠线的形成决定于树种的构成以及地形的变化。同一高度的树种形成等高的林冠线，一般而言林冠线往往是树木在立面上的天际线，人们处于一定距离之外才能感受到。在这种情况下，如果树形差异不大往往会形成一种同质感受，同等高度的林冠线平直而单调，简洁而壮观；如果由特殊树形的树种构成可以形成特殊的形态美，如垂柳的柔和与雪松的挺拔以及棕榈的异域风情。不同高度的树种构成的林冠线则高低起伏多变，如果地形平坦，可通过变化的林冠线和色彩来增加环境的观赏性；如果地形起伏，则可通过同种高度或不同高度的树种构成的林冠线来表现、加强或减弱地形特征。

（2）层次设计

在种植设计中，平面上乔木、灌木以及地被的搭配在立面上表现为种植的层次，应该说林冠线是在立面层次中最高处树冠形成的轮廓线。一个层次丰富的种植群落包括地被、花卉、灌木、小乔木和大乔木。一般而言，种植设计的层次是根据设计意图而决定的。如需要形成通透的空间，则种植层次要少，可仅为乔木层，如为了形成动态连续的具有远观效果的植物景观，则需要多层的植物种植，从色彩上、树形上以及立面层次上进行对比和变化，从而创造优美的植物景观。丰富的层次不仅在视觉上可以形成良好的效果，还可以在游人的心理上形成较为厚重的植物种植感受，这点可以在园林围墙边缘地方加以使用，从而使游人感受不到实体边界的存在。

（3）突出主景

精心设计的园林植物空间，一般都有主景，这种主景主要是在立面上由于其本身所具有的特殊性而成为主景。种植设计就是通过树种的搭配，突出具有特殊观赏价值的树木花草形成主景。

一般而言，主景是通过对比的手法形成的。如在林冠线起伏不大的树丛中，突出一株特高的孤立树，就像"鹤立鸡群"，从而形成空间的主景，再如空旷的草地上几株高大的乔木往往可以构成视觉主景。这种主景可以是树的体量与其环境对比反差大，还可以是其色彩突出。

主景既可以是特色乔木，也可以是灌木。灌木往往通过成片成丛种植，其特殊的花色或枝干色彩与周围环境的对比而成为主景。主景也可以是特殊形态的植物，体量不一定大，但由于其形态特异性同样可以成为主景。

（4）注意构图

立面构图首先要建立秩序。秩序是一个设计的整体框架，是设计暗含的视觉结构，产生秩序就是要遵循动势均衡的原则，保证立面构图在视觉上的平衡。同时要保证立面构图的统一性，也就是不同树种的配置所组合的立面形成一体的感觉，这种一体感，需要具有主体或主景，需要一定的重复。主体就是一个元素或一组元素从其他元素中突出出来，这样就会形成视觉的焦点，而不会使视觉在不同构成元素上游走；重复由于具有共同之处，而可以产生强烈的视觉统一感。因此，统一与变化、协调与对比以及节奏和韵律的原则应灵活应用，以达到实现统一的目的。统一是既具有变化，又不纷乱繁杂。如杭州灵隐古寺的飞来峰下有一个约 $8000m^2$ 的草坪空间，周边为七叶树、沙朴、银杏等组成的杂木林，草坪中部，地势略高，并栽有两株枫香。这两株枫香突出于周边的林冠线形成视觉的主体，起着统领周边环境的作用，从立面上看，整个林冠线构成一个动态平衡的视觉形象，整个形象既统一，又有变化。

第四章 园林树木规划

第一节 基础知识

一、园林树木学定义

（一）园林树木

园林树木是指可以用来绿化美化、改善和保护环境的所有的木本植物，可以在园林绿化、风景区、疗养地以及整个城市规划设计中应用。

（二）园林树木学

园林树木学是以园林建设为宗旨，对园林树木的形态特征、系统分类、生长习性、繁殖、栽培和园林应用进行系统研究的一门学科。

二、中国园林树木资源的特点及其贡献

我国的园林树木资源具有明显的特色，主要有种类繁多、分布集中、丰富多彩和特色突出四个方面的特点。

我国有很多的孑遗植物，如银杏、鸽子树（珙桐）、水杉、银杉等。

桂花品种繁多，有四季桂类和秋桂类，秋桂类又分为金桂、银桂和丹桂三个品种。

松树有两针：油松，樟子松，黑松，赤松，马尾松，黄山松。

三针：白皮松，云南松，火炬松。

五针：华山松，乔松，红松，日本五针松。

先叶开花的植物：梅花、贴梗海棠、海棠花、李、桃、苹果（蔷薇科）、迎春（木樨科）、蜡梅（蜡梅科）、玉兰、天目木兰、白玉兰、紫玉兰（木兰科）等花卉都是先开花后长叶的，形成这种现象的原因是它们的花芽分化是在前一年夏季进行的，形成后花芽进入休眠，第二年春季就能开花了。同时由于这些花木花芽生长需要的气温比叶芽生长需要的气温要低，因此，在早春温度较低的情况下，花芽先进行生长而开放，等气温升高后，叶芽才开始萌发而展开，就形成先花后叶的现象。

针叶树和阔叶树树形的不同：阔叶林长得比较高大，针叶林相对要瘦小，纬度越低，树木可以长得越高. 阔叶树一般指双子叶植物类的树木，具有扁平、较宽阔叶片，叶脉成网状，叶常绿或落叶，一般叶面宽阔，叶形随树种不同而有多种形状的多年生木本植物。

落叶类：银杏、柏杨、垂柳、榆树，常绿类：小叶榕、山玉兰、广玉兰、白兰花. 针叶树是树叶细长如针，叶子大多为针形、鳞形或刺状，多为常绿树，材质一般较软，有的含树脂，故又称软材，如：红松、樟子松、落叶松、云杉、冷杉、铁杉、杉木、柏本、云南松、华山松、马尾松及其他针叶树种。

杉科植物中适宜于水中的植物：秃杉、水杉。

耐水湿植物：如水杉、池杉、水松、旱柳、垂柳、白腊、丝棉木、花叶芦竹。

垂直绿化类植物的攀缘基质。

棕榈科植物的分类及形态特征：乔木或灌木，树干不分枝，有些种类攀缘而多刺，具大型掌状或羽状叶片，常聚生于树干的顶端。茎单生或丛生，地上不分枝（海菲棕属除外）。叶螺旋状排列，羽状或掌状分裂；叶鞘常具网状纤维（棕衣），有时具利刺。

棕榈：属常绿乔木。树干圆柱形，常残存有老叶柄及其下部的叶鞘，叶簇竖干顶，形如扇，掌状裂深达中下部。雌雄异株，圆锥状肉穗花序腋生，花小而黄色。核果肾状球形，蓝褐色，被白粉。

蒲葵：叶掌状中裂，圆扇形，灰绿色，向内折叠，裂片先端再二浅裂，向下悬垂，软纯状，叶柄粗大，两侧具逆刺。肉穗花序，作稀疏分歧，小花淡黄色、黄白色或青绿色。果核椭圆形，熟果黑褐色。

鱼尾葵：属多年生常绿乔木。株高 10 ~ 20m。茎干直立不分枝，叶大型，羽状二回羽状全裂，叶片厚，革质，大而粗壮，上部有不规则齿状缺刻，先端下垂，酷似鱼尾. 花序最长的可达 3 米，花 3 朵簇生，花期 7 月，肉穗花序下垂，小花黄色。果球型，成熟后紫红色

海枣：加拿利海枣是世界上著名的一种高级风景树，树形高大、壮观、优美、叶片翠绿有光泽。树干单一、直立，高度可达 10 ~ 15m，杆径粗为 50 ~ 90cm。叶，羽状，顶生，从出，向四方展开，可形成直径 6 ~ 8m 的圆形树冠。

椰子：常绿乔木。树干挺直，高 15 ~ 30m，单项树冠，整齐。叶羽状全裂，长 4 ~ 6m，裂片多数，革质，线状披针形，长 65 ~ 100cm，宽 3 ~ 4cm 先端渐尖；叶柄粗壮，长超过 1m。佛焰花序腋生，长 1.5 ~ 2m，多分枝，雄花聚生于分枝上部，雌花散生于下部；雄花具萼片 3，鳞片状，长 3 ~ 4mm，花瓣 3，革质，卵状长圆形，长 1 ~ 1.5cm；雄蕊 6 枚；雌花基部有小苞片数枚，萼片革质，圆形，宽约 2.5cm，花瓣与萼片相似，但较小。坚果倒卵形或近球形，顶端微具三棱，长 15 ~ 25cm，内果皮骨质，近基部有 3 个萌发孔，种子 1 粒；胚乳内有一富含液汁的空腔。

三、园林树木学的展望

（一）观赏树种的引种驯化工作，尤其是刚才我们提到的这些优良的野生树种。

（二）野生花卉的引种推广。

（三）绿色期时间长的观赏树种的筛选。因为植物有常绿的，有落叶的，尤其在北方，绿色期长的植物对于园林景观是非常重要的。

（四）树木的抗逆生理的研究，也就是植物在恶劣环境下的生存能力。

第二节　园林树木配置的原则

各类园林绿地，小至庭园绿化，大到风景名胜区，均有园林植物、建筑小品、山石水体、园路广场等物质要素所构成。从维系生态平衡和美化城市环境角度来看，园林植物是园林绿地中最主要的构成要素。在通常情况下，园林绿地应以植物造景为主，小品设施为辅；园林绿地的观赏效果和艺术水平的高低，在很大程度上取决于园林植物的配置。因此，要搞好园林植物造景设计，必须合理地进行园林植物配置，这是建设好园林绿地的关键。

园林树木是园林植物中的木本植物，它占据园林中的绝大部分空间，因此，要搞好园林植物的配置关键是要搞好园林树木的配置。当然，园林树木的配置与园林植物配置的原则，二者是一致的、相互协调的。

那么，怎样进行园林树木的配置呢？或者说进行园林树木的配置的原则是什么？一般来说，要解决好两个问题，即树木种类的选择和配置方式的确定。在具体进行园林树木的配置时，应遵循以下几个原则。

一、满足园林树种的生态要求

各种园林树木在生长发育过程中，对光照、水分、温度、土壤等环境因子都有不同的要求。在进行园林树木配置时，只有满足园林树木的这些生态要求，才能使其正常生长、发育和保持较长时间的稳定，才能充分地表现出设计意图。

（一）要适地适树

即根据园林绿地的生态环境条件，选择与之相适应的园林树木种类，使园林树木所要求的生态习性与栽植地点的环境条件一致或基本一致，做到因地制宜、适地适树。只有做到适地适树，才能创造出相对稳定的人工植被群落。

（二）要搞好合理的种植结构

包括水平方向上合理的种植密度（即平面上种植点的确定）和垂直方向上适宜的混交类型（即竖向上的层次性）。

平面上种植点的确定，一般应根据成年树木的冠幅来确定，但也要注意近期效果与远期效果相结合，如想在短期内就取得绿化效果或中途适当间伐，就应适当加大密度。竖向上应考虑园林树木的生物学特性，注意将喜光与耐阴、速生与慢生、深根系与浅根系、乔木与灌木等不同类型的植物树种相互搭配，以在满足植物树种的生态条件下创造稳定的复层绿化效果。

二、符合园林绿地的功能要求

在进行园林树木配置时，还应从园林绿地的性质和功能来考虑。如为了体现烈士陵园的纪念性质，就要营造一种庄严肃穆的氛围，在选择园林树木种类时，应选用冠形整齐、寓意万古流芳的青松翠柏；在配置方式上亦应多采用规则式配置中的对植和行列式栽植。我们知道，园林绿地的功能很多，但就某一绿地而言，则有其具体的主要功能。例如在街道绿化中行道树的主要功能是庇荫减尘、组织交通和美化市容。

为满足这一具体功能要求，在选择树种时，应选用冠形优美、枝叶浓密的树种；在配置方式上亦应采用规则式配置中的列植。再如，城市综合性公园，从其多种功能出发，应选择浓荫蔽日、姿态优美的孤植树和花香果佳、色彩艳丽的花冠丛，还要有供集体活动的大草坪，以及为满足安静休息需要的疏林草地和密林等。

总之，园林中的树木花草都要最大限度地满足园林绿地的实用功能和防护功能上的要求。

（一）选择树种时要注意满足其主要功能

树木具有改善、防护、美化环境以及经济生产等多方面的功能，但在园林树木配置中应特别突出该树木所应发挥的主要功能。如行道树，当然也要考虑树形美观，但树冠高大整齐、叶密荫浓、生长迅速、根系发达、抗性强、耐土壤板结、抗污染、病虫害少、耐修剪、发枝力强、不生根蘖、寿命又长则是其主要的功能要求。首先具有这些特性的树种是行道树配置的首选树种。

（二）进行园林树木配置

需要注意掌握其与发挥主要功能直接有关的生物学特性，并切实了解其影响因素与变化幅度。以庭荫树为例，不同树木遮阴效果的好坏与其荫质优劣和荫幅的大小成正比，荫质的优劣又与树冠的疏密、叶片的大小、质地和叶片不透明度的强弱成正比。其中树冠的疏密度和叶片的大小起主要作用。像银杏、悬铃木等树种荫质好，而垂柳、国槐等树种荫质差，前二者的遮阴效果约为后二者的两倍以上。因此在选择庭荫树时，一般不选择垂柳和国槐。

（三）树木的卫生防护功能

除树种之间有差异外，还和其树种的搭配方式与林带的结构有关。例如防风林带以半透风结构效果为最好，而滞尘则以紧密结构最为有效。

当然，要做好园林树木的配置就必须掌握好各种园林树木，尤其是当地常见、常用的园林树木的生物学特性和生态学特性以及园林栽植地的生态环境特点，才能进一步做到适地适树，合理搭配处理好各树种之间的关系，树种与环境因子之间的关系。

三、考虑园林绿地的艺术要求

园林融自然美、建筑美、绘画美、文学美等于一体，是以自然美为特征的一种空间环境艺术。因此，在园林植物配置时，不仅仅要满足园林绿地实用功能上的要求，取得"绿"的效果，而且应按照艺术规律的要求，给人以美的享受，以此来选择植物种类和确定配置方式。

（一）园林树木一般以充分发挥其自然面貌为其美的主要方式

即要充分体现自然美，植物配置要顺乎自然。人工整形造型的树木应该在园林中只起点缀作用。社会上的园林绿地通常面积较大且要求接纳大量的游人，因此，在管理上除重点分区及主景附近外，不可能精雕细刻、花费过多的人工。因此，这就要求做到正确选用树种，妥善加以安排，使其在生物学特性上和艺术效果上都能做到因地制宜，各得其所，充分发挥其特长与典型之美。

（二）进行园林树木配置时要在大处着眼的基础上再安排细节问题

通常进行园林树木配置中的通病是，过多注意局部、细节，而忽略了主体安排。过分追求少数树木之间的搭配关系，而较少注意整体的群体效果；过多考虑各株树木之间的外形配合，而忽视了适地适树和种间关系等问题。这样做的结果往往是零乱无章、烦琐支离。为此，在进行园林树木配置时要优先考虑整体之美，多从大处着眼，从园林绿地自然环境与客观要求等方面做出恰当的树种规划，最后再从细节上安排树种的搭配关系。

（三）满足园林绿地的艺术要求

在植物树种的种类选择时，应注重考虑以下几个方面。

1. 多样统一是形式美的基本法则

确定全园基调植物和各分区的主调植物、配调植物，以获得多样统一的艺术效果。为形成丰富多彩而又不失统一的效果，园林布局多采用分区的办法进行设计。在植物配置选择树种时，应首先确定全园有一、二种树种作为基调树种，使之广泛分布于整个园林绿地，同时，还应视不同分区，选择各分区的主调树种，以形成不同分区的不同风景主体。如杭州花港观鱼公园，按景色分为五个景区，在树种选择时，牡丹园景区以牡丹为主调树种，杜鹃等为配调树种；鱼池景区以海棠、樱花为主调树种；大草坪景区以合欢、雪松为主调树种；花港景区以紫薇、红枫为主调树种等；而全园又广泛分布着广玉兰为基调树种。这样，全园因各景区主调树种不同而丰富多彩，又因基调树种一致而协调统一。

2. 注意选择不同季节的观赏植物构成具有季相变化的时序景观

植物是园林绿地中具有生命活力的构成要素，随着植物物候的变化，其形态、色彩、景象等表现各异，从而引起园林风景的季相变化。因此，在植物配置时，要充分利用植物物候的变化，通过合理的布局，组成富有四季特色的园林艺术景观。在进行规划设计时，可采用分区或分段配置园林树木，以突出某一季节的植物景观，形成不同的季相特色，如春花、夏荫、秋色、冬姿等。在主要景区或重点地段，应做到四季有景可赏；在某一季节景观为主的区域，也应考虑配置其他季节植物，以避免一季过后景色单调或无景可赏。

如扬州个园利用不同季节的观赏植物，配以假山，构成具有季相变化的时序景观。在扬州个园中春梅翠竹，配以笋石寓意春景；夏种国槐、广玉兰，配以太湖石构成夏景；秋栽枫树、梧桐，配以黄石构成秋景；冬植腊梅、南天竹，配以雪石和冰纹铺地构成冬景。这样不仅春、夏、秋、冬四季景观分明，并把四季景观分别布置在游览路线的四个角落，从而在尺咫庭院中创造了四季变化的景观序列。

3. 满足游人不同感官的审美要求

应注意选择在观形、闻香、赏色、听声等方面的有特殊观赏效果的树种植物，人们对植物景观的欣赏，往往要求五官都获得不同的感受，而能同时满足五官愉悦要求的植物树种是极少的。因此，应注意将在姿态、体形、色彩、芳香、声响等方面各具特色的植物树种，合理的予以配置，以达到满足不同感官欣赏要求的需要。如雪松、龙柏、龙爪槐、垂柳等主要是观其形；樱花、紫荆、紫叶李、红枫等主要是赏其色；丁香、腊梅、桂花、郁香忍冬等主要是闻其香；"万壑松风""雨打芭蕉"以及响叶杨等主要是听其声；而"疏影""暗香"的梅花则兼有观形、赏色、闻香等多种观赏效果，巧妙地将这些植物树种配置于一园，可同时满足人们五官的愉悦要求。

4. 注意选择我国传统园林植物树种

可以使人们产生比拟联想，形成意境深远的景观效果。自古以来，诗人画家常把松、竹、梅喻为"岁寒三友"，把梅、兰、竹、菊比为"四君子"，这些都是利用园林植物的姿态、气质、特性给人们的不同感受而产生的比拟联想，即将植物人格化了，从而在有限的园林空间中创造出无限的意境。如扬州个园，是因竹子的叶形似"个"而得名。在园中遍植竹，以示主人清逸高雅、虚心有节、刚直不阿的品格。

我国有些传统植物树种还寓意吉祥、如意。如个园中将白玉兰、海棠、牡丹、桂花分别栽植于园中，以显示主人的财力，寓意"金玉满堂春富贵"；在夏山鹤亭旁配置古柏，寓意"松鹤延年"等。在进行园林植物树木配置时，我们还可以利用古诗景语中的诗情画意来造景，以形成具有深远意义且大众化的景观效果。如苏州北寺塔公园的梅圃的设计则取自宋代诗人林和靖咏梅诗句"疏影横斜水清浅，暗香浮动月黄昏"的意境，在园中挖池筑山，临池植梅，并且借白塔寺的倒影入池，将古诗意境再现，让人们进入诗情画意之中。

（四）确定园林树木的配置方式

1. 与园林绿地的总体布局形式相一致，与环境相协调

园林绿地总体布局形式通常可分为规则式、自然式以及二者的混合形式。一般说来，在规则式园林绿地中，应多采用中心植、对植、列植、环植、篱植、花坛、花台等规则式配置方式；在自然式园林绿地中，则应多采用孤植、丛植、群植、林植、花丛、自然式花篱、草地等自然式配置方式；在混合型园林绿地中，可根据园林绿地局部的规则和自然程度分别采用规则式或自然式配置方式。园林树木的配置还要与环境相协调，通常在大门的两侧、主干道两旁、整形式广场周围、大型建筑物附近等，多采用规则式配置方式；在自然山水园的草坪、水池边缘、山丘上部、自然风景林缘等环境中，应多采用自然式配置方式。在实际工作中，配置方式如何确定，要从实际出发，因地制宜，合理布局，强调整体协调一致，还要注意做好从这一配置方式到那一配置方式的过渡。

2. 运用不同的配置方式

可组成有韵律节奏的空间，使园林空间在平面上有收有放、疏密有致，在立面上高低参差、断续起伏。植物造景在空间的变化是通过人们的视点、视线、视景而产生"步移景迁"的空间景观的变化。植物配置犹如作诗有韵律，音乐有节奏一样，必使其曲折有法，前呼后应。植物配置体现在空间的变化，一般应在平面上注意配置的疏密和树木丛林曲折的林缘线，在立面上注意林冠线的高低变化。在进行园林树木配置时，要注意开辟风景的透视线等，尤其要处理好远近观赏的质量和高低层次的变化，形成"远近高低各不同"的艺术效果。例如，杭州花港观鱼公园的雪松大草坪，在草坪的自然重心处丛植五株合欢树，接以非洲凌霄花丛，背景为林缘树林和灌丛，空间层次亦十分明显，具有韵律节奏。

3. 要考虑到树木的年龄、季节和气候等变化，使树木呈现出不同的姿色

在大树、大苗供不应求时，各地园林建设中大多采用种植"填充树种"的办法，同时更要考虑到三、五年，十年甚至二十年以后的问题，预先确定分批处理的措施和安排。在

不影响主栽树种的生长时，让"填充树种"起到填充作用；若干年之后，当主栽树种生长受到压抑或抑制时，应适当地、分批地疏伐填充树种，对其加以限制，为主栽树种创造良好的生长环境与种间关系等条件，以充分发挥其美学特性。

至于季节和气候等变化，在进行树木配置亦必须注意考虑，应做到四季各有景点：在开花季节，要开花不断。如宋代欧阳修云："浑红浅白亦相间，先后仍须次第栽；我欲四时携酒赏，莫叫一日不花开。""红白相间，次第花开"的要求是值得我们学习的。尤其值得提出的，在进行园林树木配置时，也要有季节上的重点，特别是要注意安排重大节日的前后有花果供观赏，有景色供游览。

四、结合园林绿地的经济要求

城市园林绿地在满足实用功能、保护城市环境、美化城市面貌的前提下，做到节约并合理地使用名贵树种。除在重要风景点或主建筑物主观赏处或迎面处合理地配置少量名贵树种外，应避免滥用名贵树种，这样既降低了成本又保持了名贵树种的身价。除此以外，还要做到多用乡土树种。各地的乡土树种适应本地风土的能力最强，而且种苗易得，短途运输栽植成活率高，又可突出本地园林的地方特色，因此，应多加利用。当然，外地的优良树种在经过引种驯化成功之后，也可与乡土树种配合应用。此外还可结合生产，增加经济收益。

因此，园林树木的配置应在不妨碍满足功能以及生态、艺术上的要求时，可考虑选择对土壤要求不高、养护管理简单的果树树种，如枣树、山楂、柿子等；还可选择文冠果、核桃等油料树种；也可选择观赏价值和经济价值均很高的芳香树种，如玫瑰、桂花等；亦可选择具有观赏价值的药用植物，如银杏、合欢、杜仲等；此外，还有既可观赏又可食用的水生植物，如荷花等。选择这些具有经济价值的观赏植物，以充分发挥园林植物树种配置的综合效益，尽力做到社会效益、环境效益和经济效益的协调统一。

五、特殊原则

在有特殊要求时，应有创造性，不必拘泥于园林树木的自然习性，应综合地利用现代科学知识、采取相应措施来保证园林树木配置的效果能符合主要功能的要求。一个较好的例子就是首都北京天安门广场的绿化。新中国成立十周年时，在许多绿化方案中选中了用大片油松林来烘托人们英雄纪念碑，以表现中华儿女的坚贞意志和革命精神万古长青、永垂不朽的内容。现在看来，对宏伟端庄肃穆的毛主席纪念堂也是很好的陪衬。

经过实践证明：从内容到形式上，这个配置方案是成功的，从选用油松来讲也是正确的。但是如果仅从树种的习性上来考虑的话，则侧柏及园柏更能比油松适应广场的生境，也不会有现在需要更换一部分生长不良的枯松的麻烦，在养护管理上也省事和经济得多。但是天安门广场绿化的政治意义和艺术效果的重要性是第一位的，油松的观赏特性比侧柏、园柏的观赏特性更能满足这第一位的要求，所以即使油松的适应性不如后二者，但仍然被选中，并从近 40 年的实践中效果良好，这就是遵循了特殊这一原则的结果。近些年，在经济发展的今天，各地都兴建了一些高标准的广场，不少已采用了特殊这一原则进行广场建设。当然，在应用特殊这一原则时，一定要慎用。

第三节　园林树木的养护管理

俗话说：三分种七分管。树木栽后成活率的高低，是否能尽快达到很好的效果，取决于养护水平。养护工作是一项长期细致的工作，根据树木的生长习性、气候、土壤、栽植环境等条件，采取科学的养护方法。主要内容包括浇水、排水、中耕除草、施肥、整形修剪、补植与防护、病虫害防治等养护管理方面。

一、土、肥、水的管理

（一）土壤改良

黏性土壤土气性差，易引起树木生长不良，早衰或烂根死亡，因此，采取客土栽植或综合改良措施。如深翻，挖大穴，换种植土，树穴掺砂，施有机肥，适时中耕锄草等，来改良土壤结构。

（二）土壤施肥

树木栽植后，不能总在一个地点施同样的肥，会使土壤肥力降低，影响树木的正常发育。树木施肥应注意以下几点：

1. 施肥深度应根据肥料的性质、树龄及树木根系分布特点而定，树木根系发达，分布较深远的如柳树、油松、杨树的树种，施肥宜深，范围也要大，而根系较浅的如火炬、刺槐、白桦、蒙古栎及花灌木等应浅施。大树宜深施，幼树应浅施，基肥应深施。

2. 基肥施用时，追肥要巧。

3. 施肥应与深翻、灌水相结合。

4. 树木生长后期应控制灌水和施肥，以免导致枝条徒长，降低抗旱能力，宜于 8 月底结束施肥。

5. 碱性土不可施用草木灰。

6. 针叶树幼龄期不宜施用化肥。

7. 不过量施肥，不施用未腐熟的有机肥。

（三）灌水与排水

1.灌水时期根据树木的习性，不同时期对水分的要求，当地气候的特点，土壤水分变化规律而定。

（1）休眠期浇水

冬春季节干旱风大，因此休眠期浇水特别重要。

① 在秋末冬初进行，称为浇冻水、封冰水。可提高树木越冬能力，对防治早春干旱有利。

② 早春浇水一般在三月初进行，称为浇返青水。可增加土壤湿度和水分，防止春寒晚霜危害，有利于萌芽新梢和叶片生长及春花树种，果树的开花。

（2）生长期浇水

① 萌芽及展叶期

这段时期是干旱多风少雨季节，应及时浇水。这个时期也正是土壤返盐季节，应明水浇足，要浇透。

② 枝叶旺盛生长期：这个时期树木需水量大，应及时浇水，满足树木对水分的需求。

③ 夏季

夏季气温高多雨，一般不需多浇水，要适量浇水，宜叶面喷水（早晚喷水），但在干旱年份及时浇水。对早春观花及某些果树类树种，在花芽分化期应及时适量浇水，有利于花芽分化、果实发育和提高坐果率。

③ 秋季

土壤过于干旱时应适量浇水，但在一般性情况下应控制浇水，以免引起枝条徒长，不利越冬。

2.浇水量与次数

树种不同，栽植年限不同，一般花灌木及喜湿润土壤的树种，浇水量和浇水次数要比一般树种多。深根性及耐旱树种浇水量和浇水次数可少些。土质差的地方，树木生长不良或遇干旱年份，可适量多浇。

3.排水

夏季降雨量多时，在低洼地极易形成水涝，因此大雨过后应及时排涝。

二、园林树木的整形及修剪

（一）整形修剪的意义

对树木的整形修剪是园林绿化养护管理的一项重要工作。通过整形修剪，可改善通风透光条件，减少病虫害，促进开花结果，能调节树木生长势，促使树木健壮生长，保持合理的树冠结构，形成优美的树形，达到树木栽植的最高成活率。

（二）整形修剪的原则

成形是对树木实行的修剪措施（剪、锯、捆、扎等手段）使树木形成某种特定形状。修剪是对树体的某一些器官（茎、枝、叶、花、果、芽、根）部分进行剪裁或去除的措施。在对树木整形修剪时，根据下列原则进行。

1. 根据树木生长发育习性进行整形修剪

顶端生长势的（银杏、云杉、油松），应保留中央领导树干的整形方式；顶端生长易形成丛生状的（珍珠梅、黄刺玫），可修剪成圆球形、半球形。

2. 根据树木对光的需求

喜光的树种（桃、樱花）可采用自然开心形的修剪方式；一般乔灌木可通过疏枝，保持冠内通风透光。

3. 根据树木萌芽和发芽力的强弱

萌芽发枝力强的树种（大叶黄杨、榆树）可好多次修剪和重剪，萌芽发枝力和愈伤能力弱的树种（白兰花、樱花）应少行修剪。

4. 根据各部位枝条生长状况

为平衡各主枝的生长势，应对强主枝重剪，弱主枝轻剪；与调节侧枝的生长势，对强侧枝轻剪，弱侧枝重剪。

5. 根据不同的树种

其不同功能的要求不同，整形修剪的方式也不同，会形成的不同景观效果。灌丛装栽植和作棚架在职的紫藤，修剪的方法也不同。孤植的圆柏和作绿篱栽植的整形修剪方法又有很大区别。园林中各类的树木整形修剪应根据其在园林绿化中不同功能要求进行。

6. 根据树木的生长条件、环境

在土壤瘠薄或地下水位较高处，应适当降低树的分支点；在多风处宜采用低于矮冠或疏冠整形方式。

7. 根据树木年龄阶段

衰老树生长势已经衰弱，修剪应以强剪达到更新复壮的目的。

（三）树木整形修剪

1. 整形修剪是养护的重要措施之一

通过修剪可调节和均衡树势，使树木生长健壮，树形整齐，树姿美观，还能提高新植树木的成活率，达到理想的树形，增加观赏美感。通过人为控制，使植物的生长沿着人们的要求发展，在掌握树木生物学特性的前提下，通过系统的技术措施达到充分挖掘植物的自身潜力，抑制其生长的随意和失衡（即控制技术），改变树木放任自流的生长方式，更能向着符合人们的栽培要求方向发展，因此修剪是一项需要进行周密安排的系统工作。

2. 修剪、整形的依据

（1）树种和习性

园林植物种类丰富，习性各不相同，整形修剪有所区别。如大多数针叶树中心主枝优势较强，整形时主要控制中心主枝上端竞争枝的生长，辅助中心主枝加速生长。

（2）栽培目的

立地条件不同整形修剪的方法不同，如建筑物附近的绿化，要利用自然开展的树冠姿态，丰富建筑物的立面构图，改变它单一规整的直线条。整形修剪就要顺应自然姿态，对不合要求，扰乱树形的枝条进行适度短截或疏枝。

（3）树种分枝习性

大多数针叶和少数阔叶树为单轴分枝，应短截强壮侧枝，不使形成双叉树形；大多数阔叶树则为合轴分枝，则宜短截中心主枝顶端，以逐段合成主干向上生长。假工叉分枝则宜短截中心主枝，改造成合轴分枝，使主干逐段向上生长。

（4）树龄

幼树以整形为主，迅速矿大树冠；成年树以平衡树势为主，要掌握壮枝轻剪，缓和树势；弱枝重剪，增强树势；衰老树要复壮更新，通常采用重修剪，以使保留芽得到更多的营养而萌发壮枝。

（5）修剪规律

同一树种枝条类型、生长位置、姿态、长势不同，进行短截、疏枝后的反应也不相同。修剪必须顺应其规律，给予相适应的修剪措施。

（6）树势

长势不同，对修剪的反应不同。旺盛生长的树木，修剪宜轻，防止过重修剪造成枝条旺长，加剧导致树冠郁闭，通风透光恶化，不仅影响美观，而且不利于开花结果。衰老树适当重剪，逐步恢复树势。

3. 整形修剪时期

（1）休眠期修剪

自秋冬落叶至早春萌芽前的休眠期间，进行的修剪称为休眠期修剪，又称冬季修剪。冬季修剪对观赏树种树冠的构成，枝条的生长，花果枝的形成都有重要影响，通常幼树以整形为主；林荫树以观叶赏形为主，主要控制侧枝生长，促进主枝旺盛生长；花果树则着重于培养丰满树形，促进主枝、侧枝等骨干枝的生长，以期早日成形，提前结果。

（2）生长季节修剪

生长期修剪在观赏树木生长季节进行，又称夏季修剪。生长期修剪是对休眠期修剪的补充，要剪去大量枝叶，会对树木外形有一定影响，应尽量从轻。花果树、行道树的夏季修剪，主要是控制竞争枝。

第五章　园林景观构成要素

第一节　地　形

一、地形概述

（一）地形的重要性

1. 直接影响着众多的环境因素和环境外貌。
2. 影响景观、排水、小气候、土地的使用，以及特定园林中的功能作用。
3. 对景观的其他要素起支配作用。是构成景观任何部分的基本结构因素。

（二）地形的美学特征

地形对任何规模景观的韵律和美学特征有着直接的影响。崇山峻岭、丘陵、河谷、平原以及草原都是形态各异的地形，都有着自身独特，极易识别的特征。

1. 地形的节奏感和韵律感
2. 直接影响与之共存的造型和构图的美学特征

（三）地形空间感

地形能影响人们对户外空间的范围和气氛的感受。例如：平坦的地形上建立的园林在视觉上缺乏空间限制，缺少垂直因素；斜坡地形和地面上的高点则占据了垂直面的一部分，能够限制和封闭空间。

地形除了能限制空间外，它还能影响一个空间的气氛：平坦、起伏平缓的地形→美的享受、轻松感（大草原）陡峭、崎岖的地形→兴奋、恣纵的感受。

（四）用地形控制视线

与空间限制紧密相关的是视线控制。在垂直面中，地形可影响可视目标和可视程度，可构成引人注目的透视线，可创造出景观序列或景观层次，或彻底屏障不悦因素。

（五）利用地形排水

1. 地表径流的流量方面流速与地形陡峭的关系。

2. 地形与水土流失。

3. 用地形防止地面积水。

问题：场地排水的坡度，规范是多少？（铺地、草地……）可下去查资料。

（六）利用地形创造小气候条件。

地形能影响光照、风向以及降雨量。

二、地形的表现方式

常用来描绘和计算地形的方法有等高线、明暗度和色彩、蓑状线、数字表示法、三维模型以及计算机图解法。下面主要介绍几种。

（一）等高线表示法

1. 定义

绘制在平面图上的线条，它将所有高于或低于水平面，具有相等垂直距离的各点连接成线。

2. 等高差

是指在一个已知平面上任何面条相邻等高线之间的垂直距离，是一个常数。

3. 基准点（参考点）

精度要求严格的项目，基准点是一个带有铜帽的永久性标志，它以平均海平面为参照。精度要求低的工程，基准点至多是任意选中的岩石的顶部或是其他参照物，写上高度说明。

4. 表示方法

原有等高线、虚线。设计等高线、实线。

5. 注意原则

① 原地形等高线用虚线表示。

② 改造后的地形等高线用实线表示。

③ 所有等高线总是各自闭合，决无尽头。

④ 等高线决不会交叉。

⑤ 除了要表示一座固有的效果或某一排悬物，等高线是不能在相交叉的。在挡土墙处，等高线相互垂叠，在平面上形成一条单一的直线。

（二）高程点表示法

1. 标高点

指高于或低于水平面参考平面的某一特定点的高程。

2. 标记方式

"+"或"●""▼"，同时配以相应的数值，数值以小数表示。而等高线之间的点采用插入法计算。

3. 应用

建筑物的墙角、顶点、低点、栅栏、台阶顶部和底部，以及墙体高端等。

三、地形的类型

根据地形的规模、特征、坡度、地质构造以及形态等，可以将地形分为如下类别：平地、凸地、山脊、凹地以及山谷。这些地形类型总是相互联系的，彼此融合的。

（一）平坦地形

理论上，土地的基面应任视觉上与水平面相平行。实际上，指的是那些总的看来是"水平"的地面，即使有微小的坡度或轻微起伏，也包括在内。

1. 方向性

设计上具有更多的选择性。

2. 延伸性

大规模散布的建筑，停车场和娱乐设施最适合安排在水平地形上。
抽象几何形，具体形和标准模式的图形也容易安置在水平地形上。

（二）凸地形

以环形同心的等高线布置围绕所在地面的制高点。表现形式有：土丘、丘陵、山峦以及小山峰。具有以下几点特征：

1. 凸地形是一种正向实体，负向空间，被填充的空间。与平地形比较，具有动态感和进行感，是现存地形中，最具抗拒重力而代表权力和力量的因素。

2. 凸地形常作为景观的焦点。

3. 凸地形限制空间。

4. 凸地形作为位点，不控制其他景观要素。如果树木和建筑物在顶点时，这种焦点加强。

5. 凸地形能提供观察周围环境的更广泛的视野。所以，凸地形是最佳的建筑场所。

6. 是一个对外部环境中的小气候有明显调节作用的地形要素。

（三）山脊

与凸面地形相类似的另一种地形叫脊地。脊地总体上呈线状，与凸面地形相比较，其形状更紧凑，更集中。

脊地具有导向性和动势感，具有摄取视线并沿其长度引导视线的能力。

脊地是分水岭，也常作为分隔物。

（四）凹地形

在景观中被称为碗状洼地，它不是一片实地，是不折不扣的空间。是景观中的基础空间，是户外空间的基础结构。空间制约的程度取决于周围坡度的陡峭和高度，以及空间的宽度。

凹地具有分割感，封闭感和私密感的特征。地形的世界封闭了视线，造成了孤立感和私密感。凹地形中视线内向和向下，使之成为理想的舞台。

（五）谷地

谷地与凹地形相似，在景观中是一个低地，具有实空间的功能，可以进行多种活动。但它也与脊地相似，也呈线状，也具有方向性。

四、地形的实用功能

（一）分隔空间

地形可以利用许多不同的方式创造和限制外部空间。当使用地形来限制外部空间时，下面三个因素在影响我们的空间感上极为关键：

1. 空间的底面范围。

2. 封闭斜坡的坡度。

3. 地平轮廓线。

一般而言，空间底面范围越大，空间也就越大。斜坡越陡，空间的轮廓越显著；空间因观赏察者以及地平线的位置而出现扩大或收缩感。

（二）控制视线

1. 形成视廊，强调景物。

2. 建立空间序列，交替地展现和屏蔽目标或景物。

3. 用地形来屏蔽不悦景物。

4. 制高点，即接近斜坡顶部或坡顶上的位置，从此位置放眼望去，下面的斜皮全景可尽收眼底，是上物体与景观的融合手段。

（三）美学功能

地形可被当作布局和视觉要素来使用。在大多数情况下，土壤是一种可塑性物质，它能被塑成具有各种特性，具有美学价值的实体和虚体。

第二节　植　物

一、植物的功能作用

植物具有的功能包括：构成室外空间、遮挡不利景观的物体、护坡、在景观中导向、统一建筑物的观赏效果、调节光照和风速、净化空气（183m 宽的绿化带能减少空气中 75% 的悬浮粒子）、水土保持、水源涵养、调节气温、为鸟兽提供巢穴等。

归纳起来，一般植物在室外环境中能发挥三种主要功能，即建造功能，环境功能及观赏功能。

（一）建造功能

植物能在景观中充当像建筑物的地面、天花板、墙面等限制和组织空间的因素。此时，植物的大小、形态、封闭性和通透性也是重要的参考因素。

（二）环境功能

植物能影响空气的质量、防治水土流失、涵养水源、调节气候。

（三）观赏功能

因植物的大小、形态、色彩、色彩和质地等特征，而充当景观中的视线焦点。也就是说，植物因其外表特征而发挥其观赏功能。

二、植物的建造功能

植物的建造功能对室外环境的总体布局和室外空间的形成非常重要。建造功能在设计中确定以后，才考虑其观赏特性。

（一）构成空间

空间感的定义是指由地平面，垂直面以及顶平面单独或共同组合成的具有实在的或暗示性的范围围合。

植物可以用于空间中的任何一个平面，在地平面上，以不同高度和不同种类的地被植物或矮灌木来暗示空间的边界。

1. 树干因素

树干越多、空间围合感越强。

2. 树叶丛因素

阔叶或针叶越浓密，体积越大，其围合感越强烈。

3. 树冠形成顶平面

4. 空间的封闭度是随围合植物的高矮大小、株距、密度以及观赏者与周围植物的相对位置而变化的。

（1）利用植物而构成一些基本空间类型

① 开敞空间

仅用低矮灌木及地被植物作为空间的限制因素。这种空间四周开敞，外向，无隐秘性，并完全暴露于天空和阳光之下。

② 半开敞空间

与开敞空间相似，它的空间一面或多面部分受到较高植物的封闭，限制了视线的穿透。这种空间与开敞空间有相似的特性，不过开敞程度较小，其方向性指向封闭较差的开敞面；这种空间通常适用于一面需要隐秘性，而另一侧又需要景观的居民住宅环境中。

③ 覆盖空间

利用具有浓密树冠的遮阴树，构成一顶部覆盖，而四周开敞的空间。一般说来，该空间为夹在树冠和地面之间的宽阔空间，人们能穿行或站立于树干之中。

④ 完全封闭空间

与覆盖空间相似，差别在于空间的四周均被中小型植物所封闭。常见于森林中，相当黑暗，无方向性，具有极强的隐秘和隔离感。

⑤ 垂直空间

运用高而细的植物能构成一个方向直立，朝天开敞的室外空间。设计要求垂直感的强弱，取决于四周开敞的程度，这种空间尽可能用圆锥形植物，越高则空间越大，而树冠则越来越小。

⑥ 空间序列

植物还可以选择性地引导和阻止空间序列的视线，有效"缩小"空间和"扩大"空间，形成欲扬先柳的空间序列。

（2）植物通常是与其他要素相互配合共同构成空间轮廓

①植物与地形结合：强化或减弱/消除原空间。

②植物能改变建筑物构成的空间：分割成小空间。

③植物能完善建筑或其他设计因素所构成的空间范围和布局。

（二）障景

运用植物材料形成直立的屏障，控制人们的视线，将所需之景纳入，将俗物障之于视线之外。

要点：须分析观赏者所在位置，被障物的高度，观赏者与被障物的距离以及地形等因素。

（三）控制私密性

利用阻挡人们视线高度的植物，进行对明确的所限区域的围合。私密性控制的目的，就是将空间与其环境完全隔离开，与障的区别在于需要围合分割一个独立的空间，从而封闭了所有的视域。高度与私密性。

三、植物的观赏特性（造景功能）

植物除了具有建造功能外，还具有美学功能，而美学功能则主要涉及植物的观赏特性，包括植物的大小、色彩、形态、质地以及与总体布局和周围环境的关系等，都能影响设计的美学特性。

（一）植物的大小

大小是植物的最重要的观赏特性之一。植物的大小直接影响着空间范围、结构关系以及设计的构思与布局，按下列标准可将植物分为六类。

1. 大中型乔木

从大小以及景观中的结构和空间来看，最重要的植物便是大中型乔木。大型乔木 ≥ 12m；中乔木 9 ～ 12m。

（1）景观功能

构成室外环境的基本结构和骨架。

当大乔木居于较小植物之中时，它将占有突出地位，可以充当视线的焦点。

大中乔木的遮阴功能。（夏天荫下温度低℃）

（2）注意事项

由于大乔木极易超出设计范围和压制其他较小因素，因此在小庭园设计中应慎重使用大乔木。

2. 小乔木和装饰植物

凡最大高度为 4.5 ～ 6m 的植物为小乔木和装饰植物。

景观功能：

（1）能从垂直面和顶平面两方面限制空间。

（2）透景、漏景功能、增加远感。

（3）小乔木可作为位点和构图中心或引导空间。观赏植物的季相魅现在：春花、夏叶、秋色、冬枝。

3. 高灌木

最大高度为 3 ~ 4.5m。与小乔木比较，不仅矮小，最明显的最缺少树冠。一般而言，灌木叶丛几乎贴地而长，而小乔木则有一定距离，从而形成树冠或林荫。

景观功能：

（1）高灌木犹如一堵堵围墙，在垂直面上构成空间闭合。

（2）用来作视线屏障和私密控制之用（代替围墙和栅栏）。

（3）当作天然的背景，以突出放置于其前的特殊景物。

4. 中灌木

这一类植物包括高度在 1 ~ 2m 的植物，它们可以是各种形态，色彩或质地。这些植物的叶丛通常贴地或仅微微高于地面。

景观功能：

中灌木的设计功能与矮小灌木基本相同，只是围合空间范围较之稍大点。

中灌木还能在构图中起到高灌木或小乔木与矮小灌木之间的视线过渡作用。

5. 矮小灌木

指植物尺度上较小的植物。高度 0.3 ~ 1m。

（1）景观功能

在不遮挡视线的情况下限制或分隔空间。是以暗示的方式来控制空间。

在构图上，矮灌木具有从视觉上连接其他不相关团素的作用。这种作用在某种程度上不同于地被植物，地被植物是使其他不相关因素，放置于相同的地面上，而产生视觉上的联系，矮灌木则有垂直连接的功能，这点和矮墙相似。

另一种功能是在设计中充当附属因素。它们能与较高的物体形成对比，或降低一级设计的尺度，使其更小巧、更亲密。

（2）注意点

鉴于其尺度矮小，故应大面积地使用，才能获得较佳的观赏效果。如果使用面积小（相对总体布局而言），其景观效果极易丧失。过分使用琐碎灌木，布局无整体感。

6. 地被植物

指所有低矮、爬蔓的植物，其高度不超过 15 ~ 30cm，地被植物有不同的特征，有些开花，有的不开花。

景观功能：

（1）暗示空间边缘，在外部空间中划分不同形态的地表面。

（2）地被植物因其独特的色彩或质地而提供观赏效果。

（3）作为衬托主要因素或主要景物的无变化的、中性的背景。

（4）从视觉上将其他孤立因素或多组因素联系成一个统一整体。

（5）地被植物能稳定土壤、防止水土流失。

（二）植物的外形

植物外形的观赏特征虽不如大小特征明显，但是它在植物的构图和布局上，影响着统一性和多样性。

1.纺锤形

这类植物形态细窄长，顶部尖细。例如：钻天扬、柏树。

纺锤形植物通过引导视线向上的方式，突出了空间的垂直面。它们能为一个植物群和空间提供一种垂直感和高度感。

2.圆柱形

这种植物除了顶是圆的外，其他形状都与纺锤形相同。这种植物类型具有与纺锤形相同的设计用途。

3.水平展开形

该类植物具有水平方向生长的习性，故宽和高几乎相等。如二乔五兰。

能使设计产生一种开阔感和外延感。会引导视线沿水平方向移动。故常用于布局中从视线的水平方向联系其他植物形态。

4.圆球形

是植物类型中为数最多的种类之一。该类植物在引导视线方面既无方向性，也无倾向性。因此，在构图中随便使用圆球形植物都不会破坏设计的统一性。

圆球形植物外形圆柔温和，可以调和其他外形较强烈形体，也可以和其他曲线的因素相互配合、呼应。

5.圆锥形

这种植物的外观呈圆锥状，底大上尖。如云杉、水杉等。

该类植物可以用来作为视觉景观的重点，特别是与较矮的圆球形植物配植在一起时，对比尤为醒目。可以和尖塔形的建筑物或是尖耸的山巅相呼应。也可应用在硬性的，几何形状的传统建筑设计中。

6. 垂枝形

此类植物具有很明显的悬垂或下弯的枝条。常见植物有垂柳。

在设计中，有将视线引向地面的作用，因此，可以在引导视线向上的树形之后，用垂枝植物。最理想的种法是种在池子的边沿或地面的高处。

7. 特殊形

特殊形植物是有奇特的造型。其形状千姿百态，有不规则的、多瘤节的、歪扭式的和缠绕螺旋式的。这类植物通常是在某个特殊环境中形成的，都是由自然力造成的。

特殊形植物最好作为孤植树，放在突出的设计位置上，构成独特的景观效果。一般来说，无论在何种景观内，一次只宜置放一棵这类植物，方能避免产生杂乱的景象。

（三）植物的色彩

植物的色彩是除大小、形状外的最引人注目的特征。植物的色彩可以看作是情感象征，这是因为色彩直接影响着一个室外空间的气氛和情感。

1. 植物色彩的情感象征。

2. 植物色彩与构图。

3. 植物色彩的呈现部位（树叶、花、果、杆枝）。

4. 植物配置中的色彩组合。

植物的色彩应在设计中起到突出植物的尺度和形态的作用。注意：对植物的取舍和布局，只依据花色或秋色来布置，是极不明智的，因为这些特征会很快消失。

（1）对比色配合，黑与白，绿与红或橙。

（2）深色会缩短观赏者与被观赏景物之间的距离。深色植物多，则使人感到空间比实际狭小。相反，浅色植物使空间产生明亮，轻快感。在视觉上有引导观赏者的感觉。

（3）深色植物放在底层（观赏的层次），使构图稳定，浅色安排在上层，使构图轻快。

（4）色彩不宜配置得过于艳丽、杂碎，否则会使整个布局显得杂乱无章。

（四）树叶的类型

树叶的类型包括树中直的形状和持续性。与植物的色彩在某种程度上有关系。

在温带地区，基本的树叶类型有三种：落叶型、针叶常绿型、阔叶常绿型。每一种类型各有其特性。

1. 落叶型

在大陆性气候带中，无论就数量还是对周围环境的适应能力而言，多以落叶植物占优势。

（1）在室外空间中的特殊功能：突出强调了季节的变化。

（2）落叶植物的另一特性，是枝干在冬季凋零光秃后，呈现出独特的形象。

2. 针叶常绿型

其色彩比所有种类的植物都深（除柏树类外），这是由于针叶植物的叶所吸收的光比折射出来的光多。

（1）任何一个场所，都不应该过多地种植此类植物，因为这类植物易产生悲哀、阴森的感觉。

（2）在一个设计中，针叶植物所占的比例应小于落叶植物。若该地区以针叶为主，则另当别论。

（3）必须在不同的地方群植常绿针叶植物，避免分散，以免使布局过于分散。

（4）可作为成色植物的背景。

（5）常绿植物叶的密度大，因而在屏障视线，阻止空气流动方面的非常有效。常绿植物是在一年四季中提供永恒不变的屏障和控制隐秘环境的最佳植被。

（6）常绿植物与落叶植物的组合。

一般而言，在一个植物的布局中，落叶植物和针叶常绿植物的使用，应保持一定比例平衡关系。落叶植物在夏季分外诱人，但在冬季却"黯然失色"，因为它们在这个季节里缺乏密集的可视厚度，而针叶常绿植物则太沉闷，且对季节变化"无动于衷"。因此两种植物应有效地组合起来，在视觉上相互补充。

3. 常绿阔叶型

阔叶常绿植物的叶形与落叶植物相似，但叶片常年不落，常见的有：广玉兰、大叶女贞、香樟等。

特征与用途：叶色几乎都呈深绿色，许多阔叶常绿植物的叶片具有反光功能，在阳光下显得很亮。因此，能使一个户外空间产生耀眼的发光特性；但当它们被植于阴影处时，都具有阴暗、凝重的感觉。

（1）设计中重点考虑其中叶<u>丛</u>，而不能过分注重其花的效果（花期太短）。

（2）阔叶常绿植物不十分耐寒，也不能抵抗炽热的阳光，因此，切忌将其种植在能得到过多阳光的地方或种植在会遭到破坏性冬季寒风吹打之处。应种在气候温和的地方，如建筑的东西。

（五）植物的质地

所谓植物的质地，乃是指单株植物或群体植物直观的粗糙感和光滑感。它受植物叶片的大小，枝条的长短、树皮的外形，植物的综合生长习性，以及观赏植物的距离等因素的影响。

近距离内质地受叶片大小、形状、外表等影响。

远距离，则受枝干的密度和植物的一般生长习性影响。

质地的重要性：会影响许多其他因素，包括布局的协调性和多样性，视距感，以及一个设计的色调，观赏情趣和气氛。

根据植物质地在景观中的特性及潜在用途，分为三种：

1. 粗状型

通常由大叶片、浓密而粗壮的枝干（无小而细的枝条）以及疏松的生长习性的形成。如二乔五兰、广五兰等。

观赏价值高，泼辣而有挑逗性。置于中粗型及细小型植物中时，会"跳跃"而出，首先为人所见，因此，在设计中可作为焦点，以吸引观赏者的注意力。但注意不能过度使用，否则在布局中会喧宾夺主。

粗壮型植物具有趋向观景者的动感，从而产生距离缩短的错觉。因此，极适宜应用于那些超过人们正常舒适感的现实自然范围中。但在狭小空间中应慎用，过多使用会使用空间被植物所"吞没"。

2. 中粗型

指那些具有中等大小叶片，枝干，以及具有适度密度的植物。

与粗杜型植物相比，中粗型植物透光性较差，而轮廓较明显。由于此类植物占绝大多数，因而应在种植成分中占最大比例。中粗型植物也应成为一项设计的基本结构，充当粗壮型与细小型的过渡成分。因而，具有统一整体的能力。

3. 细小型

细质地植物长有许多小叶片和微小脆弱的小枝，以及具有齐整密集的特性。如：鸡爪槭。在风景中极不醒目，往往最后才为人所见。

（1）细质植物最适合在布局充当更重要成分的中性背景，为布局提供优雅，细腻的外表特征，或在粗质地和中粗质地粗物的配合中，增加景观变化。

（2）具有"远离"观赏者的倾向，大量种子户外空间，有空间扩大的错觉，因而在紧凑，狭小的空间中特别有用。

（3）大星小叶片：浓密的枝条，因而轮廓非常清晰，外观文雅而密实，因而用作背景，可使背景展示出整齐、清晰、规则的特征。

4. 小结

（1）理想情况，是均衡地使用三种类型的植物，设计才能悦目。种类太少，单调；种太多，杂乱。

（2）中质地作为粗质地和细质地的过渡，以免突然过渡而显凌乱。

（3）质地选取上必须结合植物的大小，形态和色彩，以便增强所有这些特性的功能。

这些特性对于设计的多样性和统一性，视觉上和情感上，以及室外环境的气氛和情绪，都有直接的关系。

四、植物的美学功能

从美学角度看，植物可以在外部空间内，将房屋于周围环境联系在一起，统一和协调环境中其他不和谐因素。突出景观中的景点和分区，减弱构筑物粗糙效果的外观，以及限制视线。但是，我们不能将植物的美学功能仅局限在将其作为美化和装饰材料的意义上。

（一）完善作用

植物通过重现房屋的形状和块面的方式，或通过格房屋的轮廓线延伸至其相邻的周围环境中的方式，而完善某项设计和为设计提供统一性。

（二）统一作用

植物的统一作用，就是充当一条普通的导线，将环境中所有不同成分从视觉上连接在一起。

（三）强调作用

在一个户外环境中突出或强调某些特殊的景物。这一功能是借助它截然不同的大小、形态、色彩成或与邻近环境物不相同的质地来保障的。

极适宜用于公共场所出入口、交叉点、房屋入口附近或与其他显著可见的场所相互联合起来。

（四）识别作用

与强调作用相似。

（五）软化作用

在户外空间中软化成减弱形态粗糙及僵硬的构筑物。

（六）框景作用

五、种植设计程序与原理

（一）种植设计程序

植物的功能作用，布局、种植以及取舍，是整个程序的关键。

1.初步阶段（对园址的分析、认清问题、发现潜力、了解甲方的要求）→考虑设计中的因素和功能，困难和效果。

2.功能分区

植物在适当的地方确定充当如下功能：障景、庇荫、限制空间以及视线的焦点。在此阶段不考虑采用何种植物，和单株植物的具体分布和配置。

需要考虑的是植物种植区的位置和面积。

3.种植规划

在此阶段，应主要考虑种植区域内部的初步布局。

4.细部规划

在完成初步的布置组合之后进行，开始排列单株植物。

（二）种植设计原则

1.应根据植物成就后的外观来设计，而不是盯着幼苗的大小来设计。留下生长间隙。

2.在群体中布置单体植物时，应使它们之间有轻微的重叠。重叠为各单体的 1/4 ~ 1/3。

3.单体植物排列的原则是按奇数 3、5、7 等组合成一组，每组数目不宜过多，这是基本设计原理。

基数之所以能产生统一的布局，皆因各成分相互配合，相互增补，相板，偶数易于分割，因而相互对立。超过 7 株，人眼则难以区分奇偶了。

4.各植物组群之间，应相互衔接，消除"废空间"。

5.植物与其他要素的协调。

6.应有一种普通种类的植物，其数量占支配地位。

第三节 水

一、水的一般特性

水的自然特性影响着园林设计的目的和方法。

（一）水的可塑性

要设计水体，实际上是设计容器。

（二）水体的状态

1. 静水

强调景观，形成景物的倒影，吸引注意力；

2. 动水

引人注目的焦点上。

（三）水声

根据需要可创造出多种多样的音响效果来，能使人平静温和，也可以使人流动、兴奋。

（四）水的倒影

水能模糊地反映容器与景物的特性。

1. 坡度

根据水的流速来判断。

2. 容体的形状与尺度。

3. 温度。

4. 风

波浪。

5. 光

折光性、吸光线。

二、水的一般用途

（一）提供消耗

人和动物的消耗

（二）提供灌溉

1. 喷灌。

2. 渠灌。

3. 滴灌。

（三）对气候的控制

水可用来调节室外环境中空气和地面的温度。

（四）控制噪音

流水和瀑布成为悦耳的音响，能减弱噪音。

（五）提供娱乐条件

水能作为游泳、钓鱼、帆船、赛艇、滑水等的场所。

三、水的美学观赏功能

水除了一般的用途外，还具有观赏功能。要发挥这种决定水在设计中对室外空间的功能作用，其次再分析以什么形式和手法才适合于这种。

（一）平静的水体

1. 规则式水池

人造的蓄水容体，其池边缘线条延括范围，池的外形属几何形。水的映射效果的体现：

（1）从赏景点与景物的位置来考虑水池的大小和位置，对于单个的景物，水体应放置在被映照的景物之前，观赏者与景物之间，而长宽则取决于景物的尺度和所需映照的面积多少而定。

（2）水池的深度和水池表面的色调也是考虑因素，水面越暗越能增强水面倒影→增加水池深度，另一有效方法，是在池壁或池底漆上深蓝色或黑色。

（3）要使反射率达到最高，尽量使水池中水平面高一些，不能有杂质；还需保持水池的洁简形状。

（4）如果不用水池作反射之用，则可在底部使用引人注目的材料，色彩和持地，并设计成吸引人的式样。

2. 自然式水塘

设计上比较自然或半自然，可以是人造的，也可以是自然形成的。其外形通常是由自然的曲线构成，适合于乡村或大的公园内。

水塘的大小与驳岸的坡度有关，同面积的水塘，驳岸较平缓，离水面近看起来水面就较大，反之则水面就感觉较小。

自然式水池的景观功能：

（1）可使室外空间产生一种轻松恬静的感觉，地形→自然植物→自然风光

（2）具有平静的静态感，可以在景观中作为一基准面。

（3）可以作为联系和统一同一环境中的不同区域的手段。

（4）吸引人的注意，对景观的展现，从一点开始，吸引注意，逐渐展开景观。

自然水池能从视觉上将不同的景观联系和统一在一起，由于在一点上，又不能一目了然全景，又创造了神秘感。

（二）流水

流水是用以完善室外环境设计的第二种水的形态。

流水是任何被限制在有坡度的渠道中的，由于动力作用而产生自然的水。在此不包括瀑布。

流水的行为特征，取决于水的流量，河床的大小和坡度，以及河底和驳岸的性质。

改变河床前后的宽窄，加大河庆的坡度，或用河庆用糙的材料，如卵石或毛石，可以形成较湍急的水流。

在同流量的水流中增加障碍物，阻碍水流也会形成湍流和波浪。

（三）瀑布

瀑布是流水从高处突然落下而形成的。瀑布的观赏效果比流水更丰富多彩，因而常作为室外环境布局的视线焦点。

瀑布可以分为三类：自由落瀑布、叠落瀑布、滑落瀑布

1. 自由落瀑布

其特性取决于水的流量、流速、高差以及瀑布口边的情况。不同情况的组合可以产生不同的外貌和声响。

适合于城市环境的变形瀑布叫作水墙瀑布，顾名思义就是由瀑布形成的墙面。

2. 叠落瀑布

是在瀑布的高低层中添加一些障碍物成平面，使瀑布产生短暂的停留和间隔。它产生的声光效果比一般瀑布丰富多变，更引人注目。

控制水的流量、叠落的高度和承水面，能创造出许多趣味和丰富多彩的观赏效果。好的滑落瀑布应模仿自然界溪流中的叠落，不要过于人工化。叠落层数过多则不像瀑布。

3. 滑落瀑布

水沿着一斜坡流下。类似于流水，其判别在于较少的水滚动在较陡的斜坡上。

不同的坡面材料影响着瀑布的效果。

必要冒，在一连串的瀑布设计中，可以综合使用三种瀑布方式。

（四）喷泉

这是水的第四种类型。是利用压力，使水自喷嘴喷向空中，配上灯光，往往成为设计中的焦点，其吸引力取决于喷水量和喷水的高度。

依其形态，喷泉可以分为四类：单射流喷泉、喷雾式泵、充气泵、造型式泵。

1. 单射流喷泉

最简单的喷泉，水通过单管喷头喷出。单喷可以组合在一起，形成丰富的造型，作为引人注目的中心。

2. 喷雾式泵

由许多细小的雾状的水和气通过有许多小孔的喷头喷出，形成雾状的喷泉。其外形较细腻。能增加空气湿度。

3. 充气泵

与单射喷泉相似，只是喷嘴管径较大，与空气混合后一同喷出产生湍流水花效果。

4. 造型式喷泉

是由各种类型的喷泉通过一定的造型组合而形成的。适于放置在其空间内，不宜置于悠闲空间。

第四节　铺　装

一、地面覆盖材料

水、植被层（草坪，多年生地被植物、低矮灌木）铺装材料。只有铺装材料是"硬质"的结构要素。

（一）定义

所谓铺装材料，是指具有任何硬质的自然或人工的铺地材料。设计师们按照一定的形式将其铺于室外空间的地面上，一方面建成永久的地表，另一方面也满足设计的目的。

（二）主要的铺装材料有

沙石、砖、瓷砖、条石、水泥、沥青，以及木材。

（三）铺装材料的特点

1.是一种硬质的，无韧性的表层材料，相对稳定，不易变化。能随地面薛烈重力的磨压。

2.相对较贵，与植物地被相比尤其显著。

3.经久耐用，养护方便。

4.在阳光照射下，散发出比植被地表更的热量。水泥路面反射55%的阳光辐射，而一般草坪仅有25%。

5.具有不透水性，大量应用则地表径流大。

6.滥用或不正确使用，则会使室外环境适成色彩污染。

二、铺装材料的功能作用和构图作用

实用功能，美学功能，与其他设计要素配合使用。

（一）提供高频率的使用

在使用频率较高的地面，使用铺装黑不直接受到破坏。可供高频度的使用，而还不需要太多的维修。

（二）导游作用

提供方向性——铺成一条带装成某种线型时，它便能指明前进的方向。可从以下方式发挥这一功能：

1.通过吸引视线

将行人或车辆吸引在其"轨道上"，来引导如何从一个目标移向另目标。

（1）关键点

当线装铺装适于曲折，便使人走"捷径"较容易时，其导向作用便难以发挥。

（2）实例

草坪上人为走出的道路。

（3）解决方式

预先在规划图上划出，随后铺设的道路应大体上反映出这些"捷径线"，以便消除穿越草坪的可能性。

2.用铺装引导人穿越空间系列

当人离开一种特定的铺装，而踏上另一种不同材料的铺装时，进入了一新的行下次路线。

铺装材料的线型分段铺设，不仅能影响运动方向而且更能微妙地影响游览的特别感受。直的道路，强调了两点之间的强烈逻辑关系；弯曲蜿蜒的道路则淡化这种关系。

（三）暗示游览的速度和节奏

铺装越宽，活动速度越缓慢。停留不妨碍他人。

游览的速度和特性受铺装路面宽窄的影响

游览的节奏能受上述可变因素的影响。

（四）提供休息的场所

铺装地面与导向性相反的作用是产生静止的休息感。当地面以相对较大，且无方向性的形式出现时，它会暗示着一个静态留感。常用于道路的停留点和休息地，或用于景观中的交汇中心空间。

不同的铺装材料用来表示室外空间不同的使用功能。用在需要提醒人注意的地方（楼梯边沿，人行横道的不同铺装）。

（五）对空间比例的影响

铺装图案花色影响室外空间的比例。

（六）统一作用

在景观中铺装能统一和连接各因素。

（七）背景作用

可作为其他引人注目的景物的中性背景。铺装地面被看作是一张空白的桌面或一张白纸，以为其他焦点物、休息椅等，都可以铺装作背景。

注意：作背景的铺装应简单朴素，不能太醒目或有粗糙的质地，以免喧宾夺主。

（八）构成空间个性

铺装地面具有构成和增强空间个性的作用。如细腻感、粗犷感、宁静感、喧闹感，声调和乡村感。

（九）创造视觉趣味

铺地可以在景观中与其他的功能一起来创造视觉趣味，独特的铺装图案不仅能提供观赏，而且还能形成强烈的地方色彩。

二、地面铺装设计的原则

（一）铺地材料应以确保整体的统一性为原则

因此，在设计中，至少应有一种铺装材料占有主导地位，以便能与附属材料形成对比和变化，这一主导材料还可贯穿于整个设计的不同区域，以使建立统一性和多样性。

（二）铺装材料的选择和图案的设计

应与其他设计要素的选择和组织同时进行，以便使铺装材料无论从视觉上还是从功能上都被统一在整个设计中。

（三）应从平面造型和透视效果上对铺装加以研究

平面上，应着重注意构成吸引视线的形式，及与其他要素的相互协调作用，如邻近的铺地材料、建筑物、种植池、照明设施、雨水口、树墙和座椅等。

当铺装相邻而无第三者过渡时也要注意两者在形成和造型图案上的相互配合和协调相邻铺装造型应相互衔接一体。

（四）根据不同性质的场所使用不同性质的铺装

不同的铺装具有不同的视觉特征，有些铺装地面较庄重，更适宜于公共场所。而另一种铺装地面则更适应于私密空间。因此应区别对待。

（五）在没有特殊目的情况下，不能任意变换相邻处的铺料及形式

因为铺料的变化，通常象征着地面用途的变化。如果没有明确的目的，那么铺装材料的变化对于使用者来说，是象征着场所的环境也随之产生了变化。

如果要变换，那么应注意两点：

1. 同一水平面上的材料最好一致，若不一致，则可用高差来区分。

2. 两种差异大的铺装形式的中间可用第三咱在视觉上具有中性效果的材料放于两者之间。

（六）光滑质地的铺料一般说来应占多数

因为它们色彩较朴素，不引人注目。使用后不会使地面有损其他设计要素。对于粗质铺料来说，最好较少量地使用，以达到主次分明和富于变化的目的。

三、基本的铺装材料

（一）松软的铺装材料

包括砾石及其他材料。是一种最便宜的铺装材料，具有不同的形状，大小、色彩。（0.6cm ～ 5cm）

1. 豆石、碎石、雨花石——纯白、纯黑、褐色、灰色

2. 特性

（1）渗水性：补充地下水；这植物提供水分。

（2）减少地表径流，防止水土流失。

（3）排水设施花费较少。

（4）疏松，故而需要其他因素加以控制，如金属边，木材料或另一种铺装材料如混凝土等。

（5）砾石表面的清理工作较困难；

（6）砾石路面有时难以行走，特别是穿高跟鞋的妇女和病人。

适用场合：疏松、质地粗糙的特性，使它能适合于非正式场合或乡村环境之中，能形成自然朴素的效果。

与混凝土和沥青一样，砾石也可以算作一种流体铺装材料，它可以适应所处地面的任何形状或形态。

（二）块料铺装材料

1. 石块、条石、石砖、瓷砖

石材是自然材料，是最昂贵的铺地材料之一。

石材按质地分类：沉积岩石、变质岩、火咸岩

2. 沉积岩

由物质长期存积在水体底层，由于地壳作用而形成。多气孔硬度低，极易加工，但在强作用下易损坏。

3. 变质岩

是一种经过强大的压力而转变成的岩石。因极其坚硬耐用。重量大而且昂贵。如大理石。

4. 火咸岩

一种经过热熔化后的物质经冷缩后形成的岩石。在强度和坚固变方面与变质岩相似。常用的如花岗石。虽然加工，但用于需要永受强作力的或需要耐磨的地面，它是理想的选择。

上述三种地质石材还可以进一步根据产地,而划分为毛石,鹅卵石,石板以及加工石材。

（1）天然散石

常用于非正规和不常用的空间中。

（2）卵石

经过流水或落水冲蚀形成 3 ~ 8cm。

（3）扁卵石

被广泛应用于公共建筑、别墅、庭院建筑、铺设路面（公园里边铺建的鹅卵石路长走具有延年益寿之功效）、公园假山、盆景填充材料、园林艺术和其他高级上层建筑。它既弘扬东方古老的文化，又体现西方古典、优雅，返璞归真的艺术风格。

（4）石板

通常是采掘，加工而成，因而不能与露天散石混淆。石板是一种及光滑、匀称的材料。基于其形状和色彩，可被用于许多场合中。

5. 加工石材

指被人工切割加工成的各种大小形太的石料。

分为两类：

（1）砌墙的石砖。

（2）铺地的石板。

加工石材和石板一样可以铺在软地基和硬地基上。

6. 砖

砖是块式铺地材料的另一种类型。不同于石料、砖是由人工制造的，是将泥做成一定的形状，然后，将其放于窑中烧炼而成。烧炼温度越高，则成砖硬度越大。

（1）特性

① 具有暖色调，因其色彩而引人注目。

② 具有固定的模式，用固定的形状和大小而生产出成品，这一点也限制砖在设计中使用的灵活性。

（2）注意点

① 砖应垂直于视线模铺。

② 可铺于软基础上，如沙、灰土或小砾石上，或铺在硬基础上（混凝土）。

（3）楔形花砖

另一种与普通砖相似的铺地材料是楔形花砖。这所以被称作花砖，是因为每一个模件形状都能与相邻模件相连锁，或衔接。

（4）背砖

又称为"薄型铺料"。厚度 1.2 ~ 1.6cm。是由人工模压泥经过大于 2000F 的高温烧炼而形成。比一般砖的密度和强度都要大。具有耐磨、耐冻、耐热，易安装的特点。

注意：必须安在坚硬基面混凝土上，以受到结构支撑，具有多种颜色涂面，具有坡度选择性。

（三）黏性铺装材料

1. 波特兰混凝土

简称"混凝土"。因为它们包含许多小颗粒，经过黏性材料或黏合剂的黏结而成为大面积铺料而来。

混凝土 = 水 + 水泥 = 沙（水泥是砼的组成部分，才不是铺地材料。）

2. 混凝土的两种铺地方式

（1）现浇。

（2）预制。

3. 纯砼

（1）具有可塑性（现浇）。

（2）经久耐用。

（3）造价低廉。

（4）无须过多养护。

（5）设计特征——其缝（伸缩缝）和合缝，间缝深 0.3 ~ 0.5cm；间距 16cm；其缝最大间倍 9m。

（6）不足之处

① 具有强烈的反平率。

② 具有极大的径流量，从而需要其上铺设更多的下水道，排水管道。

③ 易腐蚀而出现腐蚀。

④ 色彩单调，呆板，无超，不引人注目。

4. 沥青铺装

由细小的石粒和原油为主要成分的沥青粘剂而构成的一种具有柔软性的铺装材料。当有压力作用时，沥青会移动和曲折。其特性为：

（1）具有可塑性。

（2）无须伸缩缝，施工更简单。

（3）养护化砼频率高。

（4）不宜在小空间和私密空间中使用沥青。

第六章 室内植物造景

室内植物造景是人们将自然界的植物进一步引入居室、客厅、书房、办公室等自用建筑空间以及超级市场、宾馆、咖啡馆、室内游泳池、展览温室等公共的共享建筑空间中。自用空间一般具有一定私密性，面积较小，以休息、学习、交谈为主，植物景观宜素雅、宁静。共享空间以游、赏为主，当然也有坐下饮食、休息，空间一般较大，植物景观宜活泼、丰富多彩，甚至有地形、山、水、小桥等构筑物，如广州白天鹅宾馆及北京昆仑饭店大厅共享空间的景观。

室内植物造景需科学地选择耐阴植物和给予细致、特殊的养护管理、合理的设计及艺术布局，加上现代化的采光、采暖、通风、空调等人工设备改善室内环境条件。创造出既利于植物生长，也符合人们生活和工作要求、生理和心理要求的环境，让人感到舒适、雅致、美观，犹如处于宁静、优美的自然界中。

早在 17 世纪室内绿化已处于萌芽状态，一叶兰和垂笑君子兰是最早被选作室内绿化的植物。19 世纪初，仙人掌植物风行一时，以后蕨类植物、小仙花属等相继采用，种类愈来愈多。近几十年的发展已使室内绿化达到繁荣兴盛阶段。

第一节 室内环境生态条件

室内生态环境条件大异于室外条件，通常光照不足，空气湿度低，空气不大流通，温度较恒走。因此并不利于植物生长，为了保证植物生长条件，除选择较能适应室内生长的植物种类外，还要通过人工装置的设备来改善室内光照、温度、空气湿度、通风等条件，以维持植物生长。

一、光照

（一）室内光照概况

室内限制植物生长的主要生态因子是光，如果光照强度达不到光补偿点以上，将导致植物生长衰弱，甚至死亡。综合国内外各方面光照与植物生长关系的资料，一般认为低于 3001x 的光照强度，植物不能维持生长；照度在 300 ~ 8001x，若每天保证能延续 8 ~ 12h，则植物可维持生长，甚至能增加少量新叶；照度在 800 ~ 16001x，若每天能延续 8 ~ 12h，植物生长良好，可换新叶；照度在 1600lx 以上，若每天延续 12h，甚至可以开花。除了有天窗或落地窗条件外，仅靠室内一般漫射光，不能满足植物的正常生长。

（二）室内光照来源及分布状况

1. 自然光照

来源于顶窗、侧窗、屋顶、天井等处，自然光具有植物生长所需的各种光谱成分，无须成本，但是受到纬度、季节及天气状况的影响，室内的受光面也因朝向、玻璃质量等变化不一。一般屋顶及顶窗采光最佳，植物受干扰少，光强及面积均大，光照分布均匀，植物生长匀称。而测窗采光则光强较低，面积较小，且导致植物侧向生长。侧窗的朝向同样影响室内的光照强度。

（1）直射光

南窗、东窗、西窗都有直射光线，而以南窗直射光线最多，时间最长，所以在南窗附近可配植需光量大的植物种类，甚至少量观花种类。如仙人掌、蟹爪兰、杜鹃花等。当有窗帘遮挡时，可植虎尾兰、吊兰等稍耐荫的植物。

（2）明亮光线

东窗、西窗除时间较短的直射光线外大部分为漫射光线，仅为直射光 20%～25% 的光强。西窗夕阳光照强，夏季还日适当遮挡，冬季可补充室内光照，也可配植仙人掌类等多浆植物。东窗习配植些橡皮树、龟背竹、变叶木、苏铁、散尾葵、文竹、豆瓣绿、冷水花等。

（3）中度光线

在北窗附近，或距强光窗户加远处，其光强仅为直射光的 10% 左右，只能配植些蕨类植物冷水花、万年青等种类。

（4）微弱光线

室内四个墙角，出及离光源 6.5cm 左右的墙边，光线微弱，仅为直射光的 3%～5%。宜配植耐荫的喜林芋棕竹等。

2. 人工光照

室内自然光照不足出维持植物生长，需设置人工光照来补充。常贝的有白炽灯和荧光灯。

（1）白炽灯

外形很多，可设计成光强的聚光灯。

优点是光源集中，紧凑，安装价格低；体积小，种类多，红光多。

缺点是能量功效低，光强常不自满足开花植物的要求；温度高，寿命短；光线分布不均匀等。应用于居住双境中宜与天然光或具蓝光的荧光灯混用，并要夸虑与植物间的距离不要太近，以免灼伤。

（2）荧光灯

最好的人工光照。

优点是能量功效大，比白炽灯放出的热量少寿命长；光线分布均匀，光色多，蓝光较高，有利于观叶植物生长。

缺点是安装成本较高；光强不能聚在一起，灯管中间部分亮度比两端高，日光低。

二、温度

用作室内造景的植物大多原产在热带和亚热带，其有效地生长温度以 18℃ ~ 2 4℃为宜，夜晚也出高于 10℃ 为好。最自温度骤变。如温度过高会导致过度失水，造成萎蔫；夜晚温度过低也会导致植物受损。常设置恒温器，在夜间温度下降时增添能量。顶窗的启闭可控制空气的流通角调节室内出、湿度。

三、湿度

室内空气相对湿度过低不利植物生长，过高人们会感到不舒服，一般控制在 40% ~ 60% 对两者均有利。室内造景口寸，设置水池、叠水瀑布、喷泉等均有助于提高空气湿度。如无这些设备时，增加喷雾，湿润植物周围地面及套盆栽植也有助于提高空气湿度。

四、通气

室内空气流通差，常导致植物生长不良，甚至发生叶枯、叶腐、病虫滋生等，要通过窗户的开启来进行调节。此外，设置空调系统及冷、热风口予以调节。

第二节　室内植物的选择

近数十年，室内绿化发展迅速，不仅体现在植物种类增多，同时配植的艺术性及养护的水平也愈来愈高。室内植物主要以观叶种类为主，间有少量赏花、赏果种类。

一、攀缘及垂吊植物

常春藤类、绿萝、薛荔、玉景天、吊金钱、吊兰、银边吊兰、吊竹梅、鸭跃草、紫鹅绒、球兰、贝拉球兰、心叶喜林芋、小叶喜林芋、琴叶喜林芋、安德喜林芋、长柄合果芋、白蝴蝶、南极白粉藤、白粉藤、紫青葛、条纹白粉藤、菱叶白粉藤、麒麟尾、龟背竹、垂盆草。

二、观叶植物

海芋、旱伞草、一叶兰、虎尾兰、金边虎尾兰、桂叶虎尾兰、短叶虎尾兰、广叶虎尾兰、鸭拓草、冷水花、花叶筲麻、透茎冷水花、透明草、文竹、鸡绒芝、天门冬、佛甲草、虎耳草、紫背竹芋、斑纹竹芋、大叶竹芋、花叶竹芋、孔雀竹芋、斑叶竹芋、竹芋、豹纹竹芋、皱纹竹芋、构叶、花烛、深裂花烛、网纹草、白花网纹草、白花紫露草、含羞草、大叶井口边草、鹿角蕨、巢蕨、铁角藤、铁线蕨、波士顿蕨、肾藤、圣诞耳藤、麦冬类、剑叶朱蕉、朱蕉、长叶千年木。紫叶朱蕉、细紫叶朱蕉、龙血树、巴西铁树、花叶龙血树、白边铁树、星点木、马尾铁树、富贵竹、珊瑚凤梨、彩叶凤梨、凤梨、艳凤梨、水塔花、狭叶水塔花、姬凤梨、花叶万年青、广东万年青、红背桂、二色红背桂、孔雀木、八角金盘、鸭脚木、南洋杉、苏铁、篦齿苏铁、刺叶、橡皮树、垂叶榕、琴叶榕、变叶木、袖珍椰子、茸茸椰子、三药槟榔、散尾葵、软叶刺葵、燕尾棕、筋头竹、轴搁、短穗鱼尾葵、花叶芋、皱叶椒草、银叶椒草、翡累椒草、卵叶椒草、豆瓣绿、虾脊兰类、秋海棠类、香茶菜属。

三、芳香、赏花、观果植物

栀子花、桂花、大岩桐、春兰、铃兰、含笑、米兰、夜合、玉簪、水仙、金粟兰、九里香、君子兰、火鹤花、报春花、羊蹄甲）、非洲紫罗兰、伽篮菜、杜鹃属、山茶、八仙花）、龙吐珠、黄蝉、黄脉爵床、球兰、四季海棠、朱砂根、紫金牛、拘骨、南天竺、日本茵芋。

第三节　室内庭园植物景观设计

室内植物景观设计要服从室内空间的性质、用途，再根据其尺度、形状、色泽、质地，充分利用墙面、天花板、地面来选择植物材料，加以构思与设计，达到组织空间、改善和渲染空间气氛的目的。

一、组织空间

大小不同空间通过植物配植，达到突出该空间的主题，并能用植物对空间进行分隔、限定与疏导。

（一）组织游赏

近年来许多大、中型公共建筑的底层或层间常开辟有高大宽敞、具有一定自然光照及有一定温、湿度控制的"共享空间"，用来布置大型的室内植物景观，并辅以山石、水池、瀑布、小桥、曲径，形成一组室内游赏中心。广州小白天鹅宾馆充分考虑到旅游特点，采用我国传统的写意自然山水园，小中见大的布置手法，在底层大厅中贴壁建成一座假山，山顶有亭，山壁瀑布直泻而下，壁上除种植各种耐荫湿的蕨类植物、沿阶草、龟背竹外还根据华侨思乡的旅游心理，刻上了"故乡水"三个大字。瀑布下连曲折的水池，池中有鱼，池上架桥，并引导游客欣赏珠江风光。池边种植旱伞草、艳山姜、棕竹等植物，高空悬吊巢蕨。优美的园林景观及点题使游客流连忘返。

西欧各国有很多超级市场，室内绿化设计非常成功。进而还建设了全气候、室内化的商业街，成为多功能的购物中心，为提高营业额，都很重视植物景观的设计，使顾客犹如置身露天商场。不但有绿萝、常春藤等垂吊植物，还有垂叶榕大树、应时花卉及各种观叶植物。日本妇女善插花，一般超级市场及大百货商店常举行插花展览，吸引女顾客光临参观并购物。也常设置鲜花柜台，既营业又美化商业环境。底层或层间常设置大型树台，宽大的周边可供顾客坐下略事休息，更有在高大的垂叶榕下设置桌椅，供饮食、休息。

大型室内游泳池为使环境更为优美自然，在池边摆置硕大真实的卵石，墙边种植大型树木及椰子等棕榈科植物，墙上画上沙漠及热带景观，真真假假，以假占乙真，使游泳者犹如置身在热带河、湖中畅游。为使植物生长茁壮，屋顶常用透光的玻璃纤维或玻璃制成。

一些租借性商业用办公室的办公大楼，为提高甲、乙方谈判的成功率，以及于静、优美的办公环境，则更注意室内的植物景观。建筑设计时已为植物景观留出空间，如英国某办公大楼，办公室布置在楼的周边，而楼的中心空出来布置层间及底层花园，电梯面向花园处为有机玻璃，电梯上下时乘客可以一直观景。办公室内面对各层花园处都用落地玻璃墙。因此虽在室内谈判交易，犹如置身于自然的环境中；气氛和谐、惬意，从心理上分析，增加了交易的成功率。

欧美一些国家展览温室内的园林景观也值得称道。室内微地形起伏，有水池、瀑布、山石、道路、小桥等，植物植于地下，而不用盆栽，尤其是个别热带温室，在室内挖下1.5~2m深，其上种植热带沟谷喜荫湿的植物，同时，也等于提高了温室高度；墙上贴以上水石，种植蕨类植物；室内的植物配植充分利用热带雨林中的附生、寄生景观，既有郁郁葱葱的观叶植物，也有很多色彩绚丽的兰科、凤梨科以及众多的彩叶植物。

英国爱丁堡皇家植物园仙人掌类展览温室也极有趣。室内按生态环境布置，生石花周围铺了很多色泽、外形均颇相似的小卵石，游客饶有兴趣蹲下分辨真伪。高大的六棱柱、仙人掌及各种多浆植物此起彼落，花朵大多极为艳丽、奇特。

英国伦敦希思罗机场旁的咖啡馆内用棕榈科植物及垂叶榕等大树布置热带景观，用带树皮的松树原木造成小桥、栏杆、小亭，顾客饮咖啡时，犹如身处热带丛林的自然环境中，感合作乍常轻松愉快。

（二）分隔与限定

某些有私密性要求日勹环境，为了交谈、看书、独乐等，都可用植物来分隔和限定空间形成一种局部的小环境。某些商业街内部，甚至动物园鸣禽馆中也用角植物进行分隔。

1.分隔

运用角花墙、花池、桶栽、盆栽等方法来划定界线，分隔成有一定透漏，又略有隐蔽的空间。要做到似隔非隔。相互交融的效果。但布置时一定要考虑到行走及坐下时视觉高度。

2.限定

花台，树木、水池、叠石等均可成为局部空间中的核心，形成相对立的空间，供人们休息、停留欣赏，英国斯蒂林超级市场电梯底员有一半圆形大鱼池，加游着锦鲤鱼，池边植满各种观口十植物，吸引很多儿童及顾客停留池边欣赏。近旁就被分隔成另一种功能截然不同的空间，在数株高大的垂叶榕下设置餐桌、座椅，供颐客休息和饮食，在这熙攘的商业环境中辟出一块幽静的场所。而这两个邻近的空间，通过植物组织空间，互不干扰。

（三）揭示与导向

在一些建揽空间灵活而复杂的公共娱乐场所，通过植物的景观设计可起到组织路线、疏导的作用，主要出入口的导向可以用观赏性强的或体量较大的植物引起人们的注意，也可用植物做屏障来阻止错误的导向，使之不自觉地随着植物布置的路线疏导。

二、改善空间感

室内植物景观设计主要是创造优美的视觉形象，也可通过人们嗅觉、听觉及触觉等生理及心理反应，感觉到空间的完美。

（一）连接与渗透

建筑物入口及门厅的植物景观可以起到人们从外部空间进入建筑内部空间的一种自然过渡和延伸的作用，有室内外动态的不间断感。这样就达到了连接的效果。室内的餐厅、客厅等大空间也常透过落地玻璃窗，候外部的植物景观渗透进来，作为室内的借鉴，并扩大了室内的空间感，使枯燥的室内空间带来一派生机。日本、欧美很多大宾馆及我国北京香山饭店都采用此洁。

植物景观不仅能使室内外空间互相渗透，也有助于相互连接，融为一体。如上海龙柏饭店用一泓池水将室内外三个空间连成一体。前边门厅部分池水仅仅露出很小部分，大部为中间有自然光的水体，池中布置自然山石砌成的栽植池，栽植南迎春、苔蒲、水生鸢尾等观赏植物，后边很大部分水体是在室外。一个水体连接三个空间，而中间一个空间又为两堵玻璃墙分隔，因此渗透和连接的效果均佳。

（二）丰富与点缀

室内的视觉中心也是最具有观赏价值的焦点，通常以植物为主体，以其绚丽的色彩和优美的姿态吸引游人的视线。除活植物外，也可用大型的鲜切花或干花的插花作品。有时用多种植物布置成一组植物群体，或花台或花池，也有更大的视觉中心，用植物、水、石，再借光影效果加强变化，组成有声有色的景观。墙面也常被利用布置成视觉中心，最简单的方式是在墙前放置大型优美的盆栽植物或盆景，也有在墙前辟栽植池，栽上观赏植物，或将山墙有意凹入呈壁龛状，前面配植粉单竹、黄金间碧玉竹或其他植物，犹如一幅壁画。也有在墙上贴拴山石盆景、盆栽植物等。

（三）衬托与对比

室内植物景观无论在色彩、体量上都要与家具陈设有所联系，有协调，也要有衬托及对比。苏州园林常以窗格框以室外植物为景，在室内观赏，为了增添情趣，在室内窗框两边挂上两幅画面，或山水，或植物，与窗外生活的植物的画面对比，相映成趣。北方隆冬天气，室外白雪皑皑，室内暖气洋洋，再用观赏植物布置在窗台、角隅、桌面、家具顶部，显得室内春意盎然，对比强烈，一些微型盆栽植物，如微型月季、微型盆景、摆置在书桌。几案上，衬托主人的雅致。

（四）遮挡、控制视线

室内某些有碍观瞻的局部，如家具侧面，夏日闲置不用的暖气管道、壁炉、角隅等都可用植物来遮挡。

三、渲染气氛

不同室内空间的用途不一，植物景观的合理设计可给人以不同的感受。

（一）入口

公共建筑的入口及门厅是人们必经之处，逗留时间短，交通量大。植物景观应具有简洁鲜明的欢迎气氛，可选用较大型、姿态挺拔、叶片直上，不阻挡人们出入视线的盆栽植物。如棕榈、椰子、棕竹、苏铁、南洋杉等。也可用色彩艳丽、明快的盆花，盆器宜厚重、朴实，与入口体量相称，并在突出的门廊上可沿柱种植木香、凌霄等藤本观花植物。室内各入口，一般光线较暗，场地较窄，宜选用修长耐荫的植物。如棕竹、旱伞草等，给人以线条活泼和明朗的感觉。

（二）客厅

是接待客人或家人会聚之处，讲究柔和、谦逊的环境气氛。植物配植时应力求朴素、美观大方，不宜复杂。色彩要求明快，晦暗会影响客人情绪。

在客厅的角落及沙发旁，宜放置大型的观叶植物，如南洋杉、垂叶榕、龟背竹、棕榈科植物等，也可利用花架来布置盆花，或垂吊或直上。如绿萝、吊兰、蟆叶海棠、四季海棠等，使客厅一角多姿多态，生机勃勃。

角橱、茶几上可置小盆的兰花、彩叶草、球兰、万年青、旱伞草、仙客来等，或配以插花。

橱顶、墙上配以垂吊植物，可增添室内装饰空间画面，更具立体感，又不占客厅的面积，常用吊竹梅，白粉藤类，摸蕨、常春藤、绿萝等植物。

如适当配上字画或壁画，环境则更为素雅。

（三）居宫

居室为休息及安睡之用，要求具有令人感觉轻松、能松弛紧张情绪的气氛，但对不同性格者可有差异。对于喜欢宁静者，只需少许观叶植物，体态宜轻盈、纤细，如吊兰、文竹、波士顿蕨、茸茸椰子等。选择应时花卉也不宜花色鲜艳，可选非洲紫罗兰等。角隅可布置巴西铁树、袖珍椰子等。对性格活泼开朗，充满青春活力者，除观叶植物外，还可增加些花色艳丽的火鹤花、天竺葵、仙客来等盆花，但不宜选择大型或浓香的植物。儿童居室要特别注意安全性。

以小型观叶植物为主，并可根据儿童好奇心强的特点，选择一些有趣的植物，如三色堇、蒲包花、变叶木、捕虫草。含羞草等，再配上有一定动物造型的容器，既利于儿童思维能力的启迪，又可使环境增添欢乐的气氛。

（四）书房

作为研读、著述的书房，应创造清静雅致的气氛，以利聚精会神钻研攻读。室内布置宜简洁大方，用棕榈科等观叶植物较好。书架上可置垂蔓植物，案头上放置小型观叶植物，外套竹制容器，倍增书房雅致气氛。可选凤尾竹康等。

（五）楼梯

每座建筑都有楼梯，常形成一阴暗，不舒服的死角。配植植物既可遮住死角，又可增添美化的气氛。一些大型宾馆、饭店，为提高环境质量，对楼梯部分的植物配植极为重视。较宽的楼梯，每隔数级置一盆花或观叶植物。在宽阔的转角平台上，可配植些较大型的植物，如橡皮树、龟背竹、龙血树、棕竹等。扶手的栏杆也可用蔓性的常春藤、薜荔、喜林芋、菱叶白粉藤等，任其缠绕，使周围环境的自然气氛倍增。

第四节　室内植物的养护管理

由于室内环境条件的特殊性，因此养护管理也相应地较为独特。

一、室内植物的"光适应"

室内光照低，植物突然由高光照移入低光照下生长，常因适应不了，导致死亡。因而最好在移入室内之前，先行一段时间"光适应"。置于比原来生长条件光照略低，但高于将来室内的生长环境。这段时间中，植物由于光照低，受到生理压力会引起光合速率降低，利用体内贮存物质。同时，努力增加叶绿素含量，调整叶绿体的排列，降低呼吸速率等变化来提高对低光照的利用率。顺利适应者，叶绿素增加了，叶绿体基本进行重新排列。可能掉了不少老叶，而产生了一些新叶，植株存活了下来。一些阴生观叶植物，如从开始繁殖到完成生长期间都处在遮阴条件下是最好的光适应方式，所获得的植株光补偿点低，能有效利用室内的低光照，而且寿命长，一些耐荫的木本植物，如垂叶榕需在全日照下培育，以获得健壮的树体。但在移入室内之前，必须先在比原来光照较低处进行适应，以后移到室内环境后，仍将进一步加深适应，直至每一片叶都在新的生长环境条件下产生后才算完成。植物对低光照条件的适应程度与时间长短及本身体量、年龄有关，也受到施肥、温度等外部因素的影响。通常需6周至6个月，甚至更长时间。大型的垂叶榕，至少要3个月，而小型的盆栽植物则所需的时间短得多。正确的营养，对帮助植物适应低光照环境是很重要的般情况下，当植物处于光适应阶段，应减少施肥量。温度的升高会引起呼吸率和光补偿点的升高，因此，在移入室内前，低温栽培环境对光适应来讲较为理想。

有些植物虽然对光量需求不大，但由于生长环境光线太低，生长不良，需要适时将它们重新放回到高光照下去复壮。由于植株在低光照下产生的叶已适应了低光照的环境，若突然光照过强，叶片会的伤。变竭，而发生严重的伤害。因此，最好将它们移入比原先生长环境高不到5～10倍的光强下适应生长。

二、栽培容器

室内绿化所用的植物材料，除直接地栽外，绝大部分植于各式的盆、钵、箱、盒、篮、槽等容器中。由于容器的外形。色彩、质地各异，常成为室内陈设艺术的一部分。

容器首先要满足植物生长要求，有足够体量容纳根系正常生长发育，要有良好的透气性和排水性，坚固耐用。固定的容器要在建筑施工期间安排好排水系统。移动的容器，常垫以托盘，以免玷污室内地面。

容器的外形、体量。色彩、质感应与所栽植物协调，不宜对比强烈，或喧宾夺主。同时要考虑到墙面，地面，家具，天花板等装潢陈设相协调。

容器的材料有黏土、木、藤、竹。陶质、石质、砖、水泥。塑料、玻璃纤维及金属等。黏土容器除保水透气性好，外观简朴，易与植物搭自己。但在装饰气氛浓厚处不相宜，需在外面再套以其他材料的容器。木、藤、竹等天然材料制作的容器，取材普通，具朴实自然之趣，易于灵活布置，但坚固、耐久哇较差。陶制容器具多种样式，色彩吸引人，装饰性强，目前仍应用较广，但重量大、易打碎。石、砖、混凝土等容器表面质感坚硬。粗糙，不同的砌筑形式会产生质感上有趣的变化，因它们重量大，设计时常与建筑部件结合考虑而做成固定容器，其造型应与室内平面和空间构图统一构思，如可以与墙面、柱面、台阶、栏杆、隔断、座椅、雕塑等结合。塑料及玻璃纤维容器轻便，色彩，样式很多，还可仿制多种质感，但透气性差。金属容器光滑、明亮，装饰性强、轮廓简洁，多套在栽植盆外，适用于现代感强的空间。

三、栽培方式

（一）土培

主要用园土、泥炭土、腐叶土、砂等混合成轻松、肥沃的盆土。香港优质盆土的自己制作，黏土：泥炭土：砂：蛭石 =1：2：1：1。每盆栽植一种植物，则便于管理。如在一大栽植盆中栽植多种植物，形成组合栽植，则管理较为复杂，但观赏效果大大提高。组合栽植要选择对光照、温度、水分、湿度要求差别较小的植物种类配植在一起，高低错落，各展其姿，也可在其中插以水管，插上几朵应时花卉。如将孔雀木、吊竹梅、紫叶秋海棠、变叶木，银边常春藤、蔓生喜林芋。白斑粗肋草等可配植在一起。

（二）介质培和水培

以泥土为基质的盆栽虽历史悠久，但因卫生差，作为室内栽培方式已不太相宜，尤其是不宜用于病房，以免土中某些真菌有根病人体质。但介质培和水培就可克服此缺点。作为介质的材料有陶砾、珍珠岩，蝗石、浮石、锯末，花生壳、泥炭、砂等。常用的比例是：泥炭：珍珠岩：沙 =2：2：1；泥炭：浮石：沙＝2：2：1；泥炭：沙工1：1；泥炭：沙工3：1等。加入营养液后，可给植物提供氧、水、养分及对根部具有固定和支持作用。适宜作为无土栽培的植物，常见的有鸭脚木、八角金盘、熊掌木、散尾葵、金山葵、袖珍椰子、龙血树类、垂叶榕、橡皮树、南洋杉、变叶木、龟背竹、绿萝、铁线蕨、肾蕨、巢蕨、朱蕉、海芋、洋常春藤、孔雀木等。

（三）附生栽培热带地区

尤其在雨林中有众多的附生植物，他们不需泥土，常附生在其他植株上、朽木上。利用被附生植株上的植物纤维或本身基部枯死的根、叶等植物体作附生的基质。附生植物景观非常美丽，常为展览温室申重点景观主要栽培方式。作为附生栽培的支持物可用树蕨、朽木、棕榈干、木板，甚至岩石、篮等，附生的介质可采用蕨类的根、水、苔、木屑、树皮、椰子或棕榈的叶鞘纤维、椰壳纤维等。将植物根部包上介质，再捆扎，附在支持物上。日常管理中要注意喷水，提高空气湿度即可。常见附生栽培植物有兰科植物、凤梨科植物、蕨类植物中铁线蕨、水龙骨属、鹿角蕨、骨补碎属，肾蕨、巢蕨等。

（四）瓶栽

要有高温高湿的小型植物可采用此种栽培方式。利用无色透明的广口瓶玻璃器皿，选择植株矮小、生长缓慢的植物，如虎耳草、豆瓣绿、网纹草、冷水花。吊兰及仙人掌类等植于瓶内，配植得当，饶有趣味，瓶栽植物可置于案头，也可悬吊。

四、浇水、施肥与清洁

室内植物由于光照低，生理活动较缓慢，浇水量大大低于室外植物。故宁可少浇水，不可浇过量。一般每 3 ~ 7 天浇水一次，春、夏生长季适当多浇，目前很多国家室内栽培采用介质培和水培，容器都备有半自动浇灌系统，植物所需的养分也从液体肥料中获得。容器低层设有水箱，一边有注水孔，一边有水位指示器显示最高水位及最低水位。容器中填充的介质，利用毛细管作用或纱布条渗水作用将容器底部的水和液体肥料吸收到植株的根部。

通常对室内植物施肥前，先浇水使盆土潮湿，然后用液体肥料来施肥。观叶和夏季开花的植物在夏季和初秋施肥；冬季开花植物在秋末和春季施肥。

用温水定时、细心地擦洗大的叶片，叶面会更加光洁美丽，清除尘埃后的叶面也可更多地利用二氧化碳，对于叶片小的室内植物，定期喷水也有同样效果。

第七章　园林绿化养护

第一节　绿地养护组织措施

一、养护准备工作计划

工程养护准备工作包括技术准备、物质准备、劳动组织、养护现场准备和养护场外设备。

（一）技术准备

熟悉养护范围及审查有关的设计资料，调查、搜集有关地质、水文、地形、地貌等原始资料。对表土肥力、土层厚度、保水保肥大能力，pH值、不良杂质含量等情况进行调查分析。

（二）物资材料准备

包括植物材料、机具和设备等保证养护顺利进行的物质基础的准备，根据各种物资材料的需要量计划，分别落实货源，安排运输和储备，使其满足连续养护和要求。

1.落实、检修在养护所需机械设备，对于易耗性的和使用率较高的物件，备有充足的量。

2.安装、调试养护机具，按照养护机具需要量计划，组织养护机具进场，在养护前进行检查和试运转。

3.养护工程中所用各种材料的落实，并确保有充足的备量，对工业园区中所用的材料及早进行落实。

（三）劳动力准备

1.成立养护项目部

建立精干的养护队伍，组织劳动力进场，选择优秀的管理人员、技术人员、有丰富经验的专家、机械操作师等组成养护队伍进场，向养护工人进行技术交底和安全教育。

2. 建立健全各项管理制度

包括养护质量检查制度，养护技术档案管理制度，实物和材料的质量验收制度，技术责任制度，职工考勤考核制度，安全操作制度和机具使用保养制度。

3. 养护现场准备

做好养护场地的测量工作，按照竣工图和实际面积进行对比，确定养护范围，积极养护。

二、绿地养护组织措施

根据工程现场实际考察情况、现状，结合工程的位置及相关数据分析，制定切合实际的每月养护方案对本工程尤为必要。

（一）养护管理的重要性

植物的养护管理在园林施工和园林管理中的重要作用，主要体现在以下几方面：

1. 及时科学的养护管理可以克服植物在种植过程中对植物枝叶、根系所造成的损伤、保证成活，迅速恢复生长势，是充分发挥景观美化效果的重要手段。

2. 经常、有效、合理的日常养护管理，可以使植物适应各种环境因素，克服自然灾害和病虫害的侵袭，保持健壮、旺盛的自然长势，增强绿化效果，是发挥园林植物在园林中多种功能效益的有力保障。

3. 长期、科学、精心的养护管理，还能预防植物早衰，延长生长寿命，保持优美的景观效果，尽量节省开支，是提高园林经济、社会效益的有效途径。

（二）养护管理的内容

养护工作内容包括：浇水、排水、除草、中耕、施肥、修剪整形、病虫害防治、防风防寒、绿地保洁等。

（三）养护承诺

本绿化工程苗木养护期为 1 年，在工程管理养护上主要做到以下几点：

1. 在养护期间，保持苗木、草坪生长旺盛，成活率 100%，无大规模病虫害发生。

2. 保持绿地内无明显杂草，绿篱修剪整齐，草坪长度控制在 10cm 以下。

3. 色块植物保持块面整齐，乔木无风倒现象。

4. 保持绿地内清洁卫生，一发现垃圾及时清除。

5. 接到甲方通知，15min 内响应，一小时内解决，严重灾害性事件，处理时间于 24h 内解决。

6. 病虫害率按广西《城市绿地养护质量标准》执行。

（四）养护计划

养护工作一年四季均要进行。因此，根据植物的生物学特性了解其生长发育规律，并结合当地的具体生态条件，制定一套符合实情的科学的养护措施，是实施养护的关键。结合本工程具体的生态条件，为确保养护工作按部有序进行，在保证工程人员和养护机械充足有效投入的基础上，根据本工程特点及实际情况，为确保养护工作按部有序进行特制定如下符合实情的、科学的、常规性的养护月历计划。

一月份：全年中气温最低的月份，露地树木处于休眠状态。气候寒冷，以防寒为主。

1. 全面展开对落叶树木的整形修剪作业，剪除枯、残、病虫枝；大小乔木上的枯枝、伤残枝、病虫枝及妨碍架空线和建筑物的枝杈进行修剪。

2. 及时检查行道树绑扎、立桩情况，发现松绑、铅丝嵌皮、摇桩等情况及时处理。

3. 经常做好防寒工作，施足冬肥，以施磷肥为主，彻底清除越冬的皮虫囊。

4. 大量积肥、沤制堆肥、为春季施肥做准备。

5. 防治害虫：冬季是消灭园林害虫的有利季节。可在树下疏松的土中挖集刺蛾的虫蛹、虫茧，集中烧死。1月中旬的时候，蚧壳虫类开始活动，但这时候行动迟缓，我们可以采取刮除树干上的幼虫的方法。在冬季防治害虫，往往有事半功倍的效果。

6. 道路绿地、花坛等地要注意挑除大型野草；草坪要及时挑草、切边；绿地内要注意防冻浇水。对排水沟杂草及沟底淤泥进行清理。

第二节　绿地养护技术措施

一、树木养护

（一）土壤管理

1. 土壤改良

土壤的改良方法有深耕熟化、客土改良、培土与掺沙、施有机肥等。

（1）深翻熟化

翻土结合施肥，可改善土壤结构和理化性质，促使土壤团粒结构的形成，增加空隙度。深翻的时间一般以冬初为宜，这时伤口易愈合，易发出新根，经过冬季有利于土壤风化。早春土壤化冻后应及时进行深翻。

（2）翻土的深度

黏重土壤翻的较深沙质土壤适当浅耕，地下水位高时宜浅，深层为砾石，也应深翻，并捡出砾石并换好土。深度一般为 5 ~ 10cm，最好距根系分布层较深，稍远些。深翻应结合施肥，灌溉同时进行。根据深翻后的土壤状况加以处理，通常维持原来的层次不变，就地耕松后掺和有机肥，再将新土放在下部，表土放在表层。

2.土壤管理措施

（1）松土透气，控制杂草。时间在天气晴朗时，或初晴以后，要选土壤不过干或不过湿时进行。松土除草时不可碰伤树皮，每年松土除草 2 ~ 3 次，大苗松土深度为 6 ~ 9cm，小苗松土深度为 3cm。

（2）树木、灌木下若出现裸露的土壤，既会影响植物的生长又会破坏景观，可于春季利用已有生长繁茂的地被植物进行分株栽植。

（二）追肥

施肥可供给植物生长发育所需营养素，并不断改善土壤理化性状，为植物创造良好的生长条件。

1.施肥量

施肥量的确定，需依据植物的生长情况、土壤肥力、水分与光照条件等多种因素。

落叶树的施肥根据是每 3cm 胸径施氮、磷、钾配比为 10 ∶ 6 ∶ 4 复合肥 10.kg，小于 1.5cm 胸径的小数按此剂量的一半使用。阔叶常绿树种按胸径每 3cm 胸径施氮、磷、钾配比为 10 ∶ 6 ∶ 4 复合肥 0.9 ~ 1.0kg 为标准。草皮上的施肥，一般施 N 量为 4.8g/m2，N 于 K 的比例以 2 ∶ 2 为宜。

2.施肥时期

（1）休眠期施肥

早春或晚秋休眠期施肥，所施肥料一般为迟性长效肥如堆肥、厩肥等有机肥，也可加少量速效肥料，总称为基肥。在晚秋于树木根基周围施有机肥。一般落叶树根系在 2 月上旬开始活动生长，以积肥结合试用氮肥，在早春发芽前 2 ~ 3 月最为有利。也可以在冬翻时进行。

（2）生长期施肥

在树木生长期内，还应及时施入适量的速效性肥料。花灌木宜在花前、花后、花芽分化等时期分别追肥，有些花期长或开花次数多的植物，追肥次数也应增加。如月季，除施足了基肥外，每次开花后要及时追肥。

3.施肥方法

土壤施肥方法要与树木的根系分布特点相适应。把肥料施在距根系集中分布层较深较远的地方。具体施肥的深度范围与树种、树龄、土壤和肥料性质有关。银杏等树木根系强大，分布较远，施肥宜深，范围也要大一些；幼树根系浅，分布范围也小，一般施肥范围较小而浅；氮肥可浅施，磷肥应与有机肥混合施用。基肥宜深施，追肥宜浅施。

常用的施肥方法有：

（1）沟施

① 环施

没树冠正投影线外缘开挖 30 ~ 40cm 宽的环状沟，将肥料施入沟内，上面覆土适踩，使与地平。适用于青、壮龄树。

② 放射状沟施

以树干为中心，距干不远处开始，由浅而深向外，挖 4 ~ 6 条分布均匀，呈放射状的沟，沟宽 30 ~ 40cm，深 30 ~ 40cm，沟长稍超出树冠正投影的外缘。将肥料施入沟内，上覆土适踩与地平。这种方法可保证内膛枝也能吸收肥分，对壮龄树适用。

（2）撒施

应用于较大面积的群植树坛，树丛或树体高大的孤植树树盘中，把肥料撒于土表，结合秋季深翻，把肥料翻入土中。雨后土壤潮湿或湿润时，直接撒施化肥，或先施化肥溶于水，再浇于根部。

在树冠边缘内外，每隔 50cm 左右挖深度为 40 ~ 50cm，直径约 30cm 的穴，施肥穴可挖成一环，也可交错成 2 ~ 3 环，把肥料施入穴内，然后覆盖好。

（三）修剪

植物生长到一定的程度，容易生长过密，使树木形成天棚形，开花结果集中在顶部，影响了观赏效果。同时，生长过密会形成繁殖病虫害的小环境，基于上述原因，需要对植物进行整形修剪。修剪在树木养护中是相当重要的，它可以美化树型，改造树林，调整树势，平衡生长，防止自然灾害，减少病虫害，提高生存活力。整形修剪的原则：根据树木在绿化中的不同用途。根据树龄成年树，修剪重；幼年树，修剪轻。根据生物的特性，要顺其自然。根据具体的工程环境进行修剪。修剪的时间可以有两种，一种是在落叶后期萌芽前，即休眠期修剪。另一种是萌芽后落叶前，即生长期间的修剪，树木进入休眠后至第二年萌芽前进形修剪，称为休眠期修剪。落叶树大多在冬季和早春进行修剪，常绿树宜在晚春进行修剪。生长期修剪是指树木萌芽后至新梢停止生长前这段时间进行的修剪，在这个时期对树木进行除芽、摘心、捻梢、摘叶、摘蕾等工作。同时修剪时应对所有种类植物全面进行，根据树木具体的应用情况进行合理的修剪。如对主要树种的修剪，除对落叶树进行美观性动机重修剪外，对常绿树进行疏枝叶即可，这样可以减少对景观的影响。

（四）大树养护

对于大树必须进行特别精心地养护工作，可采取下列措施：

1.支撑树干

大树特别容易歪倒，要设立支架，把树牢固地支撑起来，确保大树不会歪斜。浇水：养护期中，要注意浇水。在夏天，要多对地面和树冠喷洒清水，增加环境湿度，降低蒸腾作用。

2.施肥

秋天施追肥。早春和秋季，也至少要施肥 2 ~ 3 次。

3.生长素处理

为了促进根系生长，可在浇灌的水分中加入 0.02% 的生长素，使根系生长健全。包括施用树木吊液（营养）。

4.包裹树干

为了保持树干的湿度，减少树叶蒸腾的水分，要对树干进行包裹，盛夏，为降低蒸腾量，也可在树冠周围搭荫棚或挂草帘。裹杆时可用锦湿的草强从树基往上密密地缠绕树干，一直缠裹到主干顶部。接着，再将调制的黏土泥浆厚厚的糊满草绳子裹着树干，以后可经常用喷雾器为树干保湿。

（五）除草

杂草是影响植物正常生长的因素之一，所有种植区的杂草，至少每月除草一次，除草的方法可以采用化学除草和人工除草。

化学除草的优点：

1.除草效果好，除草效果一般在 80%~90%，有的可达 100%。

2.消除了杂草与苗木争夺肥、水、光的危害，提高苗木的质量和产量。

3.省钱省力。

4.化学除草使耕作减少到最低限度，有效地防止水肥的流失。但化学除草也有不利的一面，即容易污染环境。

因此，化学除草和人工除草两者相互结合，人工除草辅助化学除草，减少化学除草的次数。除草剂有除草醚，草甘酸等。

（六）抗旱技术措施

每年的 7 月份 ~ 9 月份是上海地区的夏季，气温较高，在这段时间中经常是持续的高温，因此，要加强苗木的抗旱工作。根据不同植物的生长习性的不同，进行不同程度的浇灌，对水分和空气湿度较高的树种，须在清晨或傍晚进行浇灌，浇水量根据土壤情况。

（七）防汛防台的措施和工作内容

防台、防汛的技术措施：高大乔木在台风来临前夕，以"预防为主，综合防治"对树木存在根浅、迎风、树冠庞大、枝叶过密以及产地条件差等情况分别采取立支柱、绑扎、加大、扶正、疏枝、打地桩等措施。预防工作在六月下旬以前结束。

1.立支柱

在台风来临前夕，应逐株检查，凡不符合要求的支柱及其扎缚情况及时改正。

2.绑扎是一项预防措施，采用8号铅丝或绳索绑扎树枝，绑扎点衬垫橡皮，另一端固定。

3.加土

坑槽内的土壤，出现低洼和积水现象时，必须在台风来临之前加土，使根颈周围的土保持馒头状。

4.扶正

一般在树木的休眠季进行，但对树身已严重倾斜的植株，在台风袭击之前立支柱，绑扎铅丝等工作，待台风过后及时做好扶正工作。

5.疏枝

根据树木立地条件，生长情况，尤其是和架空线有碰撞可能的枝条以及过密的树枝，采用不同程度的疏枝后端短截。

6.打地桩

是一项应急措施。主要针对迎风树干基部横置树桩，利用人行道边的侧石，将树桩截成树干和侧石等距离长度，使树桩一端顶住树干基部，一头顶在侧石上。在整个台风季节，做到随时检查、补株。

暴风雨、台风过后，对绿化带进行全面的检查，扶正歪斜的植株并培土，重新进行支撑，并积极排水。对于倒伏而影响景观的树木顺势拉倒，进行树冠的修剪，并及时扶正。

在6月下旬左右，留意天气情况的变化和天气预报，成立防汛防台小组。防汛防台小组组长由项目经理直接担当，组员包括现场协调员、气象资料搜索员、技术措施负责人等。

（1）在台风和汛期来临之前，搜集好气象资料，落实养护人员和技术人员、防护措施组织方案。

（2）组织人员现场查看。针对存在的问题及时采取措施补救，对于采取的技术措施，施工结束后进行施工质量检查。期、品种等确定。灌溉时期可安排在夏季勤浇水，同时宜早、晚浇保持生长。一般采取喷灌的方式，也可用浸灌的方式。

（八）病虫害防治草坪的养护管理措施

1. 应控制病虫害，草坪色泽正常，生长良好，无杂草。

2. 全没绿色期不得少于 220 ～ 250 天。

土壤改良应按照下列规定：

（1）pH>7.5 的土壤，应采用草灰土或酸性栽培介质进行改良。

（2）对容重 >1.3，孔隙度 60% 的土壤，必须采用舒松的栽培介质加以改良。

（3）2.0% 的土壤，应施腐熟的有机肥或含丰富有机质的栽培介质加以改良。

（4）将草的边缘切成斜边，以利于及时排除积水。

（5）肥料准备，基肥以有机肥为主，必须充分腐熟。

3. 机械化养护、除草、修剪机械。

4. 灌溉湿透根系层，应浸湿的土层深度为 100cm，不发生地面长时间的积水。

5. 灌溉量应根据土质、生长期、草种等因素确定。

6. 草坪草长到 60 ～ 70cm 时，应进行修剪。修剪后宜为 40cm。

7. 大面积草坪修剪应用扎草机，严禁使用割灌机。

8. 应及时清除杂草，除草、除小、除净。

9. 清除杂草的方法有：人工除杂草、生物除杂草、机械除杂草和化学除草，宜以生物除草和机械除草为主，如有特殊需要也可用人工挑草。

10. 暖地型草种的施肥宜在晚春。

11. 追肥应以复合肥料为主。追肥的时间和数量可根据土壤肥力。草种和幼苗生长等情况而定。

12. 早春、晚秋可施有机肥。

13. 施肥方法可撒施和根外追肥。

14. 病害及虫害的防治都应以防为主，防治结合。

15. 对各种不同的病虫害的防治可根据具体情况选择无公害药剂或高效低毒的化学药剂。

16. 保护和保存病虫害天敌，维护生态平衡，应采用生物防治。草坪主要病害、虫害、无公害农药（苏力保、灭蛀磷、灭菌灵、爱福丁）。更新复壮的方法有：补播草籽复壮法、条状更新法、定期封闭法和断根更新法。

17. 草坪应有整齐的边缘线，装饰性草坪或花坛内，可运用切边机切边养护。边缘斜坡宜为 300cm。

18. 刺孔加工。每年秋冬季可采用刺孔在草坪上打洞。除去打出的旧土，撒入泥炭土或沙粒。

二、具体养护

（一）雨季养护措施

4—5月份上海处于多雨季节，降水量丰富，雨季养护应密切注意天气预报。防止绿地内发生积水成涝的现象，及时疏通排水沟，并用水泵及时排水，防止出现树木的烂根。6—11月份台风季节会发生难以预料的情况，如强台风、暴雨和高潮位的袭击，在这种气候条件下，大树可能会被刮倒，潮水和暴雨可能会引起绿地积水。要提前对乔木固定，同时组织抢险队伍，准备足够的防护器材和工具，对部分危险性较高或较大开阔地的高大乔木增加临时固定措施，一旦出现倒伏、影响交通的马上打桩固定。同时在台风过程中，我们也会积极组织抢救队伍，随时扶正倒伏的树木，排除各种险情。

（二）冬季的养护措施

冬季养护可采取以下方法：

1. 对苗木根系处进行培土或采取营养土覆盖，提高温度。

2. 对树干1.3m以下用5%硫黄的石灰水刷白，防止蛀虫害、冲产卵和防冻。

3. 对植株根部提前进行灌水防冻，水能产生热溶，缓和气温。

4. 乔木主干采用草包包扎。增加防寒层。

（三）夏季的养护措施

1. 修剪

在栽植前要对苗木进行适当的修剪抽枝，有利成活。遵循弱枝强截，强枝弱截的原则，且剪口要有45°的倾斜，并在剪口处涂抹防腐剂，新萌发的幼芽也当适当的剪去。

2. 叶面喷施

为了减少水分的蒸腾造成叶面的萎蔫，所以，在树干处绕上草绳，并且不停地进行叶面喷雾，提高空气湿度，以锁住水分流失。

3. 遮阴

对栽植的苗木采取必要的遮阴措施搭建遮阴网，将减少阳光的直射造成对植物的灼伤，缓解水分的蒸腾。

（四）环境卫生保洁方案

1. 环保措施

（1）为减少废气、废液、废渣对园林植物的污染，应遵照中央和本市环境保护的有关法规和条例进行治理。

（2）施用化肥、药剂应合理，不得污染环境。

（3）严禁在树木根际附近堆放废液、废渣和倾倒污染物。

（4）各类绿地，严禁施用人粪尿。

2. 保洁措施

（1）主干道的清扫保洁要定时、定段清扫，每日定时洒水 2 次以上。按规定实行 24h 保洁的道路必须达到 24h 保洁要求。

（2）修剪下的枯枝、树叶、草屑及时清理，统一捆扎堆放，并及时清运处理保持整个公共绿地的环境整洁。

（3）清扫后的园区主干道及广场等公共场所应达到以下标准：无堆积物、无积泥积尘、无有色垃圾、无污泥积水、无烟头、无碎砖瓦砾、无痰迹等。主次干道的花池、花盆、绿地应保持整洁完好。

（4）垃圾清运做到日产日清，实行定时、定段、定点清运

（5）对秋天树木的落叶及时清扫，统一堆放做堆肥用。

（6）及时清理挡土墙上的泥浆及其他污垢。

（7）及时清理废物箱内垃圾，同时确保废物箱、座椅的外表清洁。

三、养护进度计划及控制

为了顺利完成本养护工作，确保养护质量达到优良，制定下列措施：

（一）组织保证措施

从组织上落实进度控制责任制，建立进度控制协调制度。在内部选好优秀的养护人员，各自分工成不同的人员。对不常用品种乔木提前了解熟悉。对养护所用的机械设备全面检修，排除故障。对于老化的设备进行更新。

（二）技术保证措施

编制养护进度计划实施细则，建立多级网络计划和 养护作业周体系，强化养护进度控制。养护过程中，有专人协调各分工不同的养护人员，以免相互间发生冲突。绿化养护应充分考虑到季节对苗木的影响，考虑到天气因素的影响，有针对性的采取措施，引入先进设备，增加人员，以确保在规定的范围内正常养护。

（三）经济保证措施

确保资金供应，保证养护资源正常供应。

（四）设备供应保证措施

充分发挥设备的优越条件，择优选择目前市场较为先进的机械。合理调整人员使用设备，做到专业班组，设备专人管理。

（五）劳务保证措施

根据养护不同的特点，可采用分班制连续养护方法来确保养护进度的正常，在劳务合同安全协议中，明确双方的目标和责任，劳务单位进场后进行技术、质量、安全以及操作工序标准交底。以保证质量、安全、文明和各项目标的实现。

第八章 城市园林绿地系统规划

第一节 城市园林绿地的分类

一、城市园林绿地的分类

根据中华人民共和国行业标准《城市绿地分类标准》2002 年颁布将绿地分为大类、中类、小类三个层次，共五大类、十三中类、十一小类。

五大类即 G1——公园绿地；G2——生产绿地；G3——防护绿地；G4——附属绿地；G5——其他绿地。

十三中类即 G11——综合公园；G12——社区公园；G13——专类公园；G14——带状公园；G15——街旁绿地；G41——居住绿地；G42——公共设施绿地；G43——工业用地；G44——仓储绿地；G45——对外交通绿地；G46——道路绿地；G47——市政设施绿地；G48——特殊绿地。

十一小类即 G111——全市性公园；G112——区域性公园；G121——居住区公园；G122——小区游园；G131——儿童公园；G132——动物园；G133——植物园；G134——历史名园；G135——风景名胜公园；G136——游乐公园；G137——其他专类公园。

（一）公园绿地 G1

向公众开放，以游憩为主要功能，兼具生态、美化、防灾等作用的城市绿地。

1. 综合公园 G11

内容丰富，有相应设施，适合于公众开展各类户外活动的规划较大的绿地。

（1）全市性公园 G111

为全市居民服务，活动内容丰富，设施完善的绿地。

（2）区域性公园 G112

为市区内一定区域的居民服务，具有较丰富的活动内容和设施完善的绿地。

2. 社区公园 G12

为一定居住用地范围内的居民服务，具有一定活动内容和设施的集中绿地。

（1）居住区公园 G121

服务于一个居住区的居民，具有一定活动内容和设施，为居住区配套建设的集中绿地。服务半径：0.5 ~ 1.0km。

（2）小区游园 G122

为一个居住小区的居民服务、配套建设的集中绿地。服务半径：0.3 ~ 0.5km。

3. 专类公园 G13

具有特定内容或形式，有一定游憩设施的绿地。

（1）儿童公园 G131

单独设置，为少年儿童提供游戏及开展科普、文体活动的公园。（不包括附属于公园绿地中的儿童活动场地）

（2）动物园 G132（包括城市动物园和野生动物园）

在人工饲养条件下，移地保护野生动物，供观赏、普及科学知识，进行科学研究和动物繁育，并具有良好设施的绿地。

（3）植物园 G133

进行植物科学研究和引种驯化，并供观赏、游憩及开展科普活动的绿地。

指独立的植物园。侧重科学研究的植物园以收集植物物种为主，侧重植物观赏的植物园以展示植物的景观多样性为主。附属于公园内的植物展览区不属于植物园。

（4）历史名园 G134

历史悠久，知名度高，体现传统造园艺术并被审定为文物保护单位的园林。

（5）风景名胜公园 G135

位于城市建设用地范围内，以文物古迹、风景名胜点（区）为主形成的具有城市公园功能的绿地。

（6）游乐公园 G136

具有大型游乐设施，单独设置，生态环境较好的绿地。绿化占地比例应大于等于65%。

（7）其他专类公园 G137

除以上各种专类公园外具有特定主题内容的绿地。包括雕塑园、盆景园、体育公园、纪念性公园等。绿化占地比例应大于等于 65%。

4. 带状公园 G14

沿城市道路、城墙、水滨等，有一定游憩设施的狭长形绿地。带状公园位于规划的道路红线以外，带状公园的最窄处必须保证游人的通行、绿化种植带的延续以及小型休息设施的布置。

5. 街旁绿地 G15

位于城市道路用地之外，相对独立成片的绿地。包括街道广场绿地、小型沿街绿化用地，绿化占地比例应大于等于 65%。

街旁绿地又名街头绿地。街旁绿地有两个含义：一是指属于公园性质的沿街绿地；二是指该绿地必须不属于城市道路广场用地。

（二）生产绿地 G2

为城市绿化提供苗木、花草、种子的苗圃、花圃、草圃等圃地。生产绿地不管是否为园林部门所属，只要是被划定为城市建设用地，为城市绿化服务，能为城市提供苗木、草坪、花卉和种子的各类圃地或科研实验基地，均应作为生产绿地。

（三）防护绿地 G3

城市中具有卫生、隔离和安全防护功能的绿地。包括卫生隔离带、道路防护绿地、城市高压走廊绿带、防风林、城市组团隔离带等。

防护绿地针对城市的污染源或可能的灾害发生地而设置，一般游人不宜进入，不包括城市之间的绿化隔离带。

（四）附属绿地 G4

城市建设用地中绿地之外各类用地中的附属绿化用地。包括居住用地、公共设施用地、工业用地、仓储用地、对外交通用地、道路广场用地、市政设施用地和特殊用地中的绿地。

1. 居住绿地 G41

城市居住用地内除社区公园以外的绿地。包括组团绿地、宅旁绿地、配套公建绿地、小区道路绿地等。

居住区级公园和小区游园属于社区公园，不属于居住绿地。居住区级公园参与城市建设用地平衡。

2. 公共设施绿地 G42

公共设施用地内的绿地。

公共设施用地范围：居住区及居住区级以上的行政、经济、文化、教育、卫生、体育以及科研设计等机构和设施的用地，不包括居住用地中的公共服务设施用地。

3. 工业绿地 G43

工业用地内的绿地。

工业用地包括工矿企业的生产车间、库房及其附属设施等用地，包括专用的铁路、码头和道路等用地。不包括露天矿用地。

4. 仓储绿地 G44

仓储用地内的绿地。

仓储用地包括仓储企业的库房、堆场和包装加工车间及其附属设施等用地。

5. 对外交通绿地 G45

对外交通用地内的绿地。

对外交通用地包括：铁路、公路、管道运输、港口和机场等城市对外交通运输及其附属设施等用地。

6. 道路绿地 G46

道路广场用地（市级、区级和居住区级的道路、广场和停车场等用地）内的绿地，包括行道树绿带、分车绿带、交通岛绿地、交通广场和停车场绿地等。

道路绿带指道路红线范围内的带状绿地；交通岛绿地指可绿化的交通岛用地；广场绿地和停车场绿地指交通广场、游憩集会广场和社会停车场库用地范围内的绿化用地。

道路绿地位于规划的道路广场用地之内，属于附属绿地性质，不单独参与城市用地规划。

7. 市政设施绿地 G47

市政公用设施用地内的绿地。

市政公用设施用地包括市级、区级和居住区级的市政公用设施用地，包括其建筑物、构筑物及管理维修设施等用地。

8. 特殊绿地 G48

特殊用地内的绿地。特殊用地是指特殊性质的用地，如军事用地、外事用地、保安用地等。

（五）其他绿地 G5

位于城市建设用地以外，对城市生态环境质量、居民休闲生活、城市景观和生物多样性保护有直接影响的绿地。包括风景名胜区、水源保护区、郊野公园、森林公园、自然保护区、风景林地（仅限于具有景观价值的林地）、城市绿化隔离带、野生动植物园、湿地、垃圾填埋场恢复绿地等。

不参与城市建设用地平衡，它的统计范围应与城市总体规划用地范围一致。

第二节 城市园林绿地指标

一、城市园林绿地指标的作用

（一）可以反映城市绿地的质量和绿化效果

是评价城市生态环境质量和居民生活福利、文化娱乐水平的一个重要指标。

（二）可以作为城市总体规划各阶段调整用地的依据

是评价规划方案经济性、合理性的依据。

（三）可以指导城市各类绿地规模的制定工作

如推算城市各级公园及苗圃的合理规模等，以及估算城建投资计划。

（四）可以统一全国的计算口径

为城市规划学科的定量分析、数理统计、电子计算技术应用等更先进、更严密的方法提供参考的数据，并为国家有关技术标准或规范的制定与修改，提供基础数据。

二、影响城市园林绿地指标的因素

（一）经济水平

随着国民经济的发展，人民物质文化生活相应得以改善和提高，对环境质量的要求也相应提高。从我国 20 世纪 50 年代以来所制定的绿地指标不同情况来分析研究，除受当时规划指导思想影响外，与当时的国民经济情况是有很大关系的。

（二）城市性质

不同性质的城市对园林绿地的要求不同，风景游览、休疗养性质为主的城市，由于游览、生态环境的功能要求，则指标要高些。一些重工业城市及交通枢纽城市，由于环保的需要，指标也应高些。

（三）城市规模

城市规模大小，城市热岛作用危害程度，绿地数量亦可以有多有少。由于中、小城市与自然环境联系比较密切及使用方便，因此，绿地系统中各种类型园林绿地不一定像大城市那样齐全。

（四）城市自然条件

在低纬度地区，为了改善居住区环境条件，绿地面积可适当多些。干旱大风地区，因自然条件差，所需防护绿地面积可以多些。如我国西北地区。

（五）城市所在地地形、地貌、水文、地质、土壤等条件

城市用地地形起伏大，或用地破碎（有陡坡、冲沟等），往往会有很大部分不宜做建筑地段。这些地段可以辟做园林绿地，以达到改善生态环境和提高建筑艺术水平的目的，这样园林绿地面积亦可增加。相反，如果城市处在用地平坦、完整、土地肥沃的农业高产地区，这样不仅城市用地要压缩，而划做园林绿化的用地，也可相对减少。

（六）城市用地的分布状况

当城市用地范围延伸很长时，为了使居民能方便利用园林绿地，绿地就应分布在较长的地段上，同时每块绿地还必须保证有其最小面积，因此，总的来看全市绿地面积会比用地紧凑的城市需要绿地多。如我国的西宁市、兰州市都属于狭长地带的城市类型。

（七）城市中已形成的建筑物

在旧城市一般建筑物都很密集，现状复杂，往往有很多永久性的建筑物无法拆迁，城市用地不能完全按功能分区要求来布局，城市中园林绿地的数量也受到限制，园林绿地指标就不能按计划执行。例如上海、武汉、天津在旧城改建过程中均存在此问题。这就不如新建城市，没有受复杂的旧城影响，园林指标可按要求来确定。

（八）园林绿地的现状及基础

原有绿地基础较好的城市，或名胜古迹较多的城市，在结合城市改建的过程中，园林绿地改建扩建，文物古迹的保护恢复的数量较多，这样往往就容易提高园林绿地指标。如北京市由于是历代帝王的都城所在，在城市及市郊，修筑了许多离宫别苑，这就相对的比天津、武汉、上海等大城市的园林绿地面积多。

以上提出的几项因素，主要从历史、现状、自然条件来分析决定园林指标，但最重要的决定园林指标的依据是，国民经济发展水平、生产力发展水平，即经济条件起很大作用。

三、城市园林绿地指标的确定

（一）我国城市园林绿地水平

1996 年，我国 12 个园林城市的人均公共绿地为 10.6m²；1997 年，我国 46 个主要城市的人均公共绿地面积为 5.8m²。

2001 年 5 月，《国务院关于加强城市绿化建设的通知》提出今后一个时期城市绿化的工作目标和主要任务：到 2005 年，全国城市规划建成区绿地率达到 30% 以上，绿化覆盖率达到 35% 以上，人均公共绿地达到 8m² 以上，城市中心区人均公共绿地达到 4m² 以上。到 2010 年，上述项指标分别达 35%、40%、10 m² 和 6m² 以上。

按照我国执行的城市规划建设指标，城市的绿地率最高只能达到 30 ~ 35% 左右，与维持城市生态平衡所需的必要值 40 ~ 45% 大约相差 10%，人均约 10m²。

（二）国外城市绿地水平及动向

世界上，欧美等一些发达国家在城市绿地建设方面，取得的成绩较为明显，主要城市的绿地水平普遍较高。据 49 个城市的统计，公园绿地面积在每人 10m² 以上的占 70%，最高的达每人 80.3m²（瑞典首都斯德哥尔摩）。欧美亚 20 个主要城市的人均公共绿地面积为 37.2m²，是我国园林城市平均值的 3.5 倍，是 46 个主要城市平均值的 6.4 倍。

（三）城市环境保护科学提出的要求

城市氧平衡理论是期望城市绿地自身产生的氧气能够等同于市区人群活动所需的氧气量。许多研究报告指出：单从人呼吸的氧平衡来讲，在温带地区一个人有 10m² 左右的林地或 25m² 的草地就够了。

这个结论，正好与从苏联引进的平均每人需要 10m² 城市游憩绿地的概念相吻合，曾经长期主导了我国城市园林绿地规划的理论。

现代城市需要多少绿地才能维持氧平衡呢？

以每人需 10m² 林地的 20 倍估计，为 200m²。以每人需要 10m² 林地的 20 倍估计，为 200m²。假设城市中可以解决 30m²，则城外需要另有 170m² 的林地。设我国大城市的人均用地为 85m²，正好是其 2 倍。总之，按照氧平衡理论，每人的城市用地标准应该是 250m² 左右，而且其中的 70% 应是森林型绿地。世界上可以做到这个城市用地标准的国家不是没有，但也不多。

（四）从游览及文化休息需要考虑

游人在园林绿地中要进行游览、休息，必须有一定数量的游览面积，通常要求平均每人不少于 60m² 为标准。在这样的条件下，游人在公园绿地中游览、休息，才能有一个安静、舒适的环境。

四、城市园林绿地指标的计算

（一）原则

1. 计算城市现状绿地和规划绿地的指标时，应分别采用相应的城市人口数据和城市用地数据，以利于用地指标的分析比较，增强绿地统计工作的科学性。

2. 规划年限、城市建设用地面积、规划人口应与城市总体规划一致，统一进行汇总计算。

3. 绿地应以绿化用地的平面投影面积为准，每块绿地只应计算一次。山丘、坡地不能以表面积计算。

4. 绿地计算的所用图纸比例、计算单位和统计数字精确度均应与城市规划相应阶段的要求一致。以保证城市用地统计数据的整合性。

5. 为统一绿地主要指标的计算工作，便于绿地系统规划的编制与审批，以及有利于开展城市间的比较研究，《园林基本术语标准》（CJJ/T91 — 2002）提出三项主要的绿地统计指标的计算公式。

（二）计算

1. 人均公园绿地面积

人均公园绿地面积指城市中每个居民平均占有城市公园绿地的面积。

计算公式：$Ag_1m=Ag_1/N_p$

式中

Ag_1m——人均公园绿地面积（$m^2/$人）；

Ag_1——公园绿地面积（m^2）；

N_p——城市人口总量（人）。

2. 人均绿地面积

人均绿地面积指城市中每个居民平均占有城市绿地的面积。

计算公式：$Ag_1m=（Ag_1+Ag_2+Ag_3+Ag_4）/N_p$

式中

Ag_1m——人均绿地面积（$m^2/$人）。

3. 城市绿地率

城市绿地率指城市中的绿地面积占城市用地面积的比率。

计算公式：$\lambda g=[（Ag_1+Ag_2+Ag_3+Ag_4）/Ac]\times100\%$

式中

λg——城市绿地率（%）；

Ac——城市的用地面积（m²）。

4. 城市绿化覆盖率

绿化覆盖面积是指乔灌木和多年生草本植物的覆盖面积，按植物的平面投影面积测算，但是乔木树冠下重叠的灌木和草本植物不再重复计算。城市绿化覆盖率是指城市建设用地范围内全部绿化种植植物垂直投影面积之和与建设用地面积的比率（%）。目前，在城市绿化面积的测算方面已广泛采用航测和人造卫星摄影的技术。

第四节　城市绿地系统规划程序

一、基础资料工作

（一）自然条件资料

1. 地形图资料。

2. 气象资料。

3. 土壤资料。

（二）社会条件资料

1. 城市历史、传说、文物保护对象、名胜古迹、各种纪念地的位置、范围、面积、性质、环境情况及可利用程度。

2. 社会经济材料，如国民生产总值、城市特色资料等。

3. 城市建设现状与规划资料、用地与人口规模、道路交通系统现状与规划、风景旅游规划、农业区划等。

（三）园林绿化资料

（四）技术经济资料

（五）植物物种资料

（六）绿化管理资料

城市绿地系统规划的绿化用地管理资料包括以下内容：

1. 城市园林绿化建设管理机构的情况。

2. 城市园林绿化行业从业人员情况。

3. 城市园林绿化维护与管理情况。

4. 科研与生产机构设置等。

二、规划文件

（一）规划文本

规划成果的主要内容，应按法规条文格式编写，行文力求简洁准确。

（二）规划图件

1. 城市区位关系图。

2. 城市概况与资源条件分析图。

3. 城市区位与自然条件综合评价图（1：10000～1：50000）。

4. 城市绿地分布现状分析图（1：5000～1：25000）。

5. 市域绿地系统结构分析图（1：5000～1：25000）。

6. 城市绿地系统规划布局总图（1：5000～1：25000）。

7. 城市绿地系统分类规划图（1：2000～1：10000）。

8. 近期绿地建设规划图（1：5000～1：10000）。

9. 其他需要表达的规划意向图（如城市绿线管理规划图，城市重点地区绿地建设规划方案等）。

（三）规划说明书

对规划的文本与图件所表述的内容进行说明，主要包括以下四方面：

1. 城市概况、绿地现状。

2. 绿地系统的规划原则、布局结构、规划指标、人均定额、各类绿地规划要点等。

3. 绿地系统分期建设规划、总投资估算和投资解决途径，分析绿地系统的环境与经济效益。

4. 城市绿化应用植物规划、古树名木保护规划、绿化育苗规划和绿地建设管理措施。

（四）规划附件

包括相关的基础资料调查报告、规划研究报告、分区绿化规划纲要、城市绿线规划管理控制导则、重点绿地建设项目规划方案等。

三、规划成果审批

按照国务院《城市绿化条例》的规定，由城市规划和城市绿化行政主管部门等共同编制的城市绿地系统规划，经城市人民政府依法审批后颁布实施，并纳入城市总体规划。

第五节　城市园林绿地现状调研

一、城市绿地空间分布属性调研

城市绿地空间分布属性调查，包括组织专业队伍，依据最新的城市规划区地形图、航测照片或遥感景象数据进行实地现场踏勘，在地形图上复核、标注出现有各类城市绿地性质、范围、植被状况与权属关系等绿地要素。

对于有条件的城市，要尽量采用卫星遥感等先进技术进行现状绿地分布的空间属性调查分析，同时进行城市热岛效应研究，以辅助绿地系统空间布局的科学决策。

将外业调查所得的现状资料和信息汇总整理，进行内业计算，分析各类绿地的汇总面积、空间分布及树种应用状况，找出存在的问题，研究解决的办法。完成城市绿地现状图和绿地现状分析报告。

二、城市绿化应用植物品种调查

城市绿化应用植物种类调查主要包括以下两方面工作内容。

（一）外业

城市规划区范围内全部园林绿地的现状植被踏查和应用植物识别、登记；

（二）内业

将外业工作成果汇总整理并输入计算机，查阅国内外有关文献资料，进行市区园林绿化植物应用现状分析。通过现状分析，进一步了解园林绿化树种应用的数量、频率、生长状况、群众喜爱程度以及传统树种的消失、新树种推广应用等基本情况，筛选出市区绿化常用树种和不宜发展的树种，为今后市区园林绿化宜采用的基调树种和骨干树种做参考。

三、城市古树名木保护情况评估

城市古树名木保护现状评估，是编制古树名木保护规划的前期工作，主要内容包括实地调查市区内有关市政府颁令保护的古树名木生长现状，了解符合条件的保护对象情况；对未入册的保护对象开展树龄鉴定等科研工作；整理调查结果，提出现状存在的主要问题。

四、城市园林绿化现状综合分析

城市园林绿化现状综合分析的基本内容和要求是：在全面了解城市绿化现状和生态环境情况的基础上，对所取得的资料进行核实，分别整理，如实反映城市绿地率、绿化覆盖率、人均公园绿地面积等主要绿地指标和市域内绿色空间的分布状况。研究城市各类建设用地布局情况、绿地规划建设有利与不利的条件，分析城市绿地系统布局应当采取的发展措施；研究城市公园绿地与城市绿化建设对城市人口的饱和量，反馈城市建设用地的规划用地指标和比例是否合理，并提出调整的意见。

结合城市环境质量调查、热岛效应研究等相关专业的工作成果，了解城市中主要污染的位置、影响范围、各种污染物的分布浓度及自然灾害发生的频度与强度，按照对城市居民生活和工作适宜度的标准，对现状城市环境的质量做出单项或综合优劣程度的评价。

对照国家有关法规文件的绿地指标规定和国内外同等级绿化先进城市的建设、管理情况，检查本地城市绿地的现状，找出存在的差距，分析其产生的原因；分析城市风貌特色与园林艺术风格的形成因素，提高城市园林绿地规划的目标。

第六节　城市绿地系统总体布局

城市绿地系统的布局方式，一般要求结合各个城市的自然地形特点，按照一定的指标体系和服务半径在城市规划区中均匀设置。

在具体实践中，多采取"点"（城区中均匀分布的小块绿地）、"线"（道路绿地，城市组团之间、城市之间、城市乡之间的隔离绿带等）、"面"（大中型公园、风景区、生态景观绿地等）相结合的方式布局设置，形成整体。

一、规划依据、原则与指标

（一）规划依据

1. 相关法律。
2. 技术标准规范。
3. 相关的各类城市规划。
4. 当地现状基础条件。

（二）现代城市绿地系统规划的基本原则

1. 依法治绿原则。
2. 生态优先原则。
3. 因地制宜原则。
4. 系统整合原则。
5. 远近结合原则。
6. 地方特色原则。
7. 与时俱进原则。

（三）规划指标

长期以来，我国城市的绿地指标一直偏低，确定先进的城市绿地建设指标，是城市绿化事业向高标准发展的指导标志。

二、城市绿地系统空间布局

（一）原则

1. 保证必要的绿化用地，要严格按照国家标准确定的绿化用地指标划定绿化用地面积，明确划定城市建设的各类绿地范围和保护控制线（又称"绿线"），科学地安排绿化建设的用地布局。

2. 城区范围内的公园绿地应当相对均匀分布，城市建成区和郊区的各类绿地要合理布局，并在城市周围和各功能组团间安排适当面积的绿化隔离带。

3. 在工业区和居住区布局时，要考虑设置卫生防护林带；在河湖水系整治时，要考虑安排水源涵养林带和城市通风林带等。

4. 以城市公园为主要形式的公园绿地布局，要考虑合理的服务半径，就近服务居民。

（二）城市绿地布局的基本形式

完善的城市绿地系统，应当做到布局合理、指标先进、质量良好、环境改善，有利于城市生态系统的平衡运行。

从世界各国城市绿地布局形式的发展情况来看，有八种基本模式：即点状、环状、网状、楔状、放射状、放射环状、带状和指状。在我国常用的绿地空间布局形式有四种：

1.块状绿地布局

将绿地呈块状均匀地分布在城市中，方便居民使用，多用于旧城改建中，如上海、天津、武汉、大连和青岛等城市。这种布局形式，对改善城市小气候条件的生态效益不太显著，对改善城市整体艺术面貌的作用也不大。

2.带状绿地布局

多利用河湖水系、道路城墙等线性因素，形成纵横向绿带、放射环状绿带网，如哈尔滨、苏州、西安、南京等。带状绿地布局有利于改善和表现城市的环境艺术风貌。

3.楔形绿地布局

利用从郊区伸入市中心由宽到窄的楔状绿地组合布局，将新鲜空气源源不断地引入市区、能较好地改善城市的通风条件，也有利于城市艺术面貌的展现。

4.混合式绿地布局

是前三种形式的综合运用，可以做到城市绿地布局的点、线、面结合，组成较完整的体系。其优点是能使生活居住区获得最大的绿地接触面，方便居民游憩，有利就近地区小气候和城市环境卫生条件的改善，有利于丰富城市景观的艺术面貌。

第七节　城市园林绿地分类规划

一、常规园林绿地规划

主要指按照国家有关的城市绿地分类标准所划分的绿地。

（一）公园绿地规划要点

1.测算城市公园绿地的合理发展规模，并纳入城市规划建设用地平衡。

2.确定公园绿地的选址

（1）必要性原则。

（2）可能性原则。

（3）整体性原则。

3.公园绿地分类规划

综合性公园、社区公园、带状公园、专类公园、街头绿地等。历史文化遗迹与滨水地区的建设是城市景观体系的精品与亮点。

（二）生产绿地

1.确定城市生产绿地的发展指标。

2.进行生产绿地用地布局。

3.提出城市绿化专业苗圃的发展计划。

（三）防护绿地

1.建立市域生态空间的保护体系。

2.确定城市防护绿地的发展指标。

3.进行城市防护绿地的分类布局。

4.提出城市防护绿地的设计导则与控制指标。

5.提出城市组团隔离绿地的布局要求与规划控制措施。

（四）附属绿地

1.确定城市中各类附属绿地的发展、控制指标。

2.提出各类附属绿地的规划设计原则，以道路绿地、居住区绿地为重点。

（五）生态景观绿地（其他绿地）

1.切实贯彻"生态优先"的规划原则，着眼于城市可持续发展的长远利益，划定、留足不得开发建设的生态保护区域，如风景名胜区、水源保护区、森林公园、自然保护区等。

2.充分利用基本农田保护区、自然水域、林地等，规划城市组团之间和城市之间的隔离绿带（300～500m以上），以控制城市发展规模，同时，使这些绿带成为适于野生动植物的栖息地和生态廊道。

3.在现状城乡交接的部位，要注意规划建设一批高绿地率控制区，即绿地率指标达到50%以上的建设用地区域，如花园式工厂区、行政区、居住区、休疗养区、高校区等。

4.生态景观绿地应结合郊区农村的产业结构调整布局，有利于生态农业和林业的发展。

二、城市避灾绿地规划

城市避灾绿地，是指当地震、火灾、洪水等灾害发生时，城市中能用于紧急疏散和临时安置市民短期生活的绿地空间。它一般由城市的防护绿地和公园绿地的某些地块组合构成，是城市防灾减灾体系的重要组成部分。

（一）城市避灾绿地的作用

1. 防洪、抗旱、保持水土。
2. 避震。
3. 防火。
4. 防风。

（二）避灾据点与避灾通道

1. 一级避灾据点

是震灾发生时居民紧急避难的场所。多数是利用与居民关系最密切的散点式小型绿地和小区的公共设施组成。

2. 二级避灾据点

是震灾后发生的避难、救援、恢复建设等活动的基地，往往是灾后相当时期内避难居民的生活场所，可利用规划较大的城市公园、体育场馆和文化教育设施。

3. 避灾通道

是利用城市次干道及支路将一级、二级避灾据点连成网络、形成避灾体系。为保证城市居民的避灾地与城市自身救灾和对外联系不发生冲突，避灾通道应尽量不占用城市主干道。

4. 救灾通道

主要救灾通道的红线两侧，应规划有宽度为 10～30m 不等的绿化带，对保证发生灾害时道路的通畅具有重要意义。

（三）避灾绿地的规划要点

1. 进行避灾据点（可分一、二级）与避灾通道的选址布置，避灾绿地要设置在多数人居住或停留的地方，以及很可能发生灾害的地方；参考日本的标准，避灾绿地的规模，应当以去该地避难者每人 1～2m² 为宜，每处避灾绿地的平均面积以 5～10hm² 为宜。
2. 设置城市救灾通道，以便在灾害发生时能方便组织疏散和紧急求援。
3. 与相关的城市防灾减灾规划相协调。

第八节　城市绿化植物多样性规划

一、概念与城市绿化植物规划

生物多样性就是生物及其组成系统的总体多样性和变异性。

生物多样性包括三个层次：基因多样性、物种多样性和生态系统多样性。

二、多样性规划的基本要求

（一）合理进行城市绿地系统的规划布局

建立城市开敞空间的绿色生态网络，将生物多样性的保护列入城市绿地系统规划和建设的基本内容，建立城乡一体化的大环境绿化格局。

（二）大力开发利用地带性的物种资源

尤其是乡土植物，有规划地引进域外特色物种，构筑具有地域区系和植被特征的城市生物多样性格局。

（三）提高单位绿地面积的生物多样性指数

增大城市绿地建设规模，促进公园等生态绿地的自然化，在强调"规划建绿"与"见缝插绿"并重的同时，重视城市中植物群落的构筑。

（四）改善以土壤为核心的立地条件

提高栽培技术和养护水平，促进绿化植物与城市环境的适应性。

三、工作原则

（一）充分尊重自然规律

植物品种选择，要基本切合本地区森林植被地理区中所展示的植物品种分布规划。

（二）以地带植物品种为主

对当地土壤、气候条件适应性强，有地方特色。

（三）选择抗性强的植物物种

即对城市环境中工业、交通等设施排出的三废和土壤、气候、病虫害等有害因素适应性强的植物品种。

（四）速生树种与慢长树种相结合。

四、编制内容

对城市本底植被物种进行调查研究，确定城市绿化的基调物种和骨干物种，确定主要应用植物品种的种植比例，城市绿化建设应提倡乔木为主，通常的乔灌比以 7：3 左右较好。此外，城市中还应适当发展应用草坪、花卉和地被植物，提高城市绿化覆盖率。编制城市绿化应用植物物种名录（乔灌花卉和地被），配套制定苗圃建设、育苗生产和科研规划。

结 语

随着我国经济的快速提升和我国人民生活水平质量的改善，我国政府部门对于我国园林工程的关注也逐渐增加，因此，预计城镇化进程的进一步推进，今后我国城市园林绿化建设增速有望加快。

而本书的内容是基本的建设内容，希望能够有利于进一步规范园林工程建设市场，对园林工程施工具有积极的示范和指导作用，促进施工企业创建更多更好的园林景观精品工程，更好地适应生态文明建设的需要。